ちくま学芸文庫

# 微分と積分

## その思想と方法

遠山 啓

筑摩書房

# はしがき

微分積分学の教科書を数えあげたら，おそらく数百種にのぼるだろう．そのような数多い教科書がすでにあるところにまた新しく1冊をつけ加えてみても，ほとんど意味がないだろうと思われる．

しかし，よく考えてみると，微分積分という学問の本質的な性格をていねいに解き明かした教科書はあんがいに少ないのではあるまいか．たしかに微分積分学はきわめて広い応用範囲をもっていて，それらをすべて網羅しようとすれば，何冊あっても足りないだろう．だが，その思考法の本質にねらいを定めて解説すれば意外に簡単なものである．本書は応用の方はできるだけ割愛して，その考え方に焦点を合わせて詳しく解説したつもりである．『微分と積分――その思想と方法』という標題はそういう意味である．

英語で calculus というのは differential and integral calculus の略で，正確にいうと微分積分学のことである．名前などどうでもよいともいえるが，気になることもある．それは calculus というのは直訳すると「計算」という意味である．もとはラテン語の「小石」という語でそれはむかし小石を使って計算していたことからきているという．つまり計算術ということになる．

微分積分は一面において計算術であることはたしかである．微分や積分のめんどうな計算を誤りなくやってのけるだけの腕力が必要なことはいうまでもない．

しかしそれがすべてであろうか．私はそうは思わない．計算術という言葉では包みきれないような大切なものが微分積分のなかにはあると思う．

それは計算術とは無関係なものではないが，それとは一応区別して考えたほうがよい，というようなあるものである．微分の公式などはとっくの昔に忘れてしまったが，微分や積分の考えかたは忘れないし，忘れたくても忘れようがない，といえるような何ものかである．

数学という学問が生まれてから何年になるか．ある人は5000年ぐらいというし，ある人は3000年ぐらいというかもしれない．いずれにせよ，長い歴史をもっている．その長い歴史のなかでも最大の発見はやはり微分積分ではないかと思われる．

近ごろ，アメリカあたりでは数学教育の現代化の声に乗って，微分積分無用論が一部にとなえられているようである．

歴史的にいうと，微分積分が生まれたのは300年ぐらい昔であって，進歩のはやい科学史のものさしからみると，かなりの昔になる．だから何でも新しいものでないと気に食わない人々の趣味からすると，微分積分という学問はもう古くさい仲間に入るかもしれない.

しかし歴史が古いからといって重要性を過小評価してよい，ということにはならない．冷静にふりかえってみよう.

いったい，微分積分というものがなかったら現代の数学はどうなっていただろうか．おそらく，現代数学の大部分は失われていたと思われるのである．またかりに今日まで微分積分というものがこの世に存在しなかったとすれば，その影響は測り知れないものがあっただろう．物理学，力学，化学等の学問はおそらく幼稚な段階に止まっていたろうし，工学的な技術も発達できなかったにちがいない.

そう考えてくると，微分積分無用論など，途方もない迷論であるということになる.

それどころか，微分積分はいわゆる高級な数学というものに入るための避けて通ることのできない入口なのである．それは昔も今も，そしておそらくは将来も変わらないだろうと思われる.

微分積分という学問くらい，いつ誰が発見したか，ということの定めにくい学問はない．17世紀にニュートンとライプニッツによって発見されたということに一応はなっているが，少し広い意味に考えれば古代ギリシャのデモクリトス（460？-370？ B.C.）が最初であるといえないこともない.

デモクリトスは円錐の体積を求めるのに，底面に平行な平面で細分して，それを加えるという方法——今日でいう区分求積法を用いたといわれている．

ここのなかに細分して加えるという微分・積分の方法の萌芽がすでに見てとれる，といっても過言ではない．また，これがアルキメデスになると，この方法はさらに精密になってきて，ニュートン＝ライプニッツの一歩手前まで来ていたという感じを与える．

このようにみてくると，微分積分という学問は某月某日，ニュートン＝ライプニッツの頭のなかに突然天下ったというようなものではない．

このような発見者が誰であるか定めにくいということは，微分積分という学問の性格からきているといえる．

微分は細分し，積分はそれをつなぎ合わせる，つまり微分は分析し，積分は総合する．このことをもっと広い立場からみると，微分積分のもとになっている分析・総合という方法は人間の精神活動のもっとも普遍的で根本的な方法であって，誰でもつねに使っている方法にすぎないのである．

大脳生理学の創造者であるパブロフは人間の脳を電話の交換局にたとえている．多数の回線が交換局に集められ，そこで切ったり，つないだりして通話ができるようになっているのだが，大脳も同じようにいろいろの神経系からくる刺激を切ったり，つないだり，つまり分析したり総合したりするのである．

だから，デモクリトスもアルキメデスも何かの問題に出会ったときに，その方法を使ったのにすぎないのである．

つまりごく当り前の考えかたにすぎないのである.

それでは，分析・総合の方法さえ使えばそれがそのまま微分積分になるかというと，決してそうではない．やはりそのほかに何かが加わらねばならない．そうでないとデモクリトスやアルキメデスではなく，ニュートンやライプニッツが微分積分学の発見者である，ということが無意味になってしまう.

それではデモクリトスやアルキメデスにはなくて，ニュートンやライプニッツにはあったものは何であろうか.

そのようなところからはじめて，微分積分の考え方をたどってみようというのが，『微分と積分――その思想と方法』と題するこの本を書いた動機である.

1969 年 12 月

著　　者

本書は一九七〇年二月二八日、日本評論社より刊行された。
文庫化にあたり、若干の修正を施した。

# 目　次

# 第 IV 部　微分方程式

## 第 11 章　微分方程式



## 第 12 章　微分方程式の解法



## 第 13 章　演算子

# 微分と積分

その思想と方法

# 第I部　極限

# 第1章　関数

## 1. 関数の生いたち

歴史的にいって，「関数」という言葉がはじめて現われたのは，ライプニッツが1694年にかいた論文のなかである．

図1-1のような図について彼は次のようにかいている．

「図のような定点や曲線上の点に対応（répondre）する直線を引いたとき，そのある一部分をすべて関数（fonction）とよぶことにしよう．たとえば横座標BCもしくはA$\beta$，縦座標のABもしくは$\beta$C，弧のAC，接線のCT

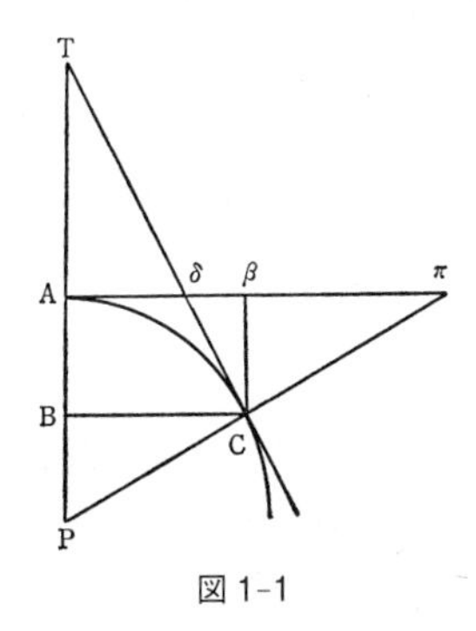

図1-1

もしくは$C\delta$，法線のCPもしくは$C\pi$，接線影のBTもしくは$\beta\delta$，法線影のBPもしくは$\beta\pi$，接線の切片ATもしくは$A\delta$，法線の切片APもしくは$A\pi$，接線と法線の切片$T\delta$および$P\pi$，接線と法線の余切片TPもしくは$\delta\pi$等，そのほかいくらでも複雑なものをつくることができる.」

このようにしてはじめて関数（fonction）という新しい言葉が数学のなかに登場してきたのである．そのときすでに「対応する」（répondre）という言葉がでていることはおもしろい.

ニュートンやライプニッツの時代になって，「関数」という考えが現われたのは，自然の変化や運動の法則を探り出すことが，自然科学のもっとも重要な任務となってきたためであり，さらにまた変化や運動の法則を表わすのに関数ほど適切なものはないからである.

関数の一般的概念が確立されてから，その関数の研究に分析・総合の方法を体系的に適用することが考え出され，それが微分積分学という大きな学問にまで成長したのである.

## 2. 関数とはなにか

微分積分学の任務は分析・総合の方法によって関数を研究することにある，とすれば，まず関数とは何か，ということを明らかにしなければならない.

ライプニッツの最初の定義にもあるように，対応ということで関数を定義しても別にまちがいではない．しかし関数即対応という説明は簡潔ではあっても，親切な説明であるとはいえない．関数は対応なり，といわれてもはじめての人には何のことやらわからないだろう．

関数という言葉をはじめて耳にする人にとって，もっともわかりやすいのはいわゆる「暗箱」を利用する説明法であろう．

「暗箱」というのはblack boxの訳で，工学でよく利用される考えである．

たいていの機械は，そのなかに何かを入れると，それに一定の加工を加えて何かが出てくる，という形になっている．これを簡単な図式にかくと，図1-2のようになる．

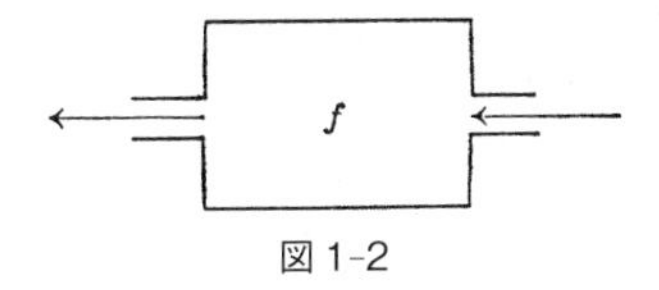

図1-2

右の入口から何かが入ってきて，$f$という箱のからくりで加工されて左の出口から出ていく．$f$という箱のからくりがどうなっているかはわからなくてもよい．つまり「黒い箱」black boxであってもよいのである．（ここで右から入って左から出るような図にしたのは$y=f(x)$という書き方に合わせるためであって，それ以外には何の理由もない．だから，左から入って右から出るようにかいても一向にかまわない．）

すなわち，$f$ は一定の加工，変形，操作を行なう１つの装置なのである．

このようなものは身のまわりにいくらでもある．もっとも単純なものとしては，駅にある切符の自動販売機がある．硬貨を何枚か入れると，切符が１枚出てくる．

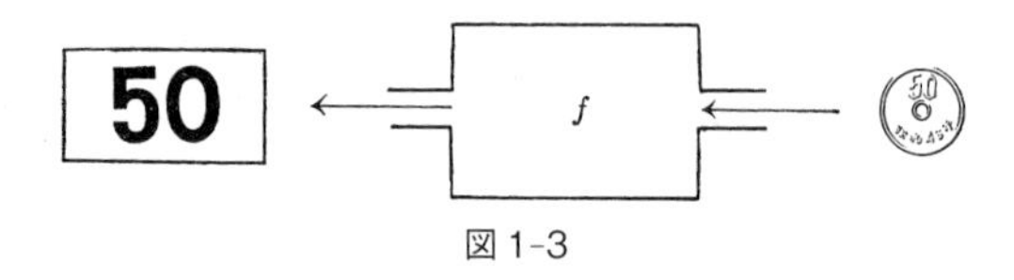

図1-3

一般に $f$ に入ってくるものを入力（input），出ていくものを出力（output）と名づける．切符の自動販売機では硬貨が入力，切符が出力に当たる．そのさい，乗客は機械の内部のからくりを知る必要はない．そういう意味でそれはまさに「暗箱」である．

入力を $x$，暗箱を $f$，$x$ を入れたときの出力を $y$ とすると，

$$y = f(x)$$

とかき表わすことにする．つまり，

$$出力 = 暗箱（入力）$$

という形にかくのである．

これまで関数というと，$f$ のことなのか，それとも $f(x)$ のことなのか，その辺があいまいであった．

そういうあいまいさを避けて，まずはじめに，$x$ とも $y$ とも一応別な「$f$ そのもの」を考えようとするなら，暗箱

を考えるのがいちばん考えやすい．

自動販売機の装置そのものは硬貨や切符とも一応別なものだからである．そのことは，換言すれば，対応の背後に，その対応をひきおこす装置を想定し，それを $f$ という記号で表わすということである．

だから，$f(x)$ のカッコ（　）は暗箱 $f$ の入口であると見て，その入口に $x$ を入れたのが $f(x)$ であると思えばよいのである．

$$f(\underset{\substack{\uparrow \\ x}}{\quad})$$

だから初めに $f$ そのものを考えようとすると，$f(x)$ ではなく $f(\quad)$ とかいたほうがわかりやすいのではないか，と思う．

$$f(\quad)=(\quad)^2,$$

$$g(\quad)=2(\quad)^3-3(\quad)^2+1,$$

$$h(\quad)=\sin(\quad),$$

$$F(\quad)=e^{(\ )},$$

$$\cdots$$

などという記号を大胆に使ったほうが，はじめての人にはわかりやすいだろう．

がんらい，$f(x)$ の $x$ は何でも自由に出入りのできる空き部屋のようなものだからである．

はじめから，$f(x)$ とかくと，$f(t)$ とはちがったものであるかのように考えられやすい．$f(\quad)$ とかけば，その心配はなくなる.

## 3. 種々の関数

このように関数という言葉をできるだけ広くとることにすると，自動販売機のようなものも1つの関数を定める.

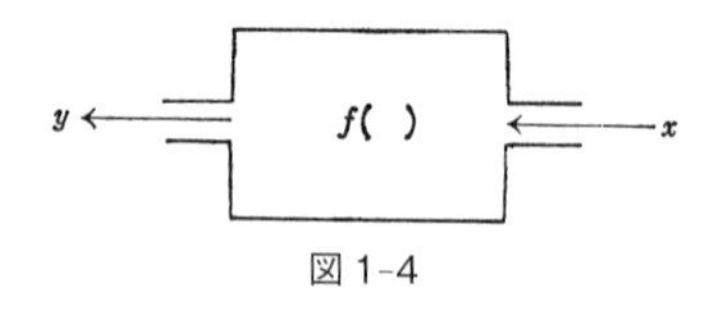


図 1-4

$$y = f(x).$$

ここで $x$ は入れた10円銅貨の枚数であり，$y$ は出てくる切符の枚数であると約束すると，10円銅貨を入れないと切符は出てこないから，

$$0 = f(0).$$

1枚入れると切符が1枚出てくるから，

$$1 = f(1).$$

つまり $x$ のとる値は $\{0, 1\}$ で，$y$ のとる値も $\{0, 1\}$ で，$f$ はそのあいだに次のような対応を与えていることになる.

$$0 \xleftarrow{f} 0$$

$$1 \longleftarrow 1$$

こんどは20円切符の自動販売機を考え，これを $g$ で表わすことにしよう.

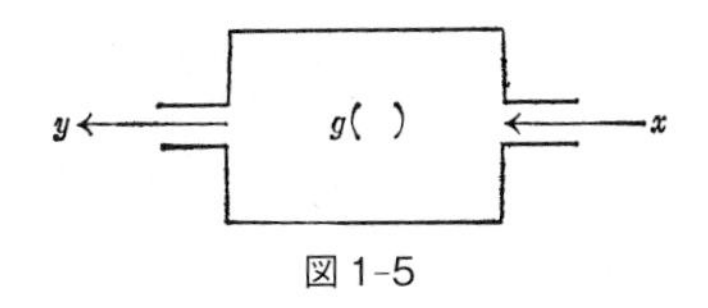


図 1-5

$$y = g(x).$$

10 円銅貨を入れなければ，切符は出てこないから，

$$0 = g(0).$$

10 円銅貨を 1 枚入れただけでは切符は出てこないから，

$$0 = g(1).$$

2 枚入れると，切符が 1 枚出てくるから，

$$1 = g(2).$$

この $g$ は $\{0, 1, 2\}$ という数の集まりを $\{0, 1\}$ という数の集まりに写す．

$$0 \xleftarrow{g} 0$$

$$0 \longleftarrow 1$$

$$1 \longleftarrow 2$$

問　30 円切符の自動販売機は，どのような数の集まりをどのような数の集まりに写すか．

切符の自動販売機はもっとも単純な暗箱の例であるが，もう少し複雑な例をあげてみよう．

よく階段の照明に使われているスイッチ回路を考えよう．階下のスイッチを $x$，階上のスイッチを $y$，そして電燈を $z$ としよう．

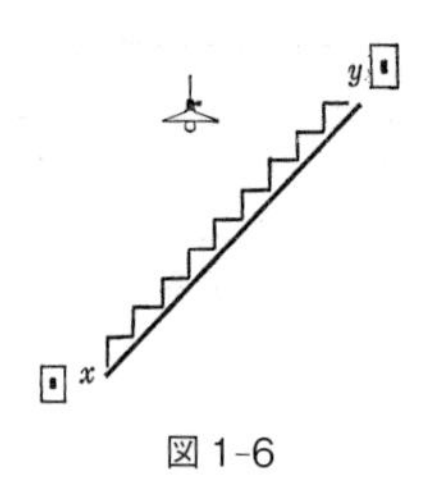


図 1-6

これを暗箱の図式にかくと次のようになる.

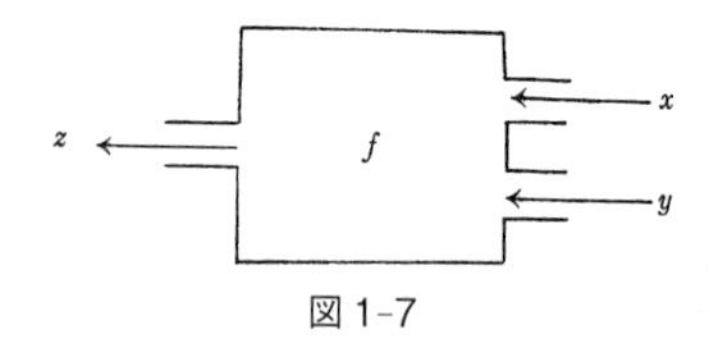


図 1-7

これは入口が2つあるから次のようにかける.

$$z = f(\underset{\substack{\uparrow \\ x}}{\ },\underset{\substack{\uparrow \\ y}}{\ }) = f(x, y).$$

スイッチ $x$ が on のときは $x=1$, off のときは $x=0$, $y$ も同様とする. 電燈 $z$ はついているときには1, 消えているときは0と定める.

そのときは, 次のようになっている.

$$0 = f(0, 0),$$
$$1 = f(1, 0),$$
$$1 = f(0, 1),$$
$$0 = f(1, 1).$$

$f$ が以上のようになっているためには, 電線をどうつなげればよいか，ということは素人は知らなくてもよい．つまり中のからくりの見えない暗箱である．

問　そのほかに暗箱の例を考えてみよ．

このように入力の入口が2つあるときは，$f(x,y)$ とかく必要がある．これは2変数の関数である．

スイッチが $n$ 個あるような暗箱は

$$f(x_1, x_2, \cdots, x_n)$$

という形にかける．このとき $x_1, x_2, \cdots, x_n$ は on のときは1，off のときは0の値をとるものとする．エレベーターの操縦装置などはそのようなものである．

一般に入力ばかりではなく出力も1個ではなく，$m$ 個ある場合が多い．

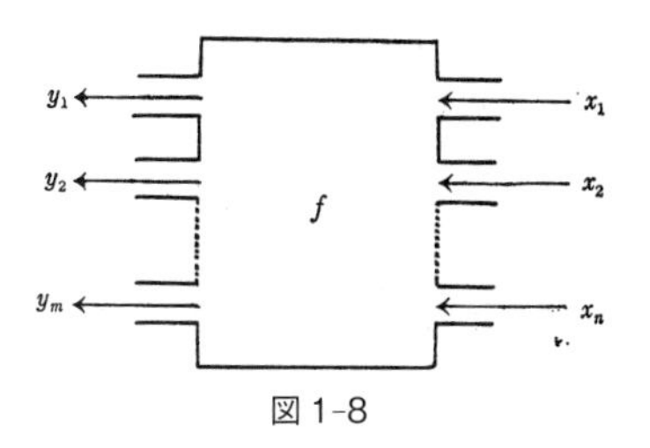


図 1-8

これは $n$ 個の数の組 $(x_1, x_2, \cdots, x_n)$ から $m$ 個の数の組 $(y_1, y_2, \cdots, y_m)$ が定まることである．

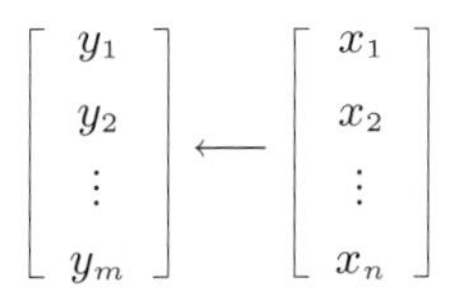

$$\begin{bmatrix} y_1 \\ y_2 \\ \vdots \\ y_m \end{bmatrix} \longleftarrow \begin{bmatrix} x_1 \\ x_2 \\ \vdots \\ x_n \end{bmatrix}$$

このような暗箱の $m$ 個ある出力の中で，しばらく第1番目の $y_1$ にだけ注目して，他は無視すると，

$$y_1 = f(x_1, x_2, \cdots, x_n)$$

また，第2番目の出力にだけ注目すると，

$$y_2 = g(x_1, x_2, \cdots, x_n)$$

となる．

ここで $f, g, \cdots$ というように1つ1つ異なった記号を使うのはわずらわしいから，その代わりに $f_1, f_2, \cdots, f_m$ という記号を用いると，

$$\begin{cases} y_1 = f_1(x_1, x_2, \cdots, x_n), \\ y_2 = f_2(x_1, x_2, \cdots, x_n), \\ \cdots \\ \cdots \\ y_m = f_m(x_1, x_2, \cdots, x_n). \end{cases}$$

つまり $n$ 変数の関数を $m$ 個だけ連立させたものになる．

このようなものを研究するのが目的であるが，しかし最初はやはり $n=1, m=1$ のばあいをくわしく研究するのが順序であろう．

## 4. 関数の定義域，値域

たとえば20円切符の販売機 $f$ では，何も入れないときには切符は出てこないが，そのことも考えに入れると，10円銅貨の数 $x$ と切符の数 $y$ のあいだの対応は次のようになっている．

$$0 = f(0),$$
$$0 = f(1),$$
$$1 = f(2).$$

このとき $x$ のとる数の集合 $\{0, 1, 2\}$ を定義域といい，$y$ のとる値の集合 $\{0, 1\}$ を値域という．だから，関数 $f$ は集合 $\{0, 1, 2\}$ を集合 $\{0, 1\}$ のなかに写す写像を引き起こすものと考えてよい．

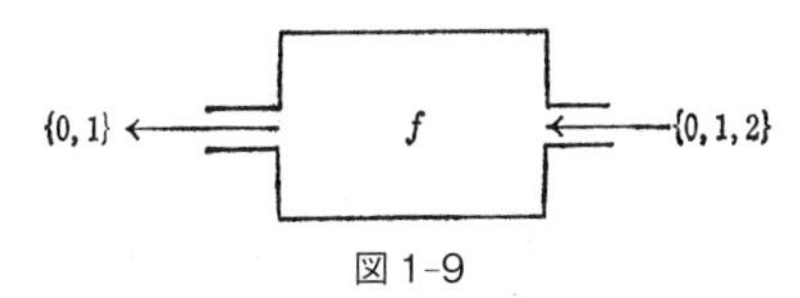


図 1-9

このように一方から一方への写像は自動販売機のような現実にある機械によって引き起こされるばあいもあるが，一般にそのような機械があるとはかぎらない．

たとえば $x$ が $1, 2, 3, 4, \cdots, n, \cdots$ という自然数全体，$f$ が「自然数 $x$ のすべての約数の個数をつくれ」という 1 つの指令を意味しているとすると，

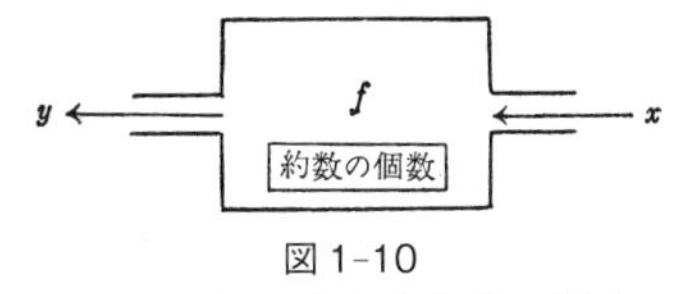


図 1-10

（ただしここでは 1 と $x$ 自身も約数に数える.）

$$
\begin{array}{ll}
1 & 1 = f(1), \\
1, 2 & 2 = f(2), \\
1, 3 & 2 = f(3), \\
1, 2, 4 & 3 = f(4), \\
1, 5 & 2 = f(5), \\
1, 2, 3, 6 & 4 = f(6), \\
\cdots &
\end{array}
$$

このときの定義域は自然数全体の集合 $\{1, 2, 3, \cdots\}$ であるし，値域は $\{1, 2, 3, \cdots\}$ である．

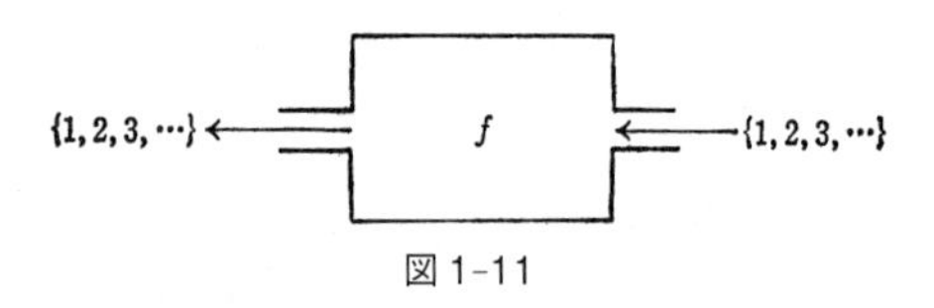


図 1-11

問　この関数で $x$ が $1, 2, \cdots$ から 20 までの値をとるとき $f(x)$ の値を求めよ．

このような $f(x)$ では $x$ から $y$ をつくり出す機械が現実にあるわけではないが，そのような一定の加工を加えるものを仮想すると考えやすくなる．

次に自然数 $x$ から，それにふくまれる最大の素因数を $g(x)$ で表わすことにしよう．

ただし $x=1$ のときは $g(1)=1$ と定める．

$$y = g(x).$$

このような関数については，

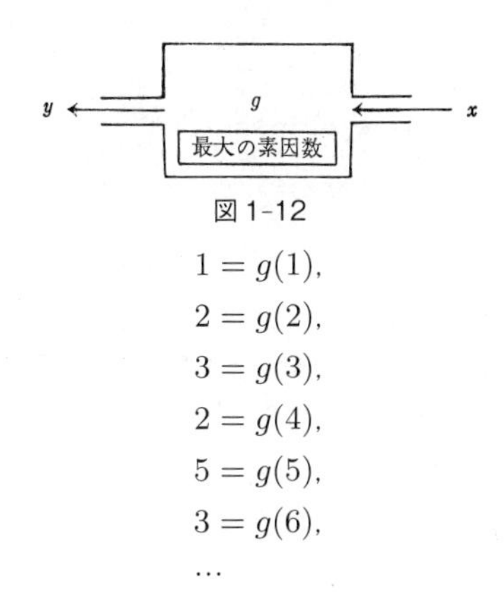


図 1-12

$$1 = g(1),$$
$$2 = g(2),$$
$$3 = g(3),$$
$$2 = g(4),$$
$$5 = g(5),$$
$$3 = g(6),$$
$$\cdots$$

となる．

問　$x$ の 1 から 20 までの値に対するこの関数 $g(x)$ の値を求めよ．

問　自然数 $x$ の異なる素因数の個数を $k(x)$ とするとき，$x$ の 1 から 20 までの値に対する $k(x)$ の値を求めよ．

以上のように自然数を定義域とする関数を整数論的関数という．

微分積分学で主として研究する関数は実数もしくはその部分集合を定義域と値域にもつような関数である．たとえば

$$
\begin{aligned}
&f(x) = 3x^2 - 2,\\
&g(x) = \sin x,\\
&h(x) = a^x,\\
&\cdots
\end{aligned}
$$

などのような関数である.

ところがその実数が連続性と無限分割可能性とをもっていることが微分積分学の出発点となるのである.

# 第2章　連続と収束

## 1．実数の基本性質

$x$ のとる値の集合，すなわち定義域が自然数の集合であっても，それに対して一定の方式で他のある数がつくり出されるときは，1つの関数が与えられていることになる．

しかし微分積分学の研究する関数は主としてそのようなものではなく，$x$ のとる値の集合も $y$ のとる値の集合も実数となるようなものである．

つまり次のような形のものが多い．

$$\text{実数} = f(\text{実数}).$$

つまり定義域も値域も実数であるような関数である．そこで実数そのものの性質をまず研究しておく必要がある．

大まかにいって実数はどのような性質をもっているだろうか．

まずはじめに，大小の順序をもっている，ということである．

勝手に2つの実数 $a, b$ をとると，$a, b$ は大小の比較が必ずできる．換言すれば

$$a < b,$$
$$a = b,$$
$$a > b$$

のうちの１つは必ず成立するはずである．

それはもちろん実数という数が単に頭のなかで空想的につくり出された架空の数ではなく，連続的な量から抽象されたものだからである．量というコトバそのものが大小の比較が可能であることを前提としているのである．

この事実は実数を直線上の点で表わすことによってもっとも理解しやすいものとなる．大小は点の位置の左右ということで表わされる．

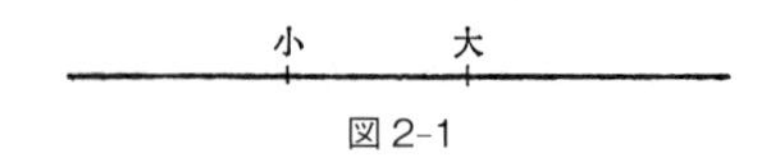

図 2-1

つぎに**無限分割可能性**がある．

$x$という実数を$n$等分して$x/n$をつくると，これはやはり実数である．これは整数のもっていない性質である．

このような無限分割の可能性を実数がもっているのは，実数の背後にある連続的な量が無限に分割できるからである．

コップのなかの水はここでいう連続量であるが，何等分でもできるし，どこまで等分していってもこれで分割できないという限界はない．だから，それを表わす実数もやはり無限に分割可能である．

つぎに重要なのは**連続性**である.

直線上を左から右へ動いてくる動点と，それと向かい合って右から左に動いてくる動点とがあるものとする.

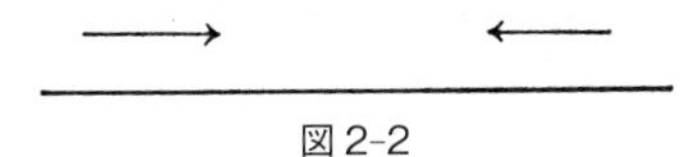

図 2-2

このとき，双方の距離はしだいに，0 に近づくものとする．このとき，2 点は直線上のある 1 点で必ずぶつかるはずである.

このばあいもし，直線上にすき間があったら，そうはいかないのである．かりに 0 という数が直線から除いてあったら，左のマイナスの側から右へ動いてくる点と，右のプラスの側から左に動いてくる点とが，ぶつかる点はないだろう．なぜなら，0 はあらかじめ除いてあるからである.

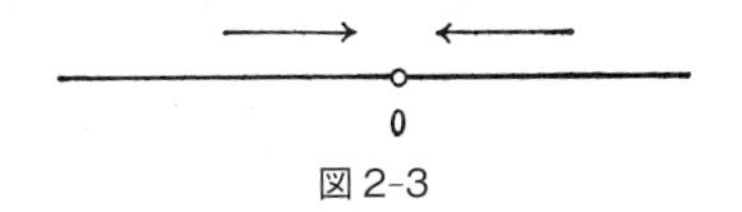


図 2-3

直線がすき間なくつながっているから，その点のどこかでぶつかるのである.

もし実数ではなく

$$\pm\frac{1}{2}, \pm\frac{1}{3}, \pm\frac{2}{3}, \cdots$$

などのような有理数だけの集合では，もちろん，このような連続性は欠けている．

つぎに加法と減法が可能である．

$x$ リットルの水と $y$ リットルの水をいっしょにすると $(x+y)$ リットルになる．つまり体積は加法が可能である．このことは実数の加法で表わされる．逆に取り去ると減法になる．それが実数の減法である．

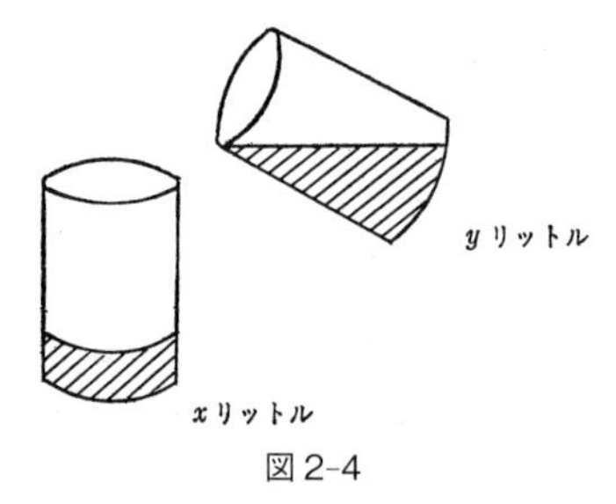


図 2-4

また，時速 $x$ km で $y$ 時間走ると，$xy$ km の距離だけ走ることになるが，そのときは実数と実数の乗法が必要になる．

また毎時 $x$ km で $z$ km 走ったとき，所要時間は $z \div x$ 時間となるが，その計算には実数を実数で割る除法が必要になる．

つまり，実数の世界には加減乗除という4つの演算，すなわち四則が可能である．

ここでは大まかに実数が以上の性質をもつことをのべるだけにしておこう．

## 2. 収束

直線上を動く点がある．時刻 $t$ におけるその点の位置を実数 $a(t)$ で表わすことにする．ここで $t$ が増加しながら限りなく大きくなるものとしよう．そのとき動く点がある位置に「いくらでも近づく」ということは一体どういうことであろうか．

このことをわかりよくするためにグラフを用いることにする．横座標に時間 $t$ をとり，縦座標に $a(t)$ をとることにしよう．ここで点は縦軸上を動くのである．

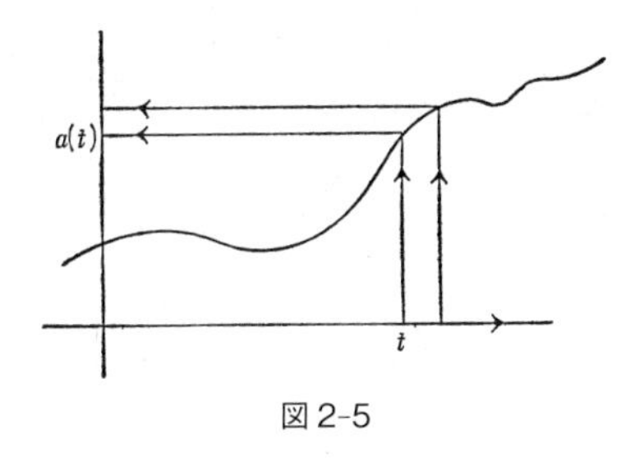


図 2-5

これがその上の 1 点 $A$ に限りなく近づく，ということは $A$ からの距離がいくらでも小さくなる，ということである．

つまり $A$ を中心にして，勝手に小さい区間をとると，あるところから先の $t$ に対する $a(t)$ は，その区間のなかにすべて収まってしまうことになる．図の上で考えてみると，勝手に小さな幅の水平線の帯をとると，あるところ，つまり図 2-6 では $T$ から先のグラフはすべてその幅のなかに収まってしまって決してはみ出さない，ということである．もちろん平行線の幅が狭くなればなるほど，右のほうに遠くまでもっていかないと，収まりきれないだろう．しかし，いくら遠くても，そのような $T$ は必ず存在するはずである．

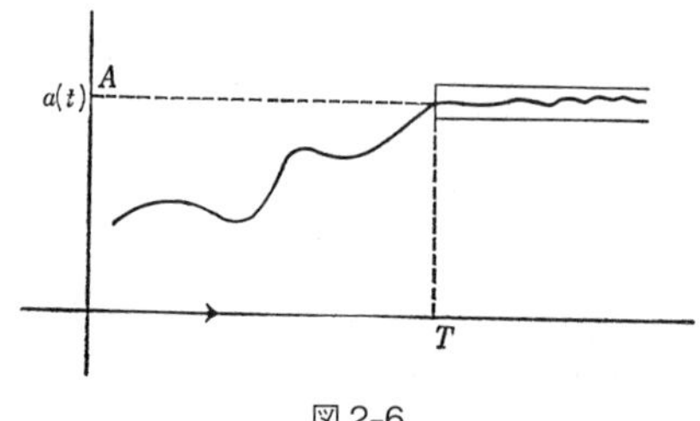


図 2-6

このことを式で書くと次のようになる．勝手な正数 $\varepsilon$ をとると（このとき水平線の帯の幅は $2\varepsilon$ になる），

$$t > T \text{ ならば } |a(t) - A| < \varepsilon$$

となるような $T$ がみつかるということである．

この $T$ は $\varepsilon$ のとり方によって定まるから $\varepsilon$ の関数と考えてよいから，そのことを明示するには $T(\varepsilon)$ とかけばよい．

このような条件が満たされるならば，$t$ が限りなく大きくなるとき，$a(t)$ は $A$ に収束するといい，$A$ を $a(t)$ の極限という．式では

$$\lim_{t \to +\infty} a(t) = A$$

とかくことに約束する．だから，この式はつぎの文章と同じことをいっている．

「$t$ を限りなく大きくしたとき（$t\to+\infty$），$a(t)$ はある値に収束し，その極限値は $A$ である．」

例 **1**．$\displaystyle\lim_{t\to+\infty}\frac{1}{t}=0$ を証明せよ．

解　水平線の幅を $2\varepsilon$（$>0$）とする．

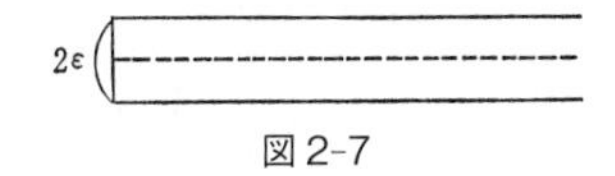


図 2-7

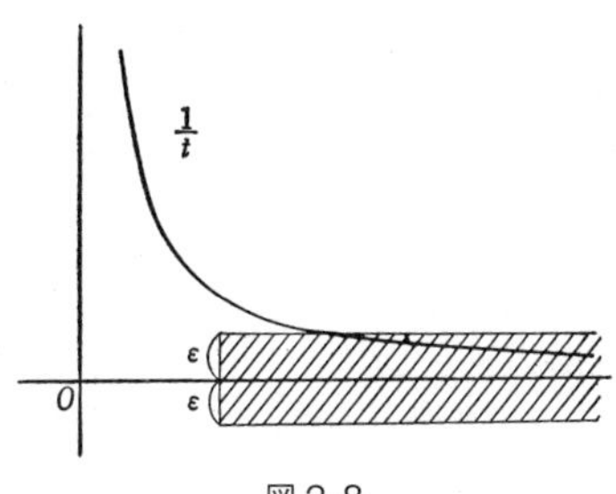


図 2-8

このとき，どの辺から先がこの幅のなかに入ってくるかをしらべてみよう．

このとき高さが $\varepsilon$ 以下となる点は

$$\left|\frac{1}{t}\right|<\varepsilon.$$

したがって

$$|t| > \frac{1}{\varepsilon}$$

となる．逆に$t > \dfrac{1}{\varepsilon}$であったら，たしかに$\left|\dfrac{1}{t}\right| < \varepsilon$が出てくるのである．だから$t > \dfrac{1}{\varepsilon}$から先はすべて，この幅のなかに入ってしまう．このときは$\dfrac{1}{\varepsilon} = T(\varepsilon)$とおけばよいのである．

**注意**　グラフはわかりやすくするためであって，いちいち，グラフをかく必要はない．ここで大切な点は$\left|\dfrac{1}{t} - 0\right| < \varepsilon$という不等式から，$t > \dfrac{1}{\varepsilon}$という不等式を導き出したということである．

これを一般化してのべてみよう．試みに

$$|a(t) - A| < \varepsilon$$

という不等式を解いて

$$t > \cdots$$

という形の不等式を導き出してみて，その$t > \cdots$から$|a(t) - A| < \varepsilon$が出てくるかどうかをたしかめるとよい．たしかに$t > \cdots$から$|a(t) - A| < \varepsilon$が必然的に出てくることがたしかめられたら，

$$\lim_{t \to +\infty} a(t) = A$$

が証明されたことになる．

つまり，収束するかどうかを証明することは，不等式の変形の問題に帰着する．

**例 2**.　$\displaystyle\lim_{t \to +\infty} \frac{1}{\sqrt{t}} = 0$を証明せよ．

**解**　上にのべた定石どおりやってみよう．

まず次の不等式から出発する．

$$\left|\frac{1}{\sqrt{t}}-0\right|<\varepsilon.$$

だから

$$\frac{1}{\sqrt{t}}<\varepsilon \qquad (\varepsilon>0).$$

変形すると

$$\sqrt{t}>\frac{1}{\varepsilon}.$$

したがって次の不等式が得られる．

$$t>\frac{1}{\varepsilon^2}.$$

逆にこの不等式 $t>\frac{1}{\varepsilon^2}$ から

$$\left|\frac{1}{\sqrt{t}}-0\right|<\left|\frac{1}{\sqrt{\frac{1}{\varepsilon^2}}}-0\right|=|\varepsilon|=\varepsilon.$$

つまり

$$\left|\frac{1}{\sqrt{t}}-0\right|<\varepsilon$$

が得られる．（証明終）

**例 3**．$0<a<1$ のとき，

$$\lim_{t\to+\infty} a^t=0$$

を証明せよ．

解　$|a^t-0|<\varepsilon$ とおく.

これから

$$a^t<\varepsilon.$$

両辺の log（自然対数）をとると,

$$t\log a<\log\varepsilon.$$

ここで $0<a<1$ であるから, $\log a<0$ となる.

両辺を負の $\log a$ で割ると,

$$t>\frac{\log\varepsilon}{\log a}$$

という不等式が得られた.

念のためにこの不等式から, 逆にさかのぼって $|a^t-0|<\varepsilon$ が出てくるかどうかをたしかめてみよう.

$$|a^t-0|=a^t<a^{\frac{\log\varepsilon}{\log a}}=e^{\log a\cdot\frac{\log\varepsilon}{\log a}}=e^{\log\varepsilon}=\varepsilon.$$

つまり

$$|a^t-0|<\varepsilon$$

が得られた.

だから $t\to+\infty$ のとき $a^t$ は極限値 0 に収束することが証明された.

**練習問題**

つぎの等式を証明せよ.

（1）$\displaystyle\lim_{t\to+\infty}\frac{2}{t^2}=0.$　　（3）$\displaystyle\lim_{t\to+\infty}\frac{1}{t^n}=0\quad(n>0).$

（2）$\displaystyle\lim_{t\to+\infty}\frac{2}{t^3+1}=0.$　　（4）$\displaystyle\lim_{t\to+\infty}\frac{5}{2^t}=0.$

## 3. 収束の速さ

収束の定義にもういちど立ちかえってみよう.

$a(t)$ のグラフが, あるところから先は $A$ を中心にした $2\varepsilon$ という幅の平行線のなかに完全に収まってしまうことがわかったら, $a(t)$ は $A$ に収束することがわかるが, そのさい, 考えておかねばならないことは, 収束の速さである.

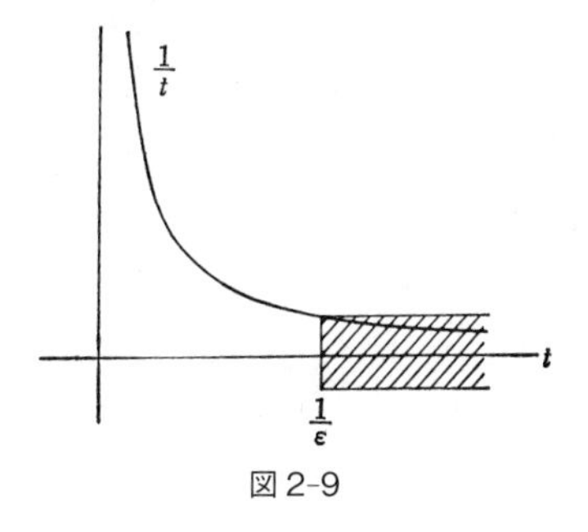


図 2-9

たとえば (1) $\dfrac{1}{t}$ と (2) $\dfrac{1}{t^2}$ をくらべてみよう.

このとき, (1) では $\left|\dfrac{1}{t}-0\right|<\varepsilon$ から $t>\dfrac{1}{\varepsilon}$ が出てくるが, (2) では $\left|\dfrac{1}{t^2}-0\right|<\varepsilon$ から $t>\dfrac{1}{\sqrt{\varepsilon}}$ が出てくる.

つまり同じ $\varepsilon$ に対する $t$ の定まり方がちがうのである.

$\varepsilon$ が十分に小さいときは $\dfrac{1}{\sqrt{\varepsilon}}$ より $\dfrac{1}{\varepsilon}$ のほうが大きいわけであるが, それは $\dfrac{1}{t^2}$ より $\dfrac{1}{t}$ のほうが, ずっと大きな

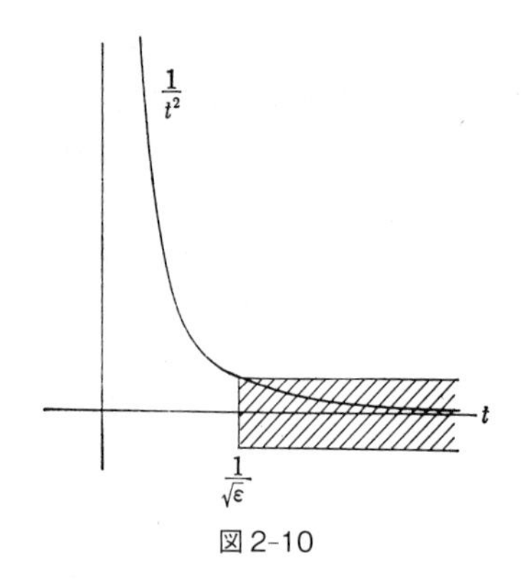


図 2-10

$t$ に対してしか，幅 $2\varepsilon$ の平行線の間に収まり切れないということを意味している．

逆に，$\dfrac{1}{t^2}$ のほうが $\dfrac{1}{t}$ よりは手前のほうから，$2\varepsilon$ の幅の平行線のなかに収まってしまうわけである．

つまり

$$\frac{1}{\sqrt{\varepsilon}} < \frac{1}{\varepsilon} \qquad (\varepsilon < 1)$$

ということは，次のことを意味している．

$t \to +\infty$ のとき，

$$\frac{1}{t^2}\text{ のほうが }\frac{1}{t}\text{ より収束のしかたが速い．}$$

次に，$\dfrac{1}{t}$ と $a^t$ $(0<a<1)$ との収束の速さをくらべてみることにしよう．

$$\frac{1}{t} \text{では} \quad t > \frac{1}{\varepsilon}$$

となるし

$$a^t \text{では} \quad t > \frac{\log \varepsilon}{\log a}$$

となる．一方，十分に小さな $\varepsilon$ に対しては

$$\frac{\log \varepsilon}{\log a} < \frac{1}{\varepsilon}$$

となる．

だから $a^t$ のほうが $\frac{1}{t}$ よりは収束が速いということがいえるわけである．

## 4. 0に収束する関数

$$\lim_{t \to +\infty} a(t) = A$$

となるとき，$a(t) - A = b(t)$ とおくと，$b(t)$ は0に収束する．なぜなら，$\varepsilon > 0$ を与えたとき，$N(\varepsilon) < t$ となる $t$

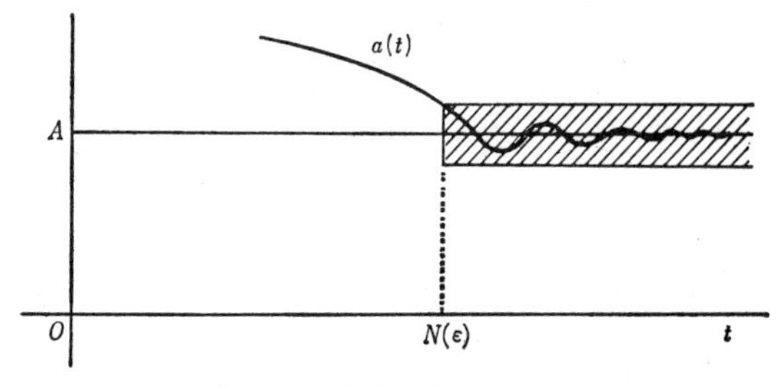


図2-11

に対して $|a(t)-A|<\varepsilon$ となるような $N(\varepsilon)$ が定まる.

だから同じ $N(\varepsilon)$ に対して

$$|b(t)-0| = |a(t)-A| < \varepsilon$$

となる.

だから $\lim_{t\to+\infty} a(t) = A$ ならば $a(t) = A + b(t)$ となる.

この $b(t)$ は $t\to+\infty$ のとき,

$$\lim_{t\to+\infty} b(t) = 0$$

となる.

このように $t\to+\infty$ のとき 0 に収束する.

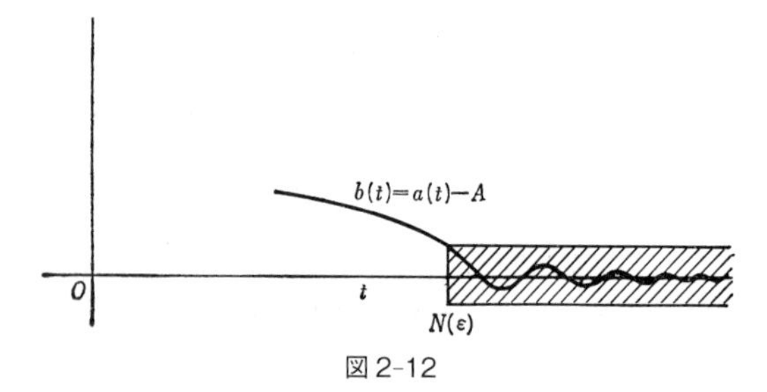


図 2-12

だから, もっぱら 0 に収束する関数を考えれば一般のばあいを尽くすことができる.

## 5. 多くの関数の収束

次に 1 つの $a(t)$ ではなく, 2 つ以上の, 一般に $n$ 個の $a_1(t), a_2(t), \cdots, a_n(t)$ があるとき, $t\to+\infty$ のときに, おのおのが極限 $A_1, A_2, \cdots, A_n$ に収束するばあいを考えて

みよう.

式にかくと, 次のようになっているものとする.

$$\lim_{t\to+\infty} a_1(t) = A_1,$$

$$\lim_{t\to+\infty} a_2(t) = A_2,$$

$$\cdots$$

$$\lim_{t\to+\infty} a_n(t) = A_n.$$

このようにおのおのが $A_1, A_2, \cdots, A_n$ という極限に収束するばあいでも, その収束の速さはみなまちまちである.

$\varepsilon$ $(>0)$ という幅の水平線の帯を与えても, おのおのの $a_1(t), a_2(t), \cdots, a_n(t)$ のグラフのどの辺から先が, その帯のなかに収まってしまうかは, おのおのちがっている.

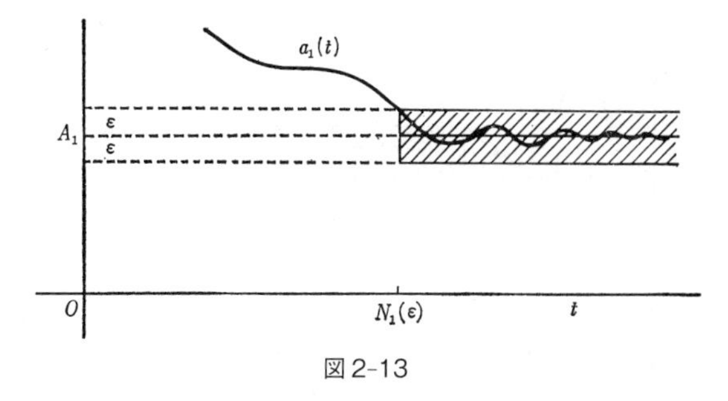


図 2-13

$a_1(t)$ は $N_1(\varepsilon)$ から先の $t$ について $a_1(t)$ のグラフが帯

のなかに入ってくる．式でかくと

$$t > N_1(\varepsilon)$$

に対して

$$|a_1(t) - A_1| < \varepsilon$$

になる．また $a_2(t)$ に対しては $N_2(\varepsilon)$ から先の $t$ について，$a_2(t)$ のグラフが帯のなかに入ってくる．

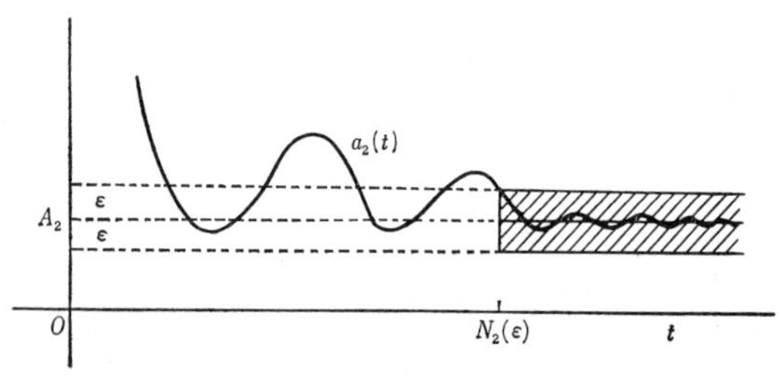


図 2-14

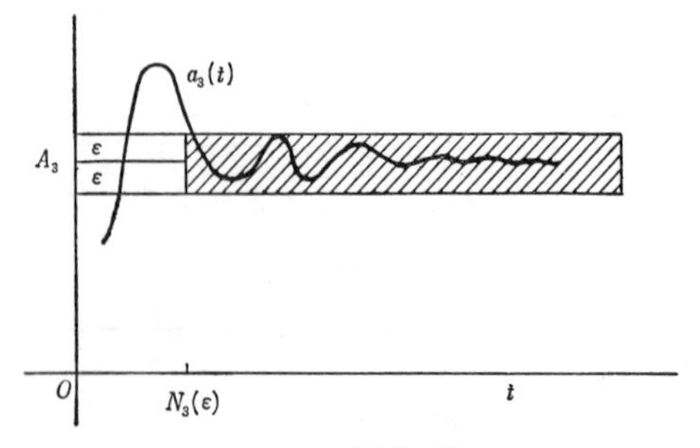


図 2-15

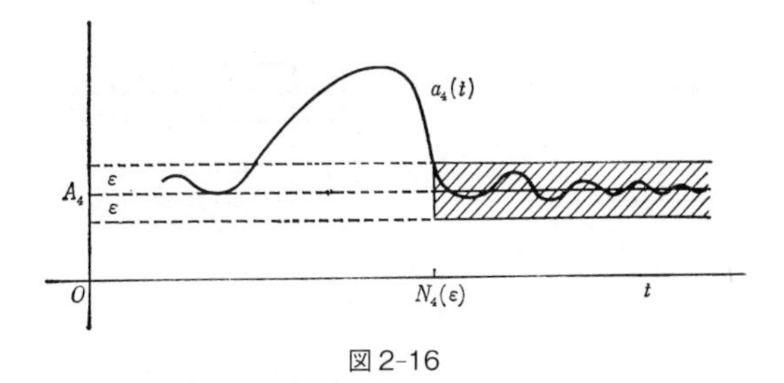


図 2-16

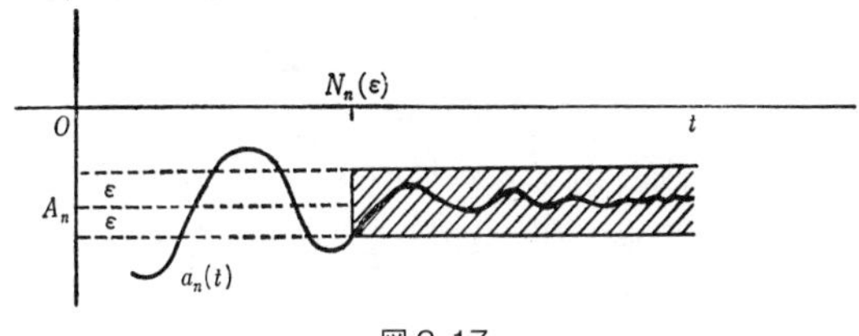


図 2-17

同じく $a_3(t), a_4(t), \cdots, a_n(t)$ はそれぞれ $N_3(\varepsilon), N_4(\varepsilon), \cdots, N_n(\varepsilon)$ から先の $t$ に対して，その幅の帯のなかに入ってくる．

以上の図のように帯のはじまる位置は不ぞろいで全部まちまちである．

これを同じ $N(\varepsilon)$ で間に合わせようとするにはどうしたらよいか．

その答は $N_1(\varepsilon), N_2(\varepsilon), \cdots, N_n(\varepsilon)$ のなかでもっとも大きいものをえらべばよい．

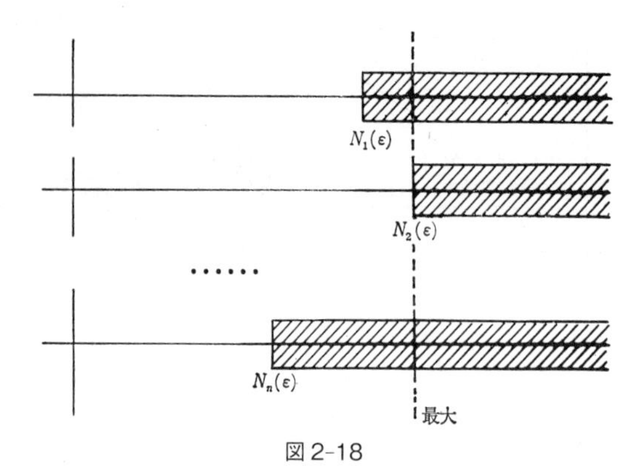


図2-18

**定理1**. $n$ 個の関数 $a_1(t), a_2(t), \cdots, a_n(t)$ が極限 $A_1, A_2, \cdots, A_n$ に収束するとき，任意の $\varepsilon > 0$ を与えたとき，$N(\varepsilon) < t$ に対して，

$$|a_1(t) - A_1| < \varepsilon,$$

$$|a_2(t) - A_2| < \varepsilon,$$

$$\cdots$$

$$|a_n(t) - A_n| < \varepsilon$$

となるような $N(\varepsilon)$ が見出せる．

**例4**. $a_1(t) = \dfrac{1}{t}, a_2(t) = \dfrac{1}{t^2}, \cdots, a_n(t) = \dfrac{1}{t^n}$ のとき，$\varepsilon > 0$ に対して，$N(\varepsilon)$ を求めよ．

**解**　$a_1(t), a_2(t), \cdots, a_n(t)$ はすべて $0$ に収束する．

$$|a_1(t)-0|<\varepsilon,\quad \left|\frac{1}{t}\right|<\varepsilon,\quad \frac{1}{\varepsilon}<t$$

となるから $N_1(\varepsilon)=\dfrac{1}{\varepsilon}$.

$$|a_2(t)-0|<\varepsilon,\quad \left|\frac{1}{t^2}\right|<\varepsilon,\quad \frac{1}{\varepsilon}<t^2,\quad \frac{1}{\sqrt{\varepsilon}}<t$$

であるから $N_2(\varepsilon)=\dfrac{1}{\sqrt{\varepsilon}}$.

同じように

$$|a_n(t)-0|<\varepsilon,\quad \left|\frac{1}{t^n}\right|<\varepsilon,\quad \frac{1}{\varepsilon}<t^n,\quad \frac{1}{\sqrt[n]{\varepsilon}}<t,$$

$$N_n(\varepsilon)=\frac{1}{\sqrt[n]{\varepsilon}}.$$

つまり

$$N_1(\varepsilon)=\frac{1}{\varepsilon},$$
$$N_2(\varepsilon)=\frac{1}{\sqrt[2]{\varepsilon}},$$
$$\cdots$$
$$N_n(\varepsilon)=\frac{1}{\sqrt[n]{\varepsilon}}.$$

ここで，$\varepsilon<1$ のときは，$N_1(\varepsilon), N_2(\varepsilon), \cdots, N_n(\varepsilon)$ のうちで最大のものは $N_1(\varepsilon)=\dfrac{1}{\varepsilon}$ である．

**注意** 上の定理は有限の $n$ に対しては成立するのであるが，無限個の

$$a_1(t), a_2(t), \cdots, a_n(t), \cdots$$

に対しては成立しないのである．

$$a_n(t)=\frac{1}{t^{\frac{1}{n}}}$$

とおくと，

$$|a_n(t)-0|<\varepsilon,$$

$$\left|\frac{1}{t^{\frac{1}{n}}}\right|<\varepsilon,$$

$$\frac{1}{\varepsilon}<t^{\frac{1}{n}},$$

$$\frac{1}{\varepsilon^n}<t.$$

したがって $N_n(\varepsilon)=\dfrac{1}{\varepsilon^n}$ となる．

このとき，

$$N_1(\varepsilon)=\frac{1}{\varepsilon},$$

$$N_2(\varepsilon)=\frac{1}{\varepsilon^2},$$

$$\cdots$$

$$N_n(\varepsilon)=\frac{1}{\varepsilon^n},$$

$$\cdots$$

であり，$\varepsilon<1$ のときは，この $N_1(\varepsilon), N_2(\varepsilon), \cdots, N_n(\varepsilon), \cdots$ のなかに最大のものは存在しない．いくらでも大きなものがあるからである．

## 6. 和，差の極限

2つの関数 $a(t)$，$b(t)$ がともに $A$，$B$ に収束するとき $a(t)+b(t)$ はどうなるだろうか．

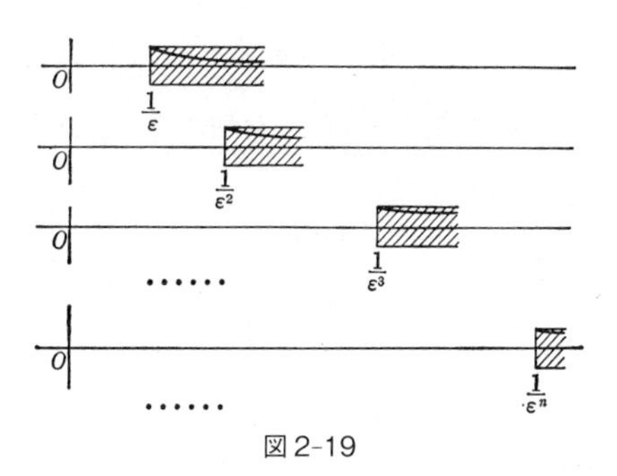


図 2-19

$$\lim_{t\to+\infty} a(t) = A,$$

$$\lim_{t\to+\infty} b(t) = B.$$

このとき，

$$a(t) = A + a'(t),$$

$$b(t) = B + b'(t)$$

となり，$a'(t)$，$b'(t)$ はともに 0 に近づく．

$$a(t)+b(t) = (A+B)+(a'(t)+b'(t)).$$

ここで，$a'(t)+b'(t)$ が 0 に収束することがわかればよい．

$\varepsilon > 0$ が与えられたとき $N(\varepsilon) < t$ に対して，

$$|a'(t)+b'(t)-0| < \varepsilon$$

となる $N(\varepsilon)$ が見出されればよい．

このとき，$|a'(t)+b'(t)|$ より小さくない $|a'(t)|+|b'(t)|$ を考えて，これが $\varepsilon$ より小さくなればよい．

そのために $|a'(t)|$ と $|b'(t)|$ のおのおのが $\dfrac{\varepsilon}{2}$ より小さくなってくれればよい．$\dfrac{\varepsilon}{2}>0$ を与えたとき $N\left(\dfrac{\varepsilon}{2}\right)<t$ に対して

$$|a'(t)|<\frac{\varepsilon}{2},$$
$$|b'(t)|<\frac{\varepsilon}{2}$$

となる．このとき

$$|a'(t)+b'(t)| \leqq |a'(t)|+|b'(t)|<\frac{\varepsilon}{2}+\frac{\varepsilon}{2}=\varepsilon.$$

だから

$$\lim_{t\to+\infty}(a'(t)+b'(t))=0,$$

$$\lim_{t\to+\infty}(a(t)+b(t))=A+B=\lim_{t\to+\infty}a(t)+\lim_{t\to+\infty}b(t).$$

**定理 2**.

$$\lim_{t\to+\infty}(a(t)+b(t))=\lim_{t\to+\infty}a(t)+\lim_{t\to+\infty}b(t).$$

この定理は減法にも当てはまる．

**定理 3**.

$$\lim_{t\to+\infty}(a(t)-b(t))=\lim_{t\to+\infty}a(t)-\lim_{t\to+\infty}b(t).$$

**証明**　前の定理で $b(t)$ とあるものを $-b(t)$ でおきかえる．もし

$$\lim_{t\to+\infty}b(t)=B$$

ならば，$\varepsilon>0$ が与えられたとき，$N(\varepsilon)<t$ に対して，

$$|-b(t)-(-B)|=|b(t)-B|<\varepsilon$$

となるような $N(\varepsilon)$ が発見できるから，

$$\lim_{t\to+\infty}(-b(t))=-B=-\lim_{t\to+\infty}b(t).$$

ここで $a(t)-b(t)=a(t)+(-b(t))$ となるから，

$$\lim_{t\to+\infty}(a(t)-b(t))=\lim_{t\to+\infty}(a(t)+(-b(t))).$$

定理 2 によって

$$=\lim_{t\to+\infty}a(t)+\lim_{t\to+\infty}(-b(t))$$

$$=\lim_{t\to+\infty}a(t)-\lim_{t\to+\infty}b(t).$$ （証明終）

この定理 2，定理 3 を別の言葉でいいかえると，$a(t)$ と $b(t)$ を加えるか引くかして，極限をとった結果

$$\lim_{t\to+\infty}(a(t)\pm b(t))$$

は，$a(t)$ と $b(t)$ とをおのおの別に極限をとって加えるか引いた結果

$$\lim_{t\to+\infty}a(t)\pm\lim_{t\to+\infty}b(t)$$

と等しいことを意味している．つまり $\pm$ という計算を先にやってから $\lim\limits_{t\to+\infty}$ をほどこした結果と，$\lim\limits_{t\to+\infty}$ を先にやってから $\pm$ をほどこした結果は同じになる．図式でかくと，図 2-20 のようになる．

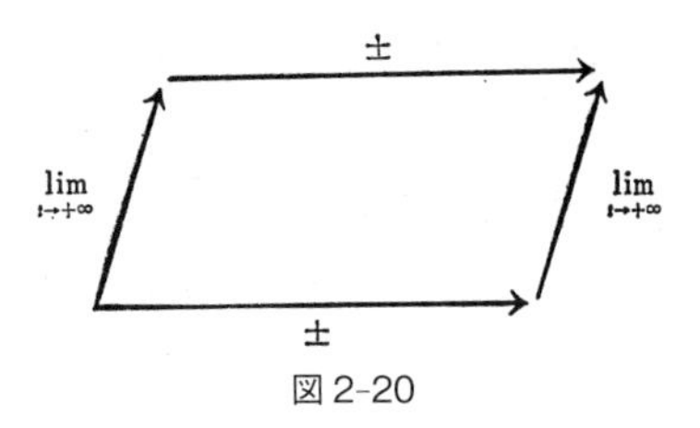


図2-20

### 練習問題

$t \to +\infty$ のとき，次の関数の極限を求めよ．

(1)　$2+\dfrac{3}{t}-\dfrac{5}{t^2}$.　　　(2)　$1-\dfrac{3}{\sqrt{t}}+\dfrac{4}{\sqrt[3]{t}}$.

## 7. 積の極限

次は2つの関数 $a(t)$，$b(t)$ の積の極限を考える番である．

$$\lim_{t \to +\infty} a(t) = A,$$
$$\lim_{t \to +\infty} b(t) = B$$

のとき，その積 $a(t)b(t)$ はどうなるだろうか．

ここで

$$a(t) = A + a'(t),$$
$$b(t) = B + b'(t).$$

ただし，

$$\lim_{t \to +\infty} a'(t) = 0,$$

$$\lim_{t \to +\infty} b'(t) = 0$$

とかけることはすでに知っている.

そこで

$$\begin{aligned} a(t)b(t) &= (A+a'(t))(B+b'(t)) \\ &= AB + \underbrace{Ab'(t) + Ba'(t) + a'(t)b'(t)}. \end{aligned}$$

ここで第2項以下はすべて0に収束するらしい. そのことを証明しよう.

まず第2項はどうだろうか.

$A=0$ のときは恒等的に0であるから問題はない.

$A \neq 0$ のときは

$$|Ab'(t)-0| = |A| \cdot |b'(t)-0| < \varepsilon,$$

$$|b'(t)-0| < \frac{\varepsilon}{|A|}.$$

ここで $\lim_{t \to +\infty} b'(t) = 0$ であるから

$$N\left(\frac{\varepsilon}{|A|}\right) < t$$

に対して, 前の不等式 $|Ab'(t)-0| < \varepsilon$ が成り立つ. だから

$$\lim_{t \to +\infty} Ab'(t) = 0.$$

第3項もやはり0に収束することは, 全く同様に証明

できる．

第4項は

$$|a'(t)b'(t)-0|<\varepsilon,$$

$$|a'(t)|\,|b'(t)|<\varepsilon.$$

$\sqrt{\varepsilon}$を与えたとき，

$$N_1(\sqrt{\varepsilon})<t \text{ に対して } |a'(t)|<\sqrt{\varepsilon}$$

となり，また，

$$N_2(\sqrt{\varepsilon})<t \text{ に対して } |b'(t)|<\sqrt{\varepsilon}$$

となるような $N_1(\sqrt{\varepsilon}), N_2(\sqrt{\varepsilon})$ が発見できる．

$N_1(\sqrt{\varepsilon})$ と $N_2(\sqrt{\varepsilon})$ のなかで大きな方を $N(\sqrt{\varepsilon})$ とすれば，$N(\sqrt{\varepsilon})<t$ に対して

$$|a'(t)|<\sqrt{\varepsilon}, \quad |b'(t)|<\sqrt{\varepsilon}$$

となる．この式をかけ合わせると，$|a'(t)b'(t)-0|<\varepsilon$ となる．すなわち

$$\lim_{t\to+\infty} a'(t)b'(t)=0.$$

結局，第2，第3，第4の項はすべて0に収束するから，定理2によって

$$\lim_{t\to+\infty} a(t)b(t)=AB$$

となる．この式をかきかえると

**定理 4.**

$$\lim_{t\to+\infty} a(t)b(t)=\lim_{t\to+\infty} a(t)\cdot\lim_{t\to+\infty} b(t).$$

これをいいかえると，次のようになる．

はじめに2つの関数の積をつくって，そのあとで極限をつくっても，また，はじめにおのおのの極限をつくってから，積をつくっても，その結果は同じである．

つまり，×と lim は順序交換ができるのである．

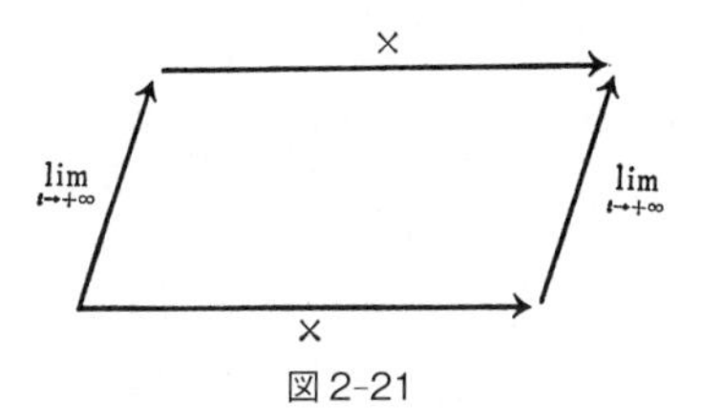


図 2-21

2つばかりでなく，3つ以上一般の $n$ 個の関数の積についても同様である．

**定理 5.**

$$\lim_{t\to+\infty}\{a_1(t)a_2(t)\cdots a_n(t)\}$$

$$=\lim_{t\to+\infty}a_1(t)\lim_{t\to+\infty}a_2(t)\cdots\lim_{t\to+\infty}a_n(t).$$

**証明**　定理4を $a_1(t)$ と $a_2(t)a_3(t)\cdots a_n(t)$ に適用すると，

$$\lim_{t\to+\infty}\{a_1(t)a_2(t)\cdots a_n(t)\}=\lim_{t\to+\infty}a_1(t)\cdot\{a_2(t)\cdots a_n(t)\}$$

$$=\lim_{t\to+\infty}a_1(t)\cdot\lim_{t\to+\infty}\{a_2(t)\cdots a_n(t)\}.$$

このようにして，定理4をつぎつぎに適用すると，

$$=\lim_{t\to+\infty}a_1(t)\cdot\lim_{t\to+\infty}a_2(t)\cdot\lim_{t\to+\infty}a_3(t)\cdots\lim_{t\to+\infty}a_n(t).$$

（証明終）

この定理を使うと，$N(\varepsilon)$ などの取り扱いはしないでも収束の証明ができる．

### 8. 逆数の極限

次は逆数について，考えてみよう．$\lim_{t\to+\infty} a(t)=A$ で，$A$ は $0$ でないとする．$\lim_{t\to+\infty} a(t)=A\neq 0$ であるから

$$a(t)=A+(a(t)-A),$$

$$|a(t)| \geqq |A|-|a(t)-A|.$$

ここで $N\left(\frac{|A|}{2}\right)<t$ に対して $|a(t)-A|<\frac{|A|}{2}$ となる $N\left(\frac{|A|}{2}\right)$ が存在するから，

$$|a(t)|>|A|-\frac{|A|}{2}=\frac{|A|}{2}$$

となる．ここで

$$\left|\frac{1}{a(t)}-\frac{1}{A}\right|=\frac{|a(t)-A|}{|a(t)|\,|A|}\leqq\frac{|a(t)-A|}{\frac{|A|}{2}\cdot|A|}$$

$$=\frac{2}{|A|^2}\,|a(t)-A|<\varepsilon$$

となるためには $|a(t)-A|<\frac{|A|^2\cdot\varepsilon}{2}$ となればよい．

しかるに $\lim_{t\to+\infty} a(t)=A$ であるから，

$\frac{|A|^2\cdot\varepsilon}{2}$ が与えられたとき，$N\left(\frac{|A|^2\cdot\varepsilon}{2}\right)<t$ に対して

$$\frac{2}{|A|^2}\,|a(t)-A| < \frac{2}{|A|^2}\,\frac{|A|^2\cdot\varepsilon}{2} = \varepsilon$$

となり，前の不等式が成り立つ．

$N\left(\dfrac{|A|^2\cdot\varepsilon}{2}\right)$ と $N\left(\dfrac{|A|}{2}\right)$ とのうちで大きなものを $N'$ とすると，$N'<t$ に対して，$\left|\dfrac{1}{a(t)}-\dfrac{1}{A}\right|<\varepsilon$ となるから，

$$\lim_{t\to+\infty}\frac{1}{a(t)} = \frac{1}{A}$$

となる．

**定理 6.**

$$\lim_{t\to+\infty}\frac{1}{a(t)} = \frac{1}{\displaystyle\lim_{t\to+\infty} a(t)}.$$

ここで逆数をとる手続きと lim の手続きは順序の交換ができる．

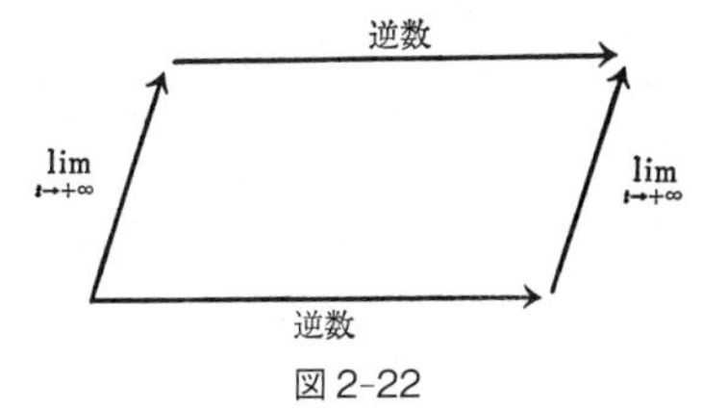


図 2-22

このことがわかると，商の収束の法則が容易に得られる．

**定理 7.** $a(t)\neq 0,\ \lim_{t\to+\infty} a(t)\neq 0$ のとき，

$$\lim_{t\to+\infty}\frac{b(t)}{a(t)}=\frac{\displaystyle\lim_{t\to+\infty}b(t)}{\displaystyle\lim_{t\to+\infty}a(t)}.$$

**証明**

$$\lim_{t\to+\infty}\frac{b(t)}{a(t)}=\lim_{t\to+\infty}b(t)\cdot\frac{1}{a(t)}.$$

定理 4 によって

$$=\lim_{t\to+\infty}b(t)\cdot\lim_{t\to+\infty}\frac{1}{a(t)}.$$

定理 6 によって

$$=\lim_{t\to+\infty}b(t)\cdot\frac{1}{\displaystyle\lim_{t\to+\infty}a(t)}=\frac{\displaystyle\lim_{t\to+\infty}b(t)}{\displaystyle\lim_{t\to+\infty}a(t)}.$$

**練習問題**

$t\to+\infty$ のとき，次の関数の極限を求めよ．

（1）$a(t)=\dfrac{2-\dfrac{1}{t}+\dfrac{3}{t^2}}{4+\dfrac{2}{t}-\dfrac{5}{t^2}}$．　（2）$b(t)=\dfrac{3t^3-5t^2-4t+2}{4t^3+2t^2+5t-1}$．

以上の結果をまとめて図示すると次のようになる．

つまり，$+$，$-$，$\times$，$\div$ を先に行なって，その後で $\displaystyle\lim_{t\to+\infty}$ を行なった結果と $\displaystyle\lim_{t\to+\infty}$ を先に行なって，その後で $+$, $-$, $\times$, $\div$ を行なった結果は同じである．（ただし $\div$ のときは分母が 0 にならないという条件がある．）

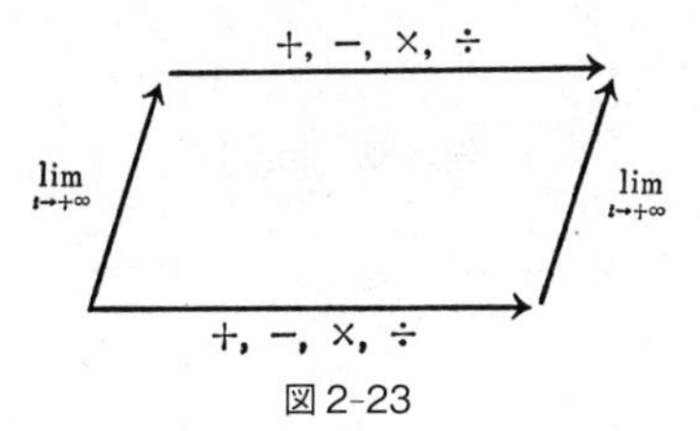

図 2-23

# 第3章　数列

## 1. 数列

$1, 2, 3, \cdots, n, \cdots$ の番号をつけた数 $a_1, a_2, a_3, \cdots, a_n, \cdots$ の系列を数列とよんでいる.

たとえば $a_1, a_2, a_3, \cdots, a_n, \cdots$ がとくに $1, 2, 3, \cdots, n, \cdots$ となっているばあいもそうであるし,

$$\frac{1}{1}, \frac{1}{2}, \frac{1}{3}, \cdots, \frac{1}{n}, \cdots$$

となっているばあいも同じく数列である.

数列は次のように有限で切れるばあい

$$a_1, a_2, a_3, \cdots, a_n$$

もあるし, また無限につづくばあいもある.

$$a_1, a_2, \cdots, a_n, \cdots.$$

前者は有限数列というし, 後者は無限数列という.

ここでとくに問題にしようというのは無限数列の収束, 発散である.

さて, 数列のなかのある項 $a_n$ が何番目であるかを示すのはその添字の $n$ であるが, これをかきかえて

$$a_n = a(n)$$

とすると, $a(n)$ は自然数 $n$ に対して定まる実数であるか

ら，自然数の集合の上に定義された関数であると考えることができる．だからグラフにかくと，図 3-1 のような点で表わされる．

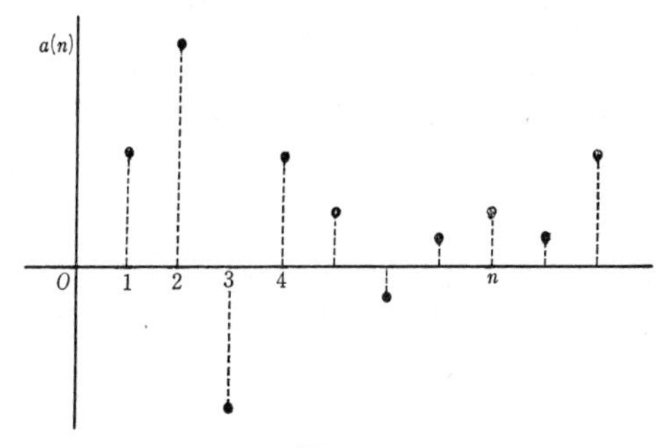


図 3-1

そう考えることにすると，これまで考えてきた連続変数 $t$ の関数 $a(t)$ と同じようなものになる．ただ，ちがうところは $a(t)$ があらゆる実数 $t$ に対して定義されているのにくらべて，$a(n)=a_n$ はそのなかの特に自然数についてだけ定義されていることだけである．

このように考えて，数列 $a_n=a(n)$ の収束や発散も同じように定義しよう．

任意の正数 $\varepsilon$ を与えたとき，$|a_n-a|<\varepsilon$ という不等式が，$N(\varepsilon)<n$ なるすべての $n$ に対して成り立つような $N(\varepsilon)$ が発見できるとき，数列 $a_n$ は極限 $a$ に収束するといい，

$$\lim_{n \to +\infty} a_n = a$$

とかく．

このことをもっとわかりやすく説明するには，$a(t)$ のときと同じように，グラフを使うとよい．ただこのばあいには $n$ が不連続であるから，$a_n = a(n)$ の点が不連続になっている点がちがう．

つまり，高さが $a$ の水平線を中心にして上下に $\varepsilon$ という幅の帯をとったとき，$N(\varepsilon)$ より1つ先からは，$a_n = a(n)$ の点がすべてこの帯のなかに入ってくる，ということである．

同じ $\varepsilon$ に対する $N(\varepsilon)$ の定まり方によって，収束の速い遅いが見分けられる．

この帯の左端が0の近くにあれば，それだけ収束は速いし，遠くにあれば収束は遅いのである．

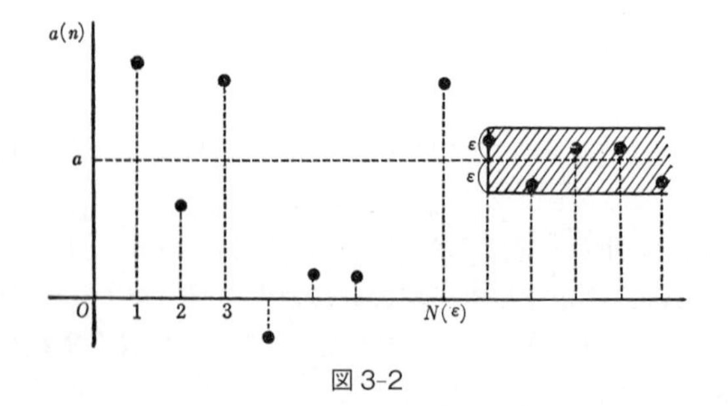


図3-2

例 **1**.

$$\lim_{n \to +\infty} \frac{1}{n} = 0$$

を証明せよ.

解　それは, 第2章, 例1にある例からただちにわかる.

$$\lim_{t \to +\infty} \frac{1}{t} = 0$$

を証明するのに $a(t) = \dfrac{1}{t}$ という関数のグラフをつくって, それが $2\varepsilon$ の幅の帯に入るのはどこからかを求めると, $\dfrac{1}{\varepsilon} < t$ から先であることがわかった.

ここで $N(\varepsilon) = \dfrac{1}{\varepsilon}$ とおけばよかった.

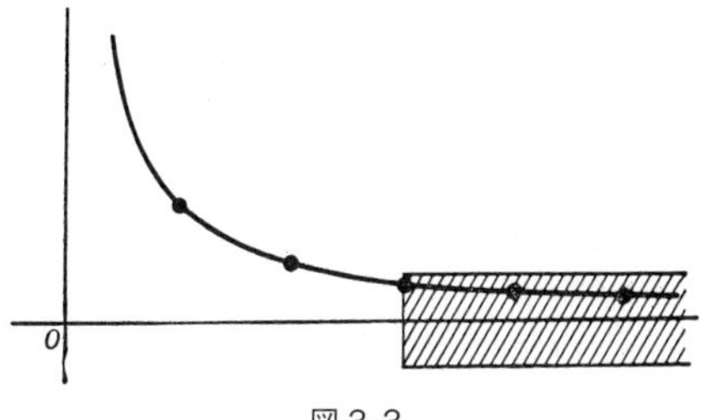


図3-3

$a_n = a(n) = \dfrac{1}{n}$ という点は $a(t) = \dfrac{1}{t}$ の上にのっているから, $a(t)$ のほうが帯の中に収まっておれば $a(n)$ はもちろん帯のなかに収まってしまうはずである.

例 **2**. $0 < a < 1$ のとき

$$\lim_{n\to+\infty} a^n = 0$$

を証明せよ．

解 $|a^n - 0| < \varepsilon$ とおくと，$a^n < \varepsilon$ だから，

$$n \log a < \log \varepsilon.$$

一方 $0 < a < 1$ であるから

$$\log a < 0.$$

これで上の式を割ると，

$$n > \frac{\log \varepsilon}{\log a} = N(\varepsilon).$$

このような $n$ に対してはいつでも $|a^n - 0| < \varepsilon$ が成り立つから $\lim_{n\to+\infty} a^n = 0$ が証明された． （証明終）

要するに $a^t$ で $t$ が自然数になる特別なばあいであるから $\lim_{t\to+\infty} a^t = 0$ から $\lim_{n\to+\infty} a^n = 0$ が結果する．

## 2. 極限値が未知のばあい

これまでは，数列 $a_1, a_2, a_3, \cdots, a_n, \cdots$ の極限値 $a$ がはじめからわかっていて，この数列が $a$ に収束するかどうかを問題にしたから，$|a_n - a|$ という値の計算ができたのであるが，いつもそううまくはいかない．多くのばあい，数列

$$a_1, a_2, a_3, \cdots, a_n, \cdots$$

の各項だけが与えられていて，極限値 $a$ が最初は未知であるばあいが多いのである．あとでは $a$ がわかるにして

も，はじめは $a$ が不明で，$a_1, a_2, a_3, \cdots, a_n, \cdots$ だけを知って，それが収束するかどうかを確かめたいのである．

その方法を考えてみよう．まず

$$\lim_{n\to+\infty} a_n = a$$

のとき，$a_n$ を数直線上にマークすると，ある番号 $N(\varepsilon)$ から先の項は，すべて，$a-\varepsilon<a_n<a+\varepsilon$ という不等式を満足している．つまり $(a-\varepsilon, a+\varepsilon)$ という区間のなかに入ってくる．その区間の外にある項は $N(\varepsilon)$ より手前の項でたかだか有限個しかない．

つまり $(a-\varepsilon, a+\varepsilon)$ という区間のなかに無限項，その外に有限項という分布の仕方になっている．

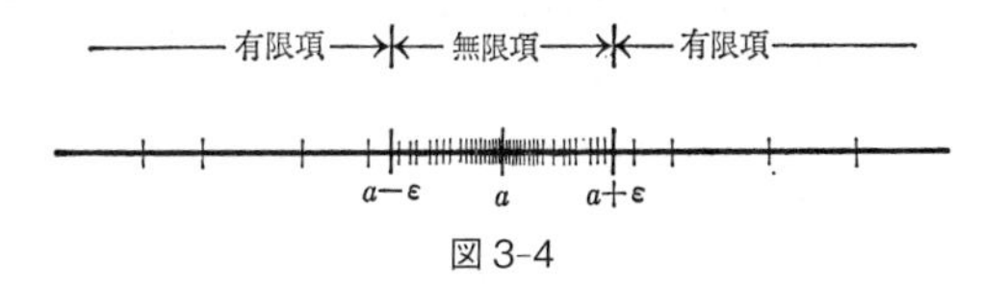


図 3-4

つまり，区間の長さをいくら短く指定してもその区間の位置を適当に移動すると，そのなかに無限項，その外に有限項という分かれ方をするようにできる．ただしその区間は $(a-\varepsilon, a+\varepsilon)$ のように $a$ を中心にもつものとは限らない．

このような区間が 2 つあったとしよう．

1 つの区間が $(a', b')$ でもう 1 つの区間が $(a'', b'')$ であるとき，この 2 つの区間の共通部分 $(a', b')\cap(a'', b'')$ は

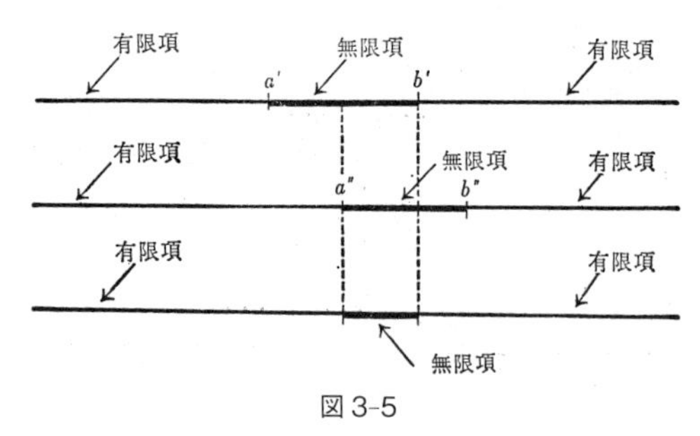


図 3-5

やはり，そのような区間である．つまりそのなかには無限項が入っていて，その外には有限項しか分布していないのである．

この2つの区間で共通部分が存在しないとき，つまり空集合であるときは，有限項しかないことになって，無限数列である仮定に反する．

このようなすべての区間で共通部分は1点しかない．なぜなら，2点をふくんでいるとき，その2点間の距離より小さい区間で，無限項と有限項に分けることは不可能になるからである．

だから，そのような区間のすべてにふくまれる点は1つは必ずあって，しかも1つしかない．その点を $a$ とする．

この点 $a$ が極限なのである．

すなわち，次の条件が成り立つ．

**数列の収束条件**　数列 $a_1, a_2, a_3, \cdots, a_n, \cdots$ が収束するための必要かつ十分な条件は，任意の正数 $\varepsilon$ を与えたとき，

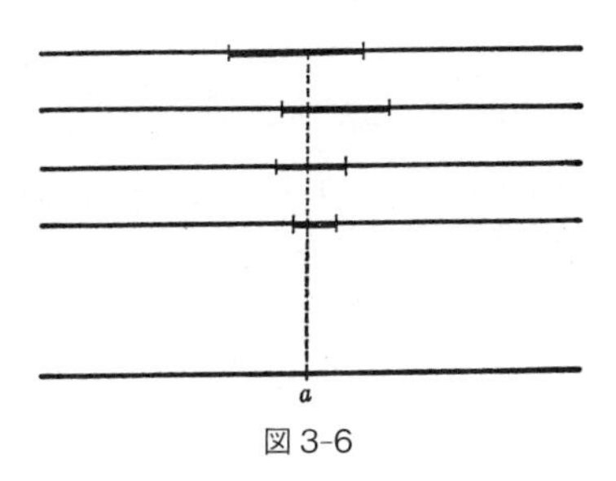


図 3-6

その長さの区間 $(a', a'+\varepsilon)$ を適当な位置にとって，その区間の中には無限項，その外には有限項が，入るようにできることである．

そのとき，それらすべての区間にふくまれる点が 1 つ，しかも 1 つだけある．その点 $a$ がその数列の極限となる．

この条件をもっと使いやすくするには，次のように言いかえておくほうがよい．

**コーシーの条件**　数列 $a_1, a_2, \cdots, a_n, \cdots$ が収束するためには，任意に与えられた正数 $\varepsilon$ に対して定まる $N(\varepsilon)$ より大きな $m, n$ に対しては

$$|a_m - a_n| < \varepsilon$$

となるような $N(\varepsilon)$ が発見できることが必要かつ十分である．

これをコーシーの収束条件といい，この条件を満足する数列を**基本数列**（fundamental sequence）という．$a_1, a_2, a_3, \cdots, a_n, \cdots$ がこの条件を満足していれば $N\left(\frac{\varepsilon}{2}\right)$ より大きな $m, n$ に対しては

$$|a_m - a_n| < \frac{\varepsilon}{2}$$

となっているから，$N\left(\frac{\varepsilon}{2}\right)$ より先の $a_n$ は $a_m$ を中点にもつ $\varepsilon$ の幅の区間にすべて入っている．つまりその区間には無限項入っている．その外にあるのは $N\left(\frac{\varepsilon}{2}\right)$ より手前の項だけで有限項しか入っていない．だから前の条件によって，収束する．

逆に収束すれば任意の $\varepsilon$ に対して，無限項をふくみ，ふくまないのは有限項しかないような，長さ $\varepsilon$ の区間が存在する．$N(\varepsilon)$ より先はその区間のなかに入っているとすると，その中の2つの項の差は $\varepsilon$ より小さいはずである．だから $N(\varepsilon) < m, n$ に対して

$$|a_m - a_n| < \varepsilon$$

となる．

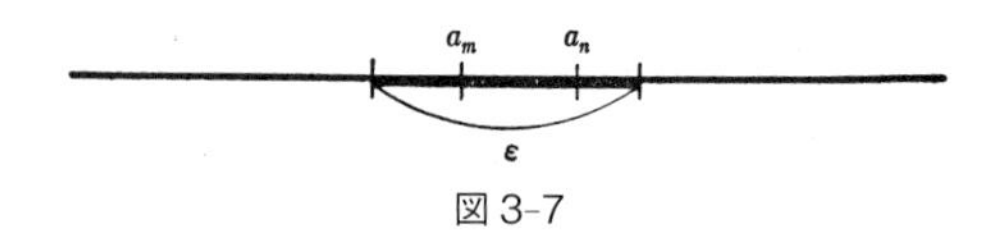


図3-7

だから，この条件は収束するための必要かつ十分な条件である．

例 **3**．コーシーの収束条件によって，

$$\frac{1}{2}, \frac{2}{3}, \frac{3}{4}, \cdots, \frac{n-1}{n}, \cdots$$

が収束することを証明せよ．

解　$m > n$ とすると

$$|a_m - a_n| = \left|\frac{m-1}{m} - \frac{n-1}{n}\right| = \frac{|m-n|}{mn}$$
$$= \frac{1}{n}\left|1 - \frac{n}{m}\right| < \frac{1}{n} < \varepsilon$$

であるから，$n > \dfrac{1}{\varepsilon}$ つまり $N(\varepsilon) = \dfrac{1}{\varepsilon}$ にとると，不等号の変形を逆にたどると，

$$N(\varepsilon) < n < m$$

に対して

$$|a_m - a_n| < \varepsilon$$

が出てくる．だからコーシーの収束条件によって，数列 $a_n = \dfrac{n-1}{n}$ は収束する．（証明終）

このとき，無限項をふくむ区間は $(a_n - \varepsilon, a_n + \varepsilon)$ で，$\varepsilon > \dfrac{1}{n}$ であるから，

$$a_n - \varepsilon < \frac{n-1}{n} - \frac{1}{n} = \frac{n-2}{n} = 1 - \frac{2}{n},$$
$$a_n + \varepsilon > \frac{n-1}{n} + \frac{1}{n} = \frac{n}{n} = 1.$$

つまりこの区間には，常に1がふくまれていることがわかる．

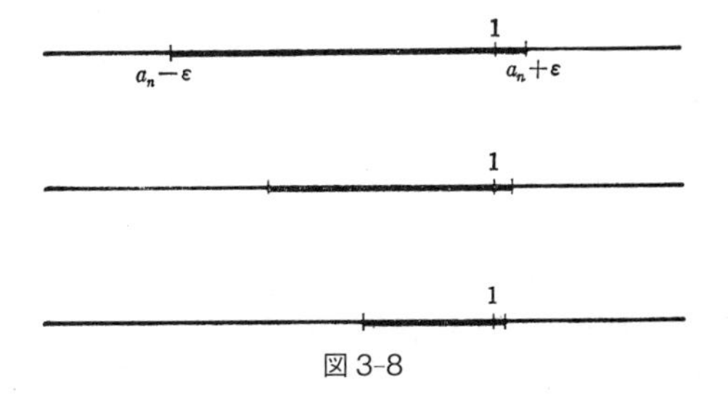


図 3-8

そのことから，1はすべての区間にふくまれていることがわかる．そのような1はコーシーの判定条件によって $a_1, a_2, a_3, \cdots, a_n, \cdots$ の極限である．

$$\lim_{n\to+\infty} a_n = \lim_{n\to+\infty} \frac{n-1}{n} = 1.$$

3. 単調な数列

数列 $a_1, a_2, a_3, \cdots, a_n, \cdots$ は番号がふえるにしたがって，大きくなったり，小さくなったりしながら，いろいろに変化するのが，普通である．

これをグラフにかくと，図3-9のようになる．

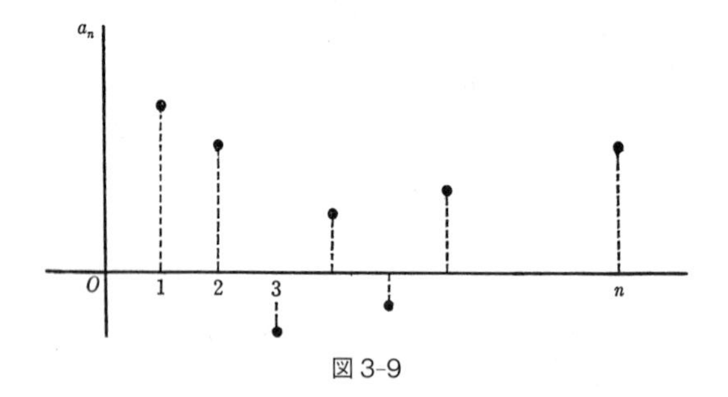


図3-9

しかし，特にふえる一方か，へる一方のばあいがある．

決してへらないとき，つまり，$a_1 \leqq a_2 \leqq \cdots \leqq a_n \leqq \cdots$ のとき，このときは単調非減少という．

また，決してふえないとき

$$a_1 \geqq a_2 \geqq a_3 \geqq \cdots \geqq a_n \geqq \cdots$$

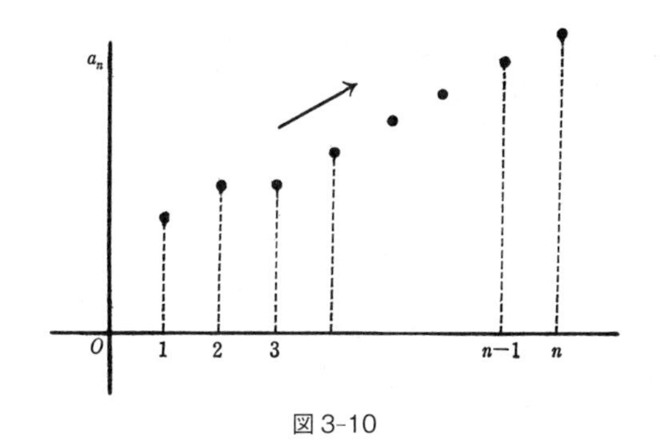


図 3-10

単調非増加という.

単調非増加のときは, すべての項の符号をかえると,

$$-a_1 \leqq -a_2 \leqq -a_3 \leqq \cdots \leqq -a_n \leqq \cdots$$

となり, 単調非減少になる. だから, 単調非減少のばあいを研究しておくと, 他方にも適用できる.

単調非減少の数列の例としては, 自然数の列

$$1 \leqq 2 \leqq 3 \leqq \cdots \leqq n \leqq \cdots$$

があるが, これは明らかに収束しない.

しかし, 単調非減少な数列が, ある定まった数を越さないときは, どうなるだろうか.

このようにある数列が一定の数 $B$ を越さないとき, 上方に有界であるという.

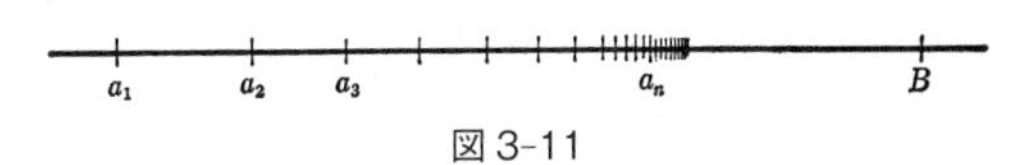


図 3-11

そのとき，次の定理が成り立つ.

**定理 1**. 数列 $a_1, a_2, \cdots, a_n, \cdots$ が

(1) 単調非減少である. すなわち，$a_1 \leqq a_2 \leqq \cdots \leqq a_n \leqq \cdots$,

(2) 上方に有界である. すなわち $a_n \leqq B$ なる $B$ が存在する.

をみたすとき，この数列は収束する.

**証明** まず $\varepsilon > 0$ を与えておいて，$a_1$ と $B$ のあいだの区間を $m$ 等分する. ただし $m > \dfrac{B-a_1}{\varepsilon}$ とする. このとき，

$$\varepsilon > \frac{B-a_1}{m}$$

であるから各々の区間の長さは $\varepsilon$ より短い.

この区間は左端は除き，右端はふくむものとする. つまり区間の両端を $a', b'$ とすると，その区間内の点 $x$ は次の不等式を満足するものとする.

$$a' < x \leqq b'.$$

このような $m$ 個の区間のなかで，この数列の項をふくむような区間でもっとも右端にあるものを $(a', b']$ とすると，$b'$ の右方には数列の項は存在しないから，すべての $k$ に対して，

$$a_k \leqq b'.$$

また $(a', b']$ にふくまれている項の 1 つを $a_n$ とすると $a_n \leqq a_{n+1} \leqq \cdots$ であるから，

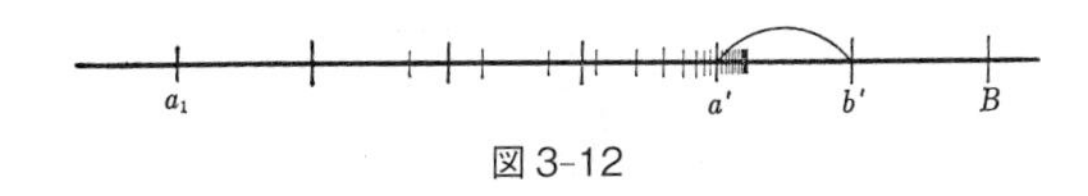


図 3-12

$$a' < a_n, a_{n+1}, \cdots \leqq b'$$

となり，$n$ から先の項はすべてこの区間にふくまれる．この区間にふくまれない項はあっても，

$$a_1, a_2, \cdots, a_{n-1}$$

のなかにしかないので，たかだか有限項である．

つまり任意に与えられた正数 $\varepsilon$ より短い区間 $(a', b']$ をとって，そのなかには無限項，その他には有限項だけしかないようにできる．

だから収束の条件によって，この数列は収束する．

（証明終）

この定理は数列の理論においてきわめて重要な役割りを演ずる．

この定理で各項の符号をかえると，次の定理が得られる．

**定理 2**．数列 $a_1, a_2, \cdots, a_n, \cdots$ が

（1） 単調非増加であり，$a_1 \geqq a_2 \geqq \cdots \geqq a_n \geqq \cdots$,

（2） 下方に有界である．すなわち，$a_n \geqq B$ なる $B$ が存在する．

をみたすとき，この数列は収束する．

証明は符号をかえ不等号の向きをかえるだけで上の証明とまったくおなじであるから，省略する．

**例 4**．つぎの数列は収束することを証明せよ．

$$a_n = \frac{1}{1^2} + \frac{1}{2^2} + \cdots + \frac{1}{n^2}.$$

解　まず

(1)　単調非減少である.

なぜなら,

$$a_1 = \frac{1}{1^2},$$

$$a_2 = \frac{1}{1^2} + \frac{1}{2^2},$$

$$\cdots$$

$$a_n = \frac{1}{1^2} + \frac{1}{2^2} + \cdots + \frac{1}{n^2}$$

であるから $a_1 < a_2 < a_3 < \cdots < a_n < \cdots$. 次に

(2)　上方に有界である.

なぜなら,

$$\frac{1}{n^2} < \frac{1}{(n-1)n}$$

であるから,

$$\begin{aligned} a_n &= \frac{1}{1^2} + \frac{1}{2^2} + \cdots + \frac{1}{n^2} \\ &< \frac{1}{1} + \frac{1}{1 \cdot 2} + \frac{1}{2 \cdot 3} + \cdots + \frac{1}{(n-1)n} \\ &= 1 + \left(\frac{1}{1} - \frac{1}{2}\right) + \left(\frac{1}{2} - \frac{1}{3}\right) + \cdots + \left(\frac{1}{n-1} - \frac{1}{n}\right) \\ &= 2 - \frac{1}{n} < 2. \end{aligned}$$

つまりすべての $n$ に対して

$$a_n < 2$$

となるから有界である．だから定理によって収束する．

（証明終）

しかし $\lim_{n\to+\infty} a_n$ の値を実際に求めることはむずかしい．じつはその極限は

$$\frac{\pi^2}{6} = 1.64\cdots$$

になることがあとでわかる．

$\frac{\pi^2}{6}$ のような極限ははじめから知ることはできないので，極限を知らないで，収束を見分ける条件がどうしても必要になるわけである．

主題からややはずれるが，以後においてしばしば利用される不等式を証明しておこう．

**定理 3.** $a_i > 0$ $(i = 1, 2, \cdots, n)$ のとき，次の不等式が成立する．

$$(1+a_1)(1+a_2)\cdots(1+a_n) > 1+a_1+a_2+\cdots+a_n.$$

**注意**　これは単利と複利の問題に直して考えればほとんど自明である．

第 1 年目の利率が $a_1$，第 2 年目の利率が $a_2$，…，第 $n$ 年目の利率が $a_n$ のとき，元金 1 とすれば $n$ 年目の元利合計は

複利では　　$(1+a_1)(1+a_2)\cdots(1+a_n)$,

単利では　　$1+a_1+a_2+\cdots+a_n$.

だから

$$(1+a_1)(1+a_2)\cdots(1+a_n) > 1+a_1+a_2+\cdots+a_n$$

となることが予想される．

**証明**　そのまま展開すればよい．

$$
\begin{aligned}
&(1+a_1)(1+a_2)\cdots(1+a_n)\\
&\quad=1+(a_1+a_2+\cdots+a_n)\\
&\qquad+(a_1a_2+\cdots+a_{n-1}a_n)+\cdots\cdots\\
&\quad>1+a_1+a_2+\cdots+a_n.
\end{aligned}
$$

（証明終）

これとならんで，次の不等式が成り立つが，証明はややむずかしい．

**定理 4**．$0<a_i<1$（$i=1,2,\cdots,n$）のとき，次の不等式が成り立つ．

$$(1-a_1)(1-a_2)\cdots(1-a_n)>1-(a_1+a_2+\cdots+a_n).$$

**注意**　複利とは逆に，税金をとられる場合を考えるとよい．$a_1, a_2, \cdots, a_n$ は第 1 年目，…，第 $n$ 年目の税率とすると，毎年税金で減った分にかけるとすると，第 $n$ 年目には，

$$(1-a_1)(1-a_2)\cdots(1-a_n).$$

はじめの金額 1 に対して変らないまま第 $n$ 年目まで課税していくとすると第 $n$ 年目には

$$1-(a_1+a_2+\cdots+a_n)$$

となり，

$$(1-a_1)(1-a_2)\cdots(1-a_n)>1-(a_1+\cdots+a_n)$$

が成立しそうである．

**証明**　数学的帰納法を用いる．

（1）　$n=2$ のときは

$$(1-a_1)(1-a_2)>1-(a_1+a_2).$$

したがって定理は正しい．

（2）　$n-1$ のときに正しいとすれば，

$$(1-a_1)(1-a_2)\cdots(1-a_{n-1})>1-(a_1+a_2+\cdots+a_{n-1}).$$

両辺に $1-a_n>0$ をかけると,

$$
\begin{aligned}
&(1-a_1)(1-a_2)\cdots(1-a_{n-1})(1-a_n)\\
&\quad>\{1-(a_1+a_2+\cdots+a_{n-1})\}(1-a_n)\\
&\quad=1-(a_1+a_2+\cdots+a_{n-1}+a_n)+(a_1+a_2+\cdots+a_{n-1})a_n\\
&\quad>1-(a_1+a_2+\cdots+a_{n-1}+a_n).
\end{aligned}
$$

すなわち $n$ のときも正しい. したがって数学的帰納法が完了した. (証明終)

以上のばあいに

$$a_1=a_2=\cdots=a_n=a$$

とすれば次の不等式が成り立つ.

**定理 5**. $0<a$ のとき,

$$(1+a)^n>1+na. \qquad (n\geqq 2)$$

**定理 6**. $0<a<1$ のとき,

$$(1-a)^n>1-na. \qquad (n\geqq 2)$$

**例 5**. $a_n=\left(1+\dfrac{1}{n}\right)^{n+1}$ は収束することを証明せよ.

**解**

$$
\begin{aligned}
\frac{a_n}{a_{n-1}}&=\frac{\left(1+\dfrac{1}{n}\right)^{n+1}}{\left(1+\dfrac{1}{n-1}\right)^{n}}=\frac{(n+1)^{n+1}}{n^{n+1}}\cdot\frac{(n-1)^n}{n^n}\\
&=\left(1+\frac{1}{n}\right)\left(1+\frac{1}{n}\right)^n\left(1-\frac{1}{n}\right)^n\\
&=\left(1+\frac{1}{n}\right)\left(1-\frac{1}{n^2}\right)^n.
\end{aligned}
$$

ところで定理5によって $\left(1+\dfrac{1}{n^2}\right)^n > 1+n\cdot\dfrac{1}{n^2} = 1+\dfrac{1}{n}$ であるから,

$$\frac{a_n}{a_{n-1}} < \left(1+\frac{1}{n^2}\right)^n\left(1-\frac{1}{n^2}\right)^n = \left(1-\frac{1}{n^4}\right)^n < 1.$$

すなわち

$$a_n < a_{n-1}.$$

つまり単調非増加である．そして

$$a_n = \left(1+\frac{1}{n}\right)^{n+1} > 1$$

であるから，下方に有界である.

だから，定理2によって $a_1, a_2, \cdots, a_n, \cdots$ は収束する.

（証明終）

**例 6**. $b_n = \left(1+\dfrac{1}{n}\right)^n$ は収束することを証明せよ.

解　$b_n = \left(1+\dfrac{1}{n}\right)^n < \left(1+\dfrac{1}{n}\right)^{n+1} = a_n.$

前の例で $a_n$ は単調非増加であるから,

$$a_n < a_{n-1} < \cdots < a_2 < a_1 = \left(1+\frac{1}{1}\right)^{1+1} = 2^2 = 4.$$

したがって $b_n < 4$，つまり $b_n$ は上方に有界である.

次に

$$\frac{b_n}{b_{n-1}} = \frac{\left(1+\dfrac{1}{n}\right)^n}{\left(1+\dfrac{1}{n-1}\right)^{n-1}} = \left(1+\frac{1}{n}\right)^n\left(\frac{n-1}{n}\right)^{n-1}$$

$$= \frac{\left(1+\frac{1}{n}\right)^n \left(1-\frac{1}{n}\right)^n}{1-\frac{1}{n}} = \frac{\left(1-\frac{1}{n^2}\right)^n}{1-\frac{1}{n}}.$$

定理6によって

$$> \frac{1-\frac{n}{n^2}}{1-\frac{1}{n}} = \frac{1-\frac{1}{n}}{1-\frac{1}{n}} = 1.$$

だから $b_{n-1} < b_n$, つまり $b_n$ は単調非減少, とくに $b_{n-1} < b_n$ だから単調増加である. だから定理1によって $b_n$ は収束する. (証明終)

前の例の $a_n$ とくらべると

$$a_n - b_n = \left(1+\frac{1}{n}\right)^{n+1} - \left(1+\frac{1}{n}\right)^n$$
$$= \frac{1}{n}\left(1+\frac{1}{n}\right)^n < \frac{4}{n}.$$

だから

$$\lim_{n\to+\infty}(a_n - b_n) = 0.$$

したがって

$$\lim_{n\to+\infty} a_n - \lim_{n\to+\infty} b_n = 0.$$

つまり

$$\lim_{n\to+\infty} a_n = \lim_{n\to+\infty} b_n.$$

この極限を $e$ で表わすが, これは微分積分学におけるもっとも重要な定数の1つである.

$$b_1 < b_2 < \cdots < b_n < \cdots < e < \cdots < a_n < \cdots < a_2 < a_1.$$

計算すると，$e = 2.71828\cdots$.

## 4. $e$ の意味，連続複利法

$b_n = \left(1+\dfrac{1}{n}\right)^n$ の意味を考えてみよう．

1年に10割の利率で1円の金を借りたとき，単利では1年後の元利合計は$(1+1)$（円）である．ところが半年目に利子の繰入れを行なうと

$$\left(1+\frac{1}{2}\right) \qquad (円)$$

になり，これが元金になって後半期は$\dfrac{1}{2}$の利率であるから，

$$\left(1+\frac{1}{2}\right)\times\left(1+\frac{1}{2}\right) = \left(1+\frac{1}{2}\right)^2 \qquad (円).$$

同じく，1年に3回の利子繰入れを行なうと

$$\left(1+\frac{1}{3}\right)^3 \qquad (円).$$

$n$回になると，

$$\left(1+\frac{1}{n}\right)^n \qquad (円).$$

ここで$n$を限りなく大きくしていくと，あらゆる瞬間に連続的に利子の繰入れを行なうことになって，その値は

$$\lim_{n\to+\infty}\left(1+\frac{1}{n}\right)^n = e = 2.71828\cdots$$

となる．これは連続複利法とよぶことができよう．

利子繰入れの回数を多くすると，だんだん増加することは常識的にも予想できるが，$\left(1+\dfrac{1}{n}\right)^n$ が単調増加であることが証明されたので，予想通りになったわけである．

## 5. 大小関係と極限

次に大小関係 $\leqq$ と極限 $\lim$ の関係をしらべてみよう．

まず次の定理を証明しよう．

**定理 7**. $f(x) \geqq 0$ のとき，$x \to +\infty$ に対して $f(x)$ が収束するなら，

$$\lim_{x\to+\infty} f(x) \geqq 0.$$

**証明**　$\displaystyle\lim_{x\to+\infty} f(x) = a < 0$ としよう．

収束の定義によって，$N\left(\dfrac{|a|}{2}\right) < x$ となるすべての $x$ に対して

$$a - \frac{|a|}{2} \leqq f(x) \leqq a + \frac{|a|}{2}$$

となるような $N\left(\dfrac{|a|}{2}\right)$ が定まる．

ところが $a < 0$ であるから，

$$a + \frac{|a|}{2} = a - \frac{a}{2} = \frac{a}{2} < 0.$$

つまり $N\left(\dfrac{|a|}{2}\right) < x$ なる $x$ に対して

$$f(x) \leqq \frac{a}{2} < 0$$

となり $f(x) \geqq 0$ の仮定に反する．だから

$$\lim_{x\to+\infty} f(x) \geqq 0. \qquad \text{（証明終）}$$

**定理 8**. $x \to +\infty$ に対して $f(x), g(x)$ が収束し，

$$f(x) \geqq g(x)$$

ならば

$$\lim_{x\to+\infty} f(x) \geqq \lim_{x\to+\infty} g(x).$$

**証明** $f(x)-g(x) \geqq 0$ であるから定理 7 により

$$\lim_{x\to+\infty} (f(x)-g(x)) \geqq 0.$$

第 2 章定理 3 により

$$\lim_{x\to+\infty} f(x) - \lim_{x\to+\infty} g(x) \geqq 0,$$

$$\lim_{x\to+\infty} f(x) \geqq \lim_{x\to+\infty} g(x).$$

**注意** $f(x) > g(x)$ であっても

$$\lim_{x\to+\infty} f(x) = \lim_{x\to+\infty} g(x)$$

になることがある．たとえば $x > 0$ に対して

$$f(x) = \frac{1}{x}, \quad g(x) = \frac{1}{x^2}$$

とおくと $f(x) > g(x)$ であるが，$\lim_{x\to+\infty} f(x) = 0$，$\lim_{x\to+\infty} g(x) = 0$ となって，

$$\lim_{x\to+\infty} f(x) = \lim_{x\to+\infty} g(x).$$

**定理 9**. $f(x) \geqq g(x) \geqq h(x)$ で

$$\lim_{x\to+\infty} f(x) = \lim_{x\to+\infty} h(x)$$

のときは $g(x)$ は収束し，

$$\lim_{x\to+\infty} f(x) = \lim_{x\to+\infty} g(x) = \lim_{x\to+\infty} h(x).$$

**証明**　$\varphi(x) = f(x) - h(x) \geqq 0$ とおくと

$$\lim_{x\to+\infty} \varphi(x) = \lim_{x\to+\infty} (f(x) - h(x))$$
$$= \lim_{x\to+\infty} f(x) - \lim_{x\to+\infty} h(x) = 0,$$

$$0 \leqq f(x) - g(x) \leqq f(x) - h(x) = \varphi(x)$$

となる．

$$\lim_{x\to+\infty} \varphi(x) = 0$$

であるから $N(\varepsilon) < x$ なるすべての $x$ に対して

$$|\varphi(x) - 0| < \varepsilon$$

となるような $N(\varepsilon)$ がみつかる．このような $x$ に対して，

$$|f(x) - g(x) - 0| = f(x) - g(x)$$
$$\leqq f(x) - h(x) \leqq |\varphi(x)| = |\varphi(x) - 0| < \varepsilon.$$

ゆえに

$$\lim_{x\to+\infty} (f(x) - g(x)) = 0.$$

$$\lim_{x\to+\infty} g(x) = \lim_{x\to+\infty} (f(x) - (f(x) - g(x)))$$
$$= \lim_{x\to+\infty} f(x) - \lim_{x\to+\infty} (f(x) - g(x))$$

$$= \lim_{x \to +\infty} f(x) - 0$$
$$= \lim_{x \to +\infty} f(x).$$

だから

$$\lim_{x \to +\infty} f(x) = \lim_{x \to +\infty} g(x) = \lim_{x \to +\infty} h(x). \qquad \text{(証明終)}$$

これらの定理は $x$ が連続変数でなく，$1, 2, 3, \cdots$ という整数の値をとるばあい，すなわち数列 $a_n$ のときにもすべて成立する．

**定理 10**．$a_n \geqq 0$ で，$n \to +\infty$ のとき $a_n$ が収束するなら，

$$\lim_{n \to +\infty} a_n \geqq 0.$$

**定理 11**．$a_n \geqq b_n$ で $a_n, b_n$ が収束するなら，

$$\lim_{n \to +\infty} a_n \geqq \lim_{n \to +\infty} b_n.$$

**定理 12**．$a_n \geqq b_n \geqq c_n$ で

$$\lim_{n \to +\infty} a_n = \lim_{n \to +\infty} c_n$$

ならば，$b_n$ は収束し，

$$\lim_{n \to +\infty} a_n = \lim_{n \to +\infty} b_n = \lim_{n \to +\infty} c_n.$$

## 6. 連続変数と整数

数列 $a_n$ は $n$ を変数と考えると，整数の上に定義された

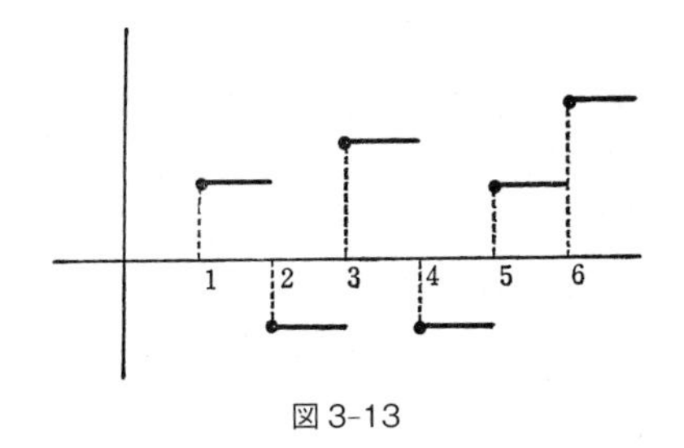


図 3-13

関数と考えてもよかった.

グラフで表わすと図 3-13 の点のようになる.

$$1 \leqq x < 2 \text{ では } f(x) = a_1,$$
$$2 \leqq x < 3 \text{ では } f(x) = a_2,$$
$$3 \leqq x < 4 \text{ では } f(x) = a_3$$

という関数 $f(x)$ をつくると，この $f(x)$ は $1 \leqq x$ なるすべての実数に対して定義された関数になる.

これは図 3-13 で各点を通る長さ 1 の水平線をつくったことになる.

ここで $x$ を越さない最大の整数を $[x]$ で表わすことにする．この $[x]$ を Gauss の関数という.

この $[x]$ を使うと，$f(x)$ は次のようにかける.

$$f(x) = a_{[x]}.$$

ここで数列 $a_n$ と $f(x)$ との収束の関係は次のようになる.

**例 7**. 数列 $a_n$ が $n \to +\infty$ に対して収束すれば，$f(x)$ も $x \to +\infty$ に対して同じ極限に収束する．逆もまた成立する.

**解** もちろん式を使っても証明できるが，図で考えると，たやすく証明できる.

$a_n$ が収束することは $a_n$ を表わす点が，ある $N$ から先が十分に狭い水平の帯のなかに収まってしまうことである.

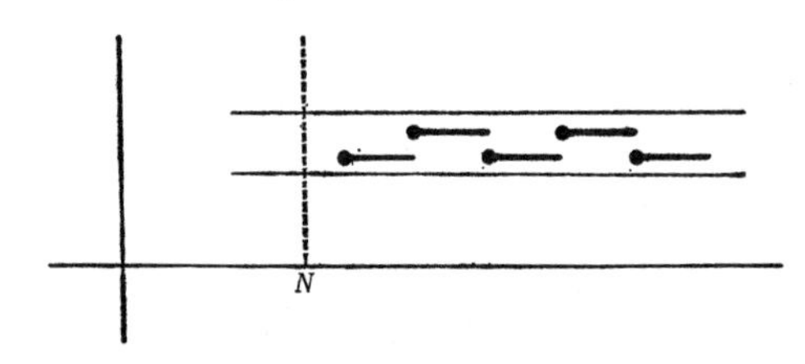


図3-14

そうすれば水平の線分ももちろん自動的にその帯のなかに収まってしまうはずである．だから，$f(x)$ は同じ極限に収束する.

逆に $f(x)$ がその帯のなかに収まってしまえば $a_n$ の点もそのなかに収まってしまうことは自明である.

だから $f(x)$ がある極限に収束すれば $a_n$ は同じ極限に収束する.　（証明終）

次に $a_{[x]}$ とは少しちがって，$a_n$ の点を折れ線でつないだ関数 $g(x)$ をとってみよう.

$g(x)$ を式で表わすと，

$$g(x) = (a_{[x]+1} - a_{[x]})(x - [x]) + a_{[x]}$$

となる．この $g(x)$ に対しても同じことがいえる.

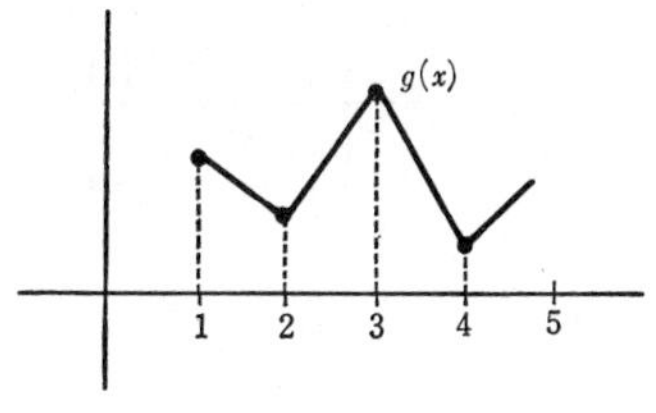


図 3-15

問 $n \to +\infty$ に対して数列 $a_n$ が収束するときは $x \to +\infty$ に対して $g(x)$ は同じ極限に収束し，逆に，$x \to +\infty$ に対して $g(x)$ が収束するとき，数列 $a_n$ は同じ極限に収束する．

次に $f(x) = \left(1+\dfrac{1}{x}\right)^x$ の収束をしらべてみよう．

**例 8.** $\displaystyle\lim_{x \to +\infty} \left(1+\frac{1}{x}\right)^x = e.$

解 $[x] \leqq x$ だから，

$$\left(1+\frac{1}{[x]+1}\right)^{[x]} < \left(1+\frac{1}{x}\right)^x < \left(1+\frac{1}{[x]}\right)^{[x]+1}$$

が成立することは明らかであろう．左辺は，

$$\left(1+\frac{1}{n+1}\right)^n = \frac{\left(1+\dfrac{1}{n+1}\right)^{n+1}}{1+\dfrac{1}{n+1}}$$

で

$$\lim_{n \to +\infty} \left(1+\frac{1}{n+1}\right)^n = \lim_{n \to +\infty} \frac{\left(1+\dfrac{1}{n+1}\right)^{n+1}}{1+\dfrac{1}{n+1}}$$

$$=\frac{\displaystyle\lim_{n\to+\infty}\left(1+\frac{1}{n+1}\right)^{n+1}}{\displaystyle\lim_{n\to+\infty}\left(1+\frac{1}{n+1}\right)}=\frac{e}{1}=e.$$

右辺は

$$\left(1+\frac{1}{n}\right)^{n+1}=\left(1+\frac{1}{n}\right)^{n}\left(1+\frac{1}{n}\right),$$

$$\lim_{n\to+\infty}\left(1+\frac{1}{n}\right)^{n+1}=\lim_{n\to+\infty}\left(1+\frac{1}{n}\right)^{n}\cdot\lim_{n\to+\infty}\left(1+\frac{1}{n}\right)$$

$$=e\cdot 1=e.$$

だから間に挟まれた $\left(1+\dfrac{1}{x}\right)^{x}$ は同じ極限に収束する．

$$\lim_{x\to+\infty}\left(1+\frac{1}{x}\right)^{x}=e.$$

## 7. $\boldsymbol{x\to a}$ のばあい

$x$ が無限に大きくなるとき，つまり $x\to+\infty$ のとき $f(x)$ がどのようにふるまうか，すなわち，ある極限に収束するか，否か，ということをこれまで考えてきた．

次には $x$ がある有限の値 $a$ に近づくとき，$f(x)$ が収束するかどうかを考えてみることにしよう．

考え方は $x\to+\infty$ のときとよく似ていて，ある意味ではほとんど同じであるといってもよいくらいである．

それは $x\to+\infty$ を $x\to a$ に移しかえればよいのである．

それは普通の言葉でいうと，$x$ が $a$ に近よるにつれて，$f(x)$ がある値 $b$ にいくらでも近よるということであるから，$b$ を中心として上下に $\varepsilon$ だけの幅の水平の帯をとったとき，$a$ の左右の $\delta$ という幅のなかの $x$ に対する $f(x)$ はすべてその帯のなかに入ってしまうことである．これを図示すると次のような手順になる．

（1）　水平の帯をつくる．

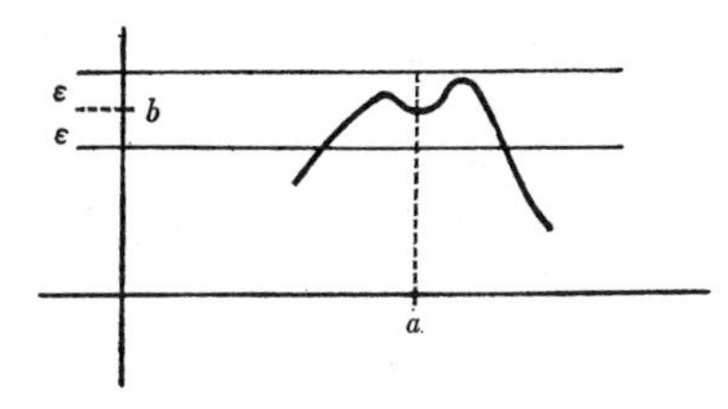


図 3-16

（2）　次に $a$ の左右に $\delta$ の幅の区間をとると，その長方形のなかにグラフの点は収まってしまう．

「$x$ が $a$ に近よる」ということを文字どおりにとって，$x$ は $\boldsymbol{a}$ でなくて $a$ に近よるという意味にすると，

$$0 < |x-a|$$

という条件をつけてもよい．だから，グラフから $f(a)$ を除外しておいてよいのである．

一般に $\varepsilon$ はどのように小さくてもよい．どのような $\varepsilon$ に対しても，プラスの $\delta$ が定まるのである．

だから $\delta$ は $\varepsilon$ に対して定まるものである．

不等式の変形の技術からみると，

$$|f(x)-b| < \varepsilon, \qquad 0 < |x-a|$$

から，

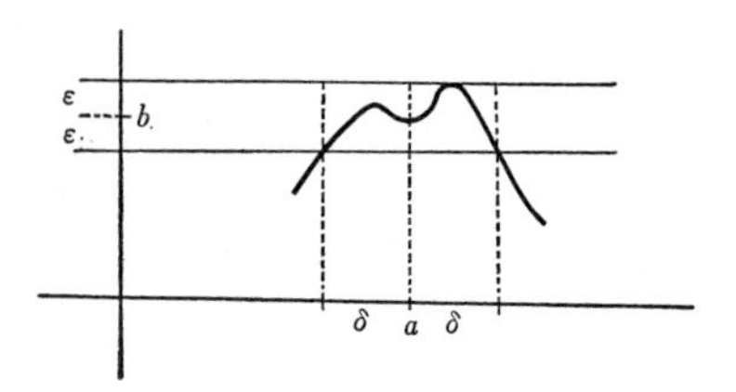


図 3-17

$$|x-a| < \delta(\varepsilon)$$

を導き出して逆にこの $0<|x-a|<\delta(\varepsilon)$ から $|f(x)-b|<\varepsilon$ が導かれるかどうかをたしかめればよい.

$x \to +\infty$ のときと比較すると,

$x > N(\varepsilon)$ から $|f(x)-b| < \varepsilon$ が出てくるのと, $0 < |x-a| < \delta(\varepsilon)$ から $|f(x)-b| < \varepsilon$ が出てくるのとの違いである.

だから $\dfrac{1}{|x-a|} = t$ とおきかえると, $t \to +\infty$ の条件と $x \to a$ の条件は完全に同じになる.

だから $\lim\limits_{t \to +\infty}$ と $\lim\limits_{x \to a}$ とは変数のいれかえによって全く同じ意味になる.

そのことから $\lim\limits_{t \to +\infty}$ に関して成り立ったいろいろの定理は $\lim\limits_{x \to a}$ にも成り立つことがわかる.

$$\lim_{x \to a}(f(x) \pm g(x)) = \lim_{x \to a} f(x) \pm \lim_{x \to a} g(x),$$

$$\lim_{x \to a} f(x) \cdot g(x) = \lim_{x \to a} f(x) \cdot \lim_{x \to a} g(x),$$

$$\lim_{x\to a}\frac{f(x)}{g(x)} = \frac{\displaystyle\lim_{x\to a} f(x)}{\displaystyle\lim_{x\to a} g(x)}.$$

（ただし $g(x) \neq 0$, $\lim_{x\to a} g(x) \neq 0$ とする.）

以上のことをまとめると，次のようになる.

$+, -, \times, \div$ の演算と $\lim_{x\to a}$ の演算は順序を入れかえてもよい.

図示すると次のようになる.

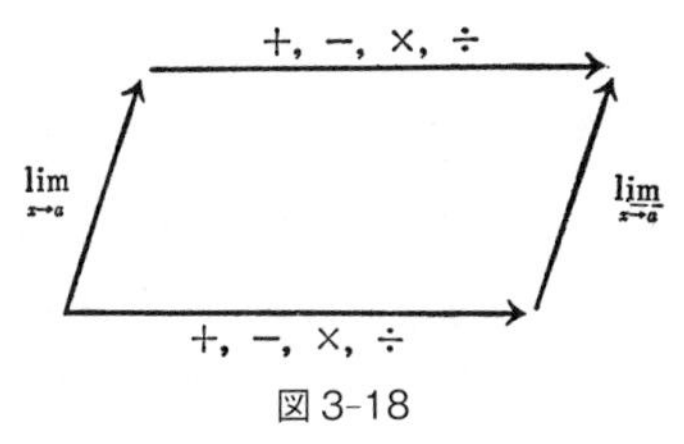


図 3-18

また大小関係も同様である.

$f(x) \geqq g(x)$ のときは

$$\lim_{x\to a} f(x) \geqq \lim_{x\to a} g(x).$$

すなわち大小関係は lim をとってもそのまま保存される.

また $f(x) \geqq g(x) \geqq h(x)$ で $\lim_{x\to a} f(x) = \lim_{x\to a} h(x)$ のとき，$\lim_{x\to a} g(x)$ は存在し，$\lim_{x\to a} f(x) = \lim_{x\to a} g(x) = \lim_{x\to a} h(x)$.

**問**　次の値をもとめよ.（ただし $a > 0$ とする）

(1) $\lim_{x\to a} x^x$.　(2) $\lim_{x\to 1}\frac{3x+2}{x^2+1}$.　(3) $\lim_{x\to -2}\frac{x+3}{2x^3-4}$.

例 **9**. $C>0$ のとき,

$$\lim_{x\to 0} C^x = 1$$

を証明せよ.

解 まず $C>1$ としよう. $n$ が正の整数であるとき,

$$1<C \leqq \left(1+\frac{C-1}{n}\right)^n.$$

だから $C^{\frac{1}{n}} \leqq 1+\dfrac{C-1}{n}$

逆数をとると, $\dfrac{1}{1+\dfrac{C-1}{n}} \leqq C^{-\frac{1}{n}}$.

ここで $-\dfrac{1}{n}<x<\dfrac{1}{n}$ とすると, $C^{-\frac{1}{n}}<C^x<C^{\frac{1}{n}}$ であるから

$$\frac{1}{1+\dfrac{C-1}{n}} < C^x < 1+\frac{C-1}{n}.$$

左辺も右辺も 1 に収束するから

$$\lim_{x\to 0} C^x = 1.$$

$C<1$ のときも全く同様にやれる. $C=1$ のときは $C^x=1$ であるから自明である.

例 **10**. $$\lim_{x\to a} C^x = C^a.$$

解 $$C^x = C^a C^{x-a}.$$

$$\lim_{x\to a} C^x = \lim_{x\to a} C^a \cdot \lim_{x\to a} C^{x-a} = C^a \cdot \lim_{x\to 0} C^x = C^a \cdot 1 = C^a.$$

# 第4章　関数の連続性

## 1. 連続と不連続

ニュートンやライプニッツが微分積分学を考え出したのは自然界における運動や変化の法則を探究するためであった．そのような運動や変化の法則を描写したり，記述したりするためには，関数という道具こそもっとも適切なものであった．

関数という概念をはじめて創り出したさいに，ライプニッツの念頭にあったのは連続的な関数だけであり，しかもそれらは何回でも微分ができるようなものであっただろう．

とくにライプニッツは「自然的変化は段々に行なわれる」と主張していた．それがいわゆる「連続律」であったが，そのように連続的変化をする自然の法則を表わす関数は当然連続的でなければならなかった．

このようにして，ライプニッツの念頭にあった関数は連続的な関数であった．

しかし科学の進歩は連続でないような関数を必要とするようになってきた．このような要求は数学以外の自然科学からも出てきたし，また数学自身のなかからも出てきた．

たとえば，ガウスの関数がとくに整数の研究に必要となった．

$$f(x)=[x].$$

これは $x$ を越さない最大の整数である．たとえば

$$[3.4]=3,\quad \left[\frac{19}{7}\right]=2,\quad [-5.2]=-6,\quad \cdots$$

グラフにかくと，図 4-1 のような階段状の関数になる．

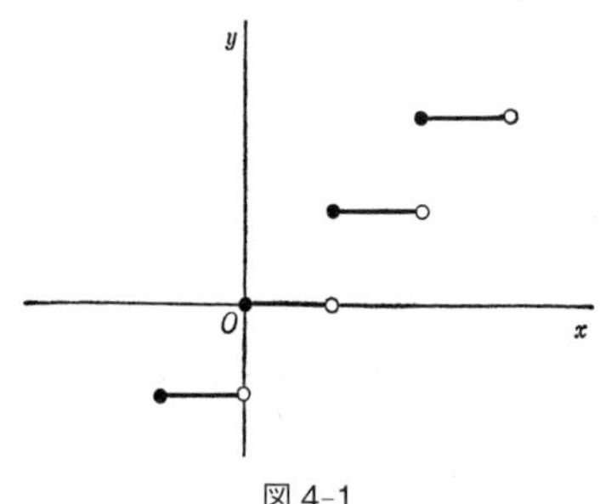


図 4-1

このような関数 $[x]$ は，常識的な意味でも整数の点では断層があるので連続であるとはいえないだろう．

このように不連続な関数が新しく関数の仲間に入ってくると，これまでの連続な関数のもっている連続性とは何か，という問題が生まれてくる．

## 2．1 点における連続

$y=f(x)$ という関数があるとしよう．

まず，独立変数 $x$ があらゆる点で連続であるかどうか

を考えるまえに，1つの点 $x=a$ で連続であるかどうかを問題にしよう．

$x$ が $a$ に近づいていくにつれて，それに対する関数の値 $f(x)$ のほうも，いろいろに変化するであろう．

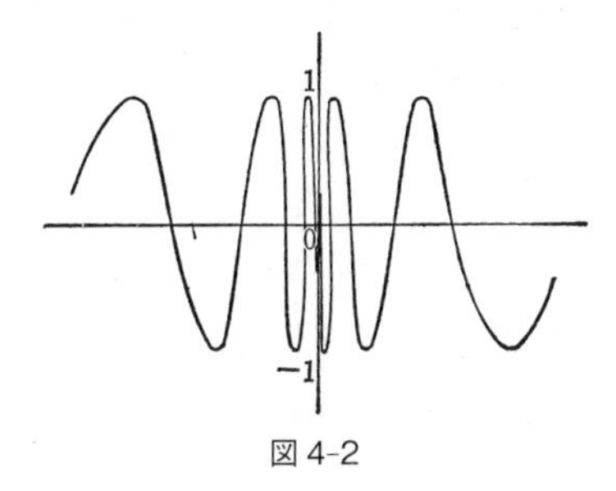


図 4-2

一般的には $f(x)$ はとらえ難く変化して，大きくなったり小さくなったり，でたらめに振動するかもしれない．

たとえば $y=\sin\dfrac{1}{x}$ などは，$x=0$ の近くでは $+1$ と $-1$ のあいだを振動する．そのような関数はもちろん $x=0$ で連続であるとはいえない．

$x$ は $0$ に近づいても，それに対する $y$ はいかなる値にも収束しないからである．

そこで $x$ が $a$ とちがった値をとりながら $a$ に近づいたとき，それに対応する $f(x)$ がやはり一定の値に近づいてくれることが，まず必要である．

たとえば

$$f(x)=[x]+[-x]$$

という関数を考えてみよう．

$x=0$ の近くで，この関数はどのようにふるまうだろうか．

$-1<x<0$ のときは

$$f(x)=[x]+[-x]=-1+0=-1.$$

また $0<x<1$ のときは

$$f(x)=[x]+[-x]=0+(-1)=-1.$$

つまり，$x$ が $0$ でない値をとって $0$ に近づくとき，$f(x)$ は常に $-1$ であるから，やはり $-1$ に近づく．

$$\lim_{x\to 0} f(x)=-1.$$

だから，それだけではまだ $f(x)$ が $x=0$ の近くで不連続であるとはいえない．

しかし，$f(x)$ の極限の $-1$ が，はたして，$x=0$ における値 $f(0)$ に一致するであろうか．

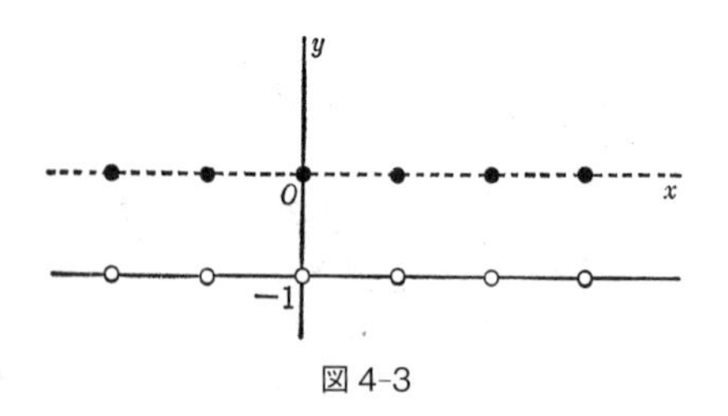


図 4-3

$$f(0)=[0]+[-0]=0.$$

このように，$f(0)$ の値は $-1$ ではなく $0$ であるから，その意味では $x=0$ では連続ではない．

## 3. 連続の定義

以上のことを考えに入れて，連続の正しい定義を与えよう．

**定義** $y=f(x)$ という関数で，$x$ が $a$ に近づいたときに，$f(x)$ はある値に収束し，しかも，その値が $f(a)$ に等しいときに，$y=f(x)$ は $x=a$ において連続であるという．つまり式でかいて，

$$\lim_{x\to a} f(x) = f(a)$$

となるとき，$f(x)$ は $x=a$ において連続であるという．

**注意** 「連続」という言葉から，関数のグラフが「つながっている」という意味にとられやすい．しかし，必ずしもそうではない．とくに「1点において」連続というときには，そのような意味はない．

たとえば，次のような関数を考えてみよう．

$x$ が有理数のとき，$f(x)$ は $x$ に等しく，$x$ が無理数のときは $f(x)$ は0に等しいものとする．

すなわち，　$f(x)=x$　（$x$ が有理数のとき），

$f(x)=0$　（$x$ が無理数のとき）．

この関数のグラフをかくことは困難である．

$y=x$ という直線から無理数の座標をもつ点を除き，$y=0$ という水平線から有理数の座標をもつ点を除いたものである．

$x=0$ でこの関数 $f(x)$ は連続である．なぜなら，$\lim_{x\to 0} f(x)=0$ であるし，$f(0)=0$ になる．すなわち

$$\lim_{x\to 0} f(x) = f(0)$$

となる．

この関数のグラフは決してつながっていないのである．だから「連続」というから「つながっている」と想像してはいけないのである．

連続の定義を別の言葉でいいかえると，次のようになる．

$$\lim_{x\to a} f(x) = f(a) = f(\lim_{x\to a} x).$$

つまり，$x$ に $f$ をほどこしてからそのあとで $\lim_{x\to a}$ をほどこしてつくった $\lim_{x\to a} f(x)$ と，$x$ に $\lim_{x\to a}$ をほどこしてそのあとでそれに $f$ をほどこした $f(\lim_{x\to a} x)$ とが一致するということである．

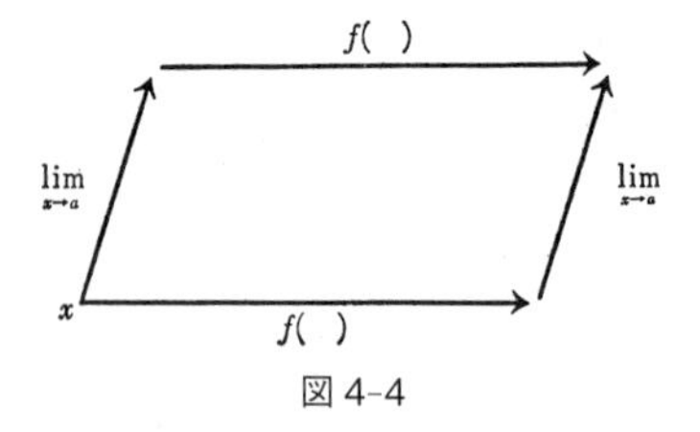


図 4-4

## 4. もう一つの定義

これまでの連続を少し別の形でいいかえてみよう．

$x \to a$ のとき，$f(x)$ が $f(a)$ に収束するということは，これまでもすでにのべたように，「任意の正の数 $\varepsilon$ を与えたとき，$a$ からの距離が $\delta(\varepsilon)$ 未満である $x$，つまり $|x-a| < \delta(\varepsilon)$ なる $x$ に対して $|f(x)-f(a)| < \varepsilon$ となるような正の $\delta(\varepsilon)$ が発見できる」ということである．

図で説明すると図 4-5 のようになる.

$f(a)$ を中心にして上下に $\varepsilon$ の幅の水平線の帯をつくったとき，$a$ の左右に $\delta(\varepsilon)$ の幅の垂線をひくと，

$$a-\delta(\varepsilon) \text{ と } a+\delta(\varepsilon)$$

のあいだの関数のグラフはすべて，この長方形のなかに収まってしまうことになる.

だから，$x=a$ における $f(x)$ の連続性を証明するには，$|f(x)-f(a)|<\varepsilon$ という不等式から $|x-a|<\delta(\varepsilon)$（$\delta(\varepsilon)$ は $\varepsilon$ をふくんだ正の関数）という不等式を導き出し，また，それから $|f(x)-f(a)|<\varepsilon$ が出てくるかどうかを確かめればよい.

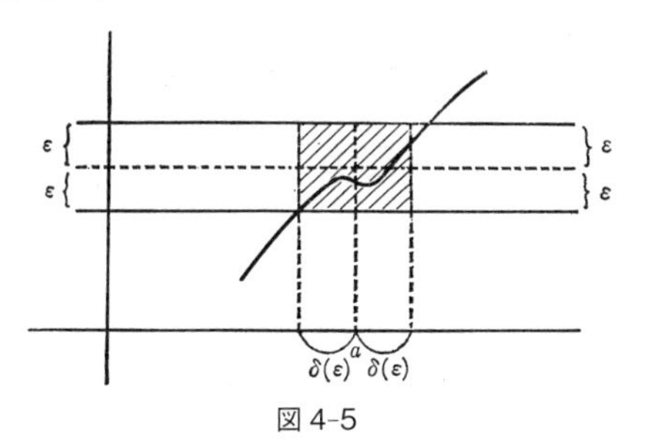


図 4-5

**例 1.** $f(x)=x^2$ は $x=1$ において連続であることを証明せよ.

解 $$\varepsilon>|f(x)-f(1)|=|x^2-1|=|x-1||x+1|.$$

$$|x-1|<\frac{\varepsilon}{|x+1|}.$$

ここで $x$ を $|x-1|<\dfrac{1}{2}$ にとると,

$$\frac{3}{2}<|x+1|<\frac{5}{2}.$$

だから $|x-1||x+1|<|x-1|\cdot\dfrac{5}{2}<\varepsilon$. つまり

$$|x-1|<\frac{1}{2},\qquad |x-1|<\frac{2\varepsilon}{5}.$$

$\delta(\varepsilon)$ としては, $\dfrac{2\varepsilon}{5}$ と $\dfrac{1}{2}$ との小さいほうをえらべば, $|x-1|<\delta(\varepsilon)$ から

$$|f(x)-f(1)|=|x^2-1|<\varepsilon$$

が得られる.

だから $f(x)=x^2$ は $x=1$ で連続である.　　（証明終）

**例 2**. $f(x)=e^x$ $(e>1)$ は任意の点 $x=a$ で連続であることを証明せよ.

**解**　　$|f(x)-f(a)|=|e^x-e^a|<\varepsilon.$

かきかえると

$$e^a|e^{x-a}-1|<\varepsilon,$$

$$|e^{x-a}-1|<e^{-a}\cdot\varepsilon.$$

$e^a>\varepsilon$ とする.

$$1-e^{-a}\cdot\varepsilon<e^{x-a}<1+e^{-a}\cdot\varepsilon.$$

両辺の log をとると

$$\log(1-e^{-a}\cdot\varepsilon)<(x-a)\log e<\log(1+e^{-a}\cdot\varepsilon).$$

$e>1$ だから

$$\frac{\log(1-e^{-a}\cdot\varepsilon)}{\log e} < x-a < \frac{\log(1+e^{-a}\cdot\varepsilon)}{\log e}.$$

$\dfrac{\log(1-e^{-a}\cdot\varepsilon)}{\log e}$ はマイナスで，$\dfrac{\log(1+e^{-a}\cdot\varepsilon)}{\log e}$ はプラスである．

ここで $\dfrac{|\log(1-e^{-a}\cdot\varepsilon)|}{\log e}$ と $\dfrac{|\log(1+e^{-a}\cdot\varepsilon)|}{\log e}$ とのうちで小さいほうを $\delta(\varepsilon)$ とすると，

$$|x-a| < \delta(\varepsilon).$$

逆にこの不等式から $|e^x - e^a| < \varepsilon$ を導き出すことができる．それは以上の不等式の変形は下から上にさかのぼることができるからである．

だから $f(x)=e^x$ は $x=a$ で連続である．

## 5. 連続関数の和，差，積，商

$f(x), g(x)$ はともに $x=a$ で連続であるとし，まずその和の関数 $f(x)+g(x)$ を考えてみよう．これはまた $x=a$ で連続であろうか．

まず $\lim_{x\to a}(f(x)+g(x))$ をつくってみると，すでに証明したように $f(x)$ と $g(x)$ との収束の速さはちがっていても，それはやはり，収束する．

$$\lim_{x\to a}(f(x)+g(x)) = \lim_{x\to a} f(x)+\lim_{x\to a} g(x) = f(a)+g(a).$$

だから $f(x)+g(x)$ もやはり $x=a$ で連続である．差も同じである．

$$\lim_{x\to a}(f(x)-g(x))=\lim_{x\to a}f(x)-\lim_{x\to a}g(x)=f(a)-g(a).$$

積と商も同様である．

$$\lim_{x\to a}f(x)\cdot g(x)=\lim_{x\to a}f(x)\cdot\lim_{x\to a}g(x)=f(a)\cdot g(a).$$

$$\lim_{x\to a}\frac{f(x)}{g(x)}=\frac{\lim\limits_{x\to a}f(x)}{\lim\limits_{x\to a}g(x)}=\frac{f(a)}{g(a)}.$$

ただし，$g(x)\neq 0$ とする．

すなわち，次の定理が成り立つ．

**定理 1**．$x=a$ において連続な2つの関数 $f(x)$，$g(x)$ の和差積商はやはり $x=a$ において連続である．ただし，商をつくるときは分母の関数は0でないものとする．

この定理において「2つの」関数の代わりに「有限個の」とおきかえても，もちろん定理は成り立つ．それは2つずつまとめていって，この定理をつぎつぎに適用していけばよい．

さらに，和差積商を有限個だけ組合せてつくった関数もやはり，連続になる．

**定理 2**．有限個の，$x=a$ で連続な関数 $f_1(x), f_2(x), \cdots, f_n(x)$ を $+, -, \times, \div$ で組合せてできた関数は，やはり $x=a$ で連続である．ただし，分母に出てくる関数は $x=a$ で0にならないものとする．

**定理 3**．$x=a$ で $f(x)$ が連続であり，$y=f(a)$ で $g(y)$ が連続ならば，$g(f(x))$ は $x=a$ で連続である．

**証明** $x=a$ で $f(x)$ が連続だから，

$$\lim_{x \to a} f(x) = f(a).$$

$y = f(a)$ で $g(y)$ が連続だから,

$$\lim_{x \to a} g(f(x)) = g(\lim_{x \to a} f(x)) = g(f(a)).$$

ゆえに $g(f(x))$ は $x = a$ で連続である. （証明終）

**練習問題**

(1) 次の関数は $x = a$ において連続であることをたしかめよ.

① $x^n$ ② $\dfrac{x^3+2}{x^2+1}$ ③ $\sin x - \cos x$

④ $\sin(x^n)$ ⑤ $e^{x^2 \cos x}$

(2) $f(x) = x - [x]$ は $x$ が整数のときは連続ではないが, 整数でないときは連続であることを証明せよ.

## 6. 写像

$y = f(x)$ という関数は, 実数 $x$ から実数 $y$ への対応を与えるものと考えてよい. あるいは, $x$ を $f$ によって $y$

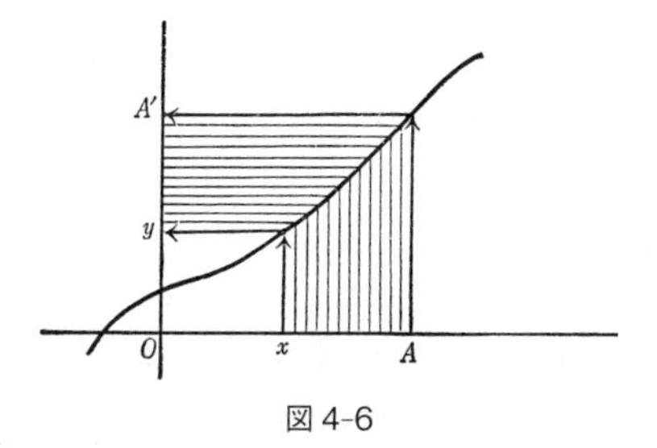


図 4-6

に写したものと考えることができる．このとき，$x$ を $y$ の逆像，$y$ を $x$ の像ということもある．

もし，実数のある集合 $A$ があり，$A$ の点 $x$ の写像 $f$ による像 $f(x)$ の集まりを $A'$ としよう．$A'$ を $A$ の像といい，$A'=f(A)$ とかく．

逆に $y$ を定めて $y=f(x)$ となるすべての $x$ の集合を $f^{-1}(y)$ で表わす．

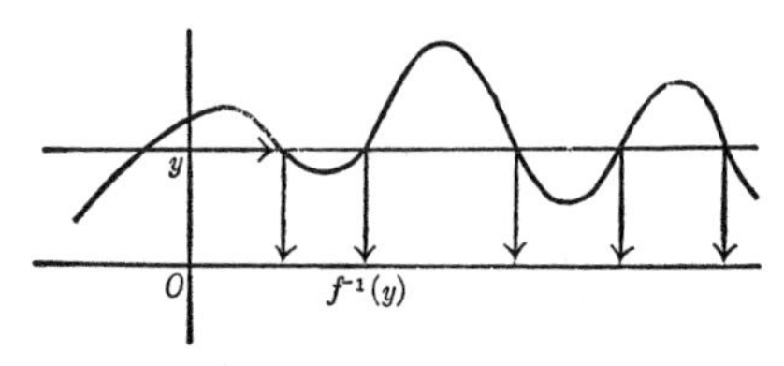


図 4-7

また $A'$ に属するすべての $y$ に対する $f^{-1}(y)$ の集合を $A$ とすれば $A=f^{-1}(A')$ となる．

それでは $f$ が連続関数であるとき，像と逆像の関数はどうなっているだろうか．

そのために開集合についてのべよう．

集合 $M$ に属する任意の点 $x$ に対して，$x$ を中点にもつある区間のすべての点が $M$ に属しているとき，$M$ は開集合という．

たとえば，両端をふくまない区間 $a<x<b$ は開集合である．なぜなら，$b-x, x-a$ のうち小さいほうを $l$ とすると，$x$ を中点とする区間 $(x-l, x+l)$ は $M$ のなかにふ

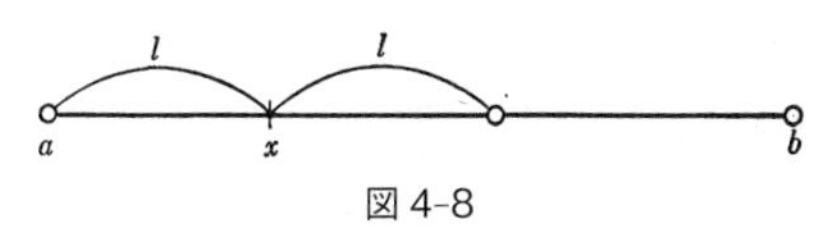


図 4-8

くまれてしまうからである.

また, 両端をふくまない区間を合わせたものもやはり開集合である.

この開集合という言葉を使うと, 連続ということの新しい見方ができるようになる.

**定理 4.** $y=f(x)$ が連続ならすべての開集合の逆像も開集合である. 逆もまた真である.

証明 $A'$ を開集合とする. $y$ は開集合 $A'$ に属しているとき, 定義から $y$ を中点とするある区間 $(y-\varepsilon, y+\varepsilon)$ は $A'$ に属する.

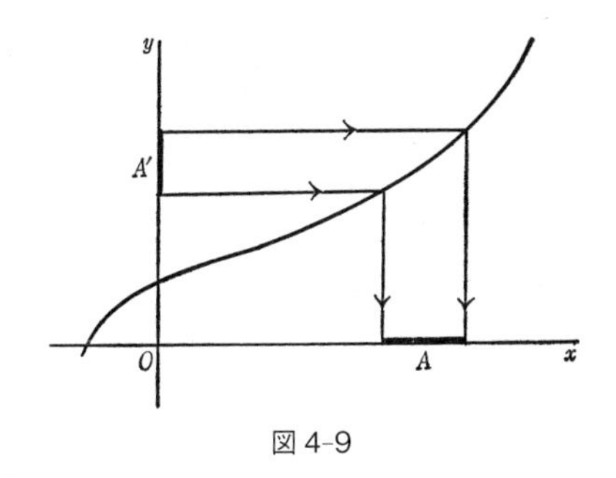


図 4-9

$A'$ の逆像を $A$ としよう. このとき, $y=f(x)$ となる $x$ は $A$ に属している. このとき, $(x-\delta(\varepsilon), x+\delta(\varepsilon))$ という区間の点の像はすべて $(y-\varepsilon, y+\varepsilon)$ のなかに入るから

$A$ は区間 $(x-\delta(\varepsilon), x+\delta(\varepsilon))$ をふくむ．だから，$A$ は開集合である．

逆にこの証明をたどると，$f(x)$ によるすべての開集合の逆像が開集合であるとき，$f(x)$ はすべての点で連続である．

**注意**　逆に開集合の像は必ずしも開集合ではない．たとえば，

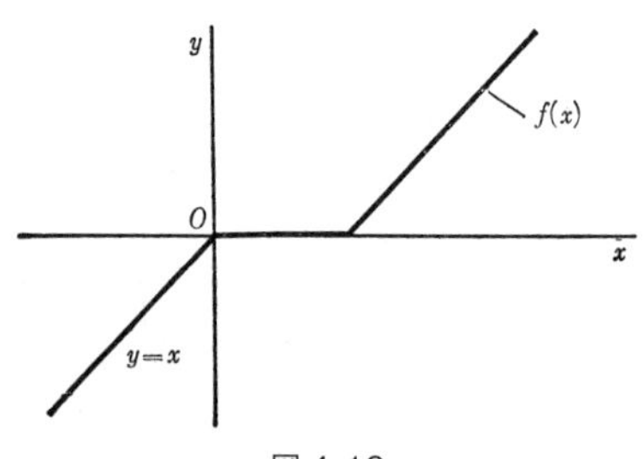


図 4-10

$$f(x)=\begin{cases} x & (x<0), \\ 0 & (0 \leqq x \leqq 1), \\ x-1 & (1<x) \end{cases}$$

という関数は明らかに連続である．

しかし $0<x<1$ という開集合の像は $0$ で開集合ではない．

## 7. 触点，集積点

$A$ という集合があったとき，点 $p$ をふくむ開区間がいつでも $A$ に属する点をふくむとき，$p$ を $A$ の触点という．

$p$ が $A$ に属する点ならば，$p$ をふくむ開区間はそれ自身

が $A$ の点である $p$ をふくむから，上の条件を満足する．

しかし，$p$ が $A$ に属していなくても $A$ の触点であり得る．たとえば，$A$ としては $1, \frac{1}{2}, \frac{1}{3}, \cdots, \frac{1}{n}, \cdots$ という点の集合をとってみよう．

$$A=\left\{1, \frac{1}{2}, \frac{1}{3}, \cdots, \frac{1}{n}, \cdots\right\}.$$

このとき 0 は $A$ には属しない．しかし，0 をふくむ任意の開区間 $(a, b)$ は必ず $A$ の点をふくむ．

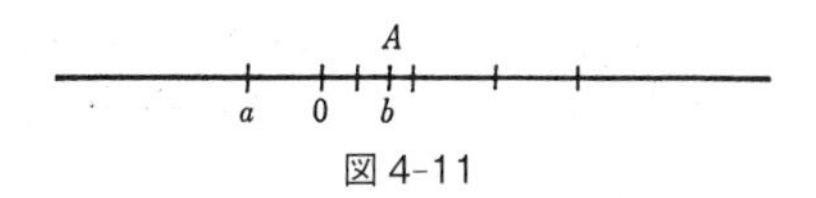

図 4-11

$\frac{1}{n}<b$ となる $n$ は必ず存在するからである．つまり，$p$ にいくらでも近い $A$ の点が存在するとき，$p$ は $A$ の触点となっているのである．

$p$ をふくむ任意の開区間（長さはいくら短くてもよい）に，$A$ に属する無限個の点がふくまれているとき，$p$ は $A$ の集積点であるという．

上の例では $p$ は $A$ の集積点である．

集積点については次の定理が成り立つ．

**定理 5.**（ボルツァノ＝ワイエルシュトラスの定理）

有限区間が無限個点の集合をふくむとき，その集合の集積点が少なくとも 1 つ存在する．

**証明**　この区間 $[a, b]$ を整数の点で $[n, n+1]$ という長さ 1 の区間に分ける．ところが，$[a, b]$ が有限の長さであ

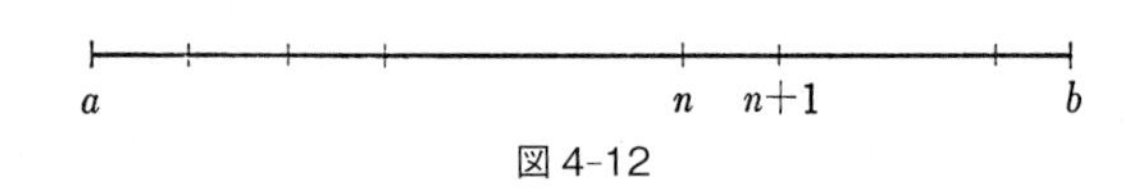

図 4-12

るからこの区間の数は有限個しかない.

この有限個の区間に無限個の点が散在しているのであるから，そのなかには無限個の点をふくむ区間が少なくとも1つはなければならない.

もし，そのような区間が1つもないとすると，すべての区間は有限個の点しかふくまないことになり，そのような区間が有限個しかないから，全体として有限個となり，仮定に反する.

だから，無限個の点を含む区間が少なくとも1つあり，その区間を $[\alpha_0, \alpha_0+1]$ とする．その区間 $[\alpha_0, \alpha_0+1]$ をさらに10等分する.

そうすると分ける点は小数で表わすと,

$$\alpha_0.0, \alpha_0.1, \alpha_0.2, \cdots, \alpha_0.8, \alpha_0.9$$

となる．ここで長さ0.1の10個の区間に分かれる．その区間に全体として無限の点が散在しているので，無限個の点をふくむ区間が少なくとも1つ存在するはずである．その区間を $[\alpha_0.\alpha_1, \alpha_0.\overline{\alpha_1+1}]$ とする.

全く同じようにこの区間を10等分して長さ0.01の10個の区間に分ける.

$$\alpha_0.\alpha_1 0, \alpha_0.\alpha_1 1, \cdots, \alpha_0.\alpha_1 9.$$

この区間に同じ論法を当てはめると，また，無限個の点をふくむ区間 $[\alpha_0.\alpha_1\alpha_2, \alpha_0.\alpha_1\overline{\alpha_2+1}]$ がある．これを無

限につづけていくと，

$$\alpha_0.\alpha_1\alpha_2\alpha_3\cdots$$

という無限小数が得られる．この実数を $a$ とする．

$$a = \alpha_0.\alpha_1\alpha_2\alpha_3\cdots.$$

このaが求める集積点である．

なぜなら，$a$ を中点とする長さ $\varepsilon$ の区間 $\left[a-\frac{\varepsilon}{2}, a+\frac{\varepsilon}{2}\right]$ を考える．このとき

$$\frac{\varepsilon}{2} > \frac{1}{10^n}$$

となる $n$ をとると，

$$[\alpha_0.\alpha_1\alpha_2\cdots\alpha_n, \alpha_0.\alpha_1\alpha_2\cdots\overline{\alpha_n+1}]$$

という区間は無限個の点を含みしかも $\left[a-\frac{\varepsilon}{2}, a+\frac{\varepsilon}{2}\right]$ のなかに入っている．つまり $\left[a-\frac{\varepsilon}{2}, a+\frac{\varepsilon}{2}\right]$ は無限個の点を含む．ゆえに $a$ は集積点である． （証明終）

**注意** この定理はもちろん，無限の長さをもつ区間には成立しない．たとえば $[0, \infty]$ という区間では，$\{1, 2, 3, \cdots\}$ という無限集合には集積点は1つもない．だから「有限」という条件はあくまで必要である．

# 第II部　微分

# 第5章　微分

## 1．微分と積分

大まかにいうと，微分は微小なものに限りなく細分していくことであり，積分はいちど細分したものをもういちど集めることである．だから，それは「行く」と「帰る」，「入る」と「出る」，「昇る」と「降りる」，… などのように，逆の動作，つまり，数学的にいうと逆の演算なのである．

ニュートンとライプニッツとは微分と積分とが逆の演算であることを発見したのであるが，そのことによって彼らは微分積分学の創始者としての栄誉を担ったのである．

しかし，それ以前にも微分と積分は別々の形ではもっと昔からあったのである．

歴史的には微分よりは積分のほうが早くから発見されていたのである．

前にものべたように，円錐の体積を計算するためにデモクリトスの工夫した方法は，もう立派な積分であるといってもよい程度のものであった．

彼は円錐を底面に平行な平面で切り，薄い円盤に細分し，それを再び合わせるという方法を考え出したのであ

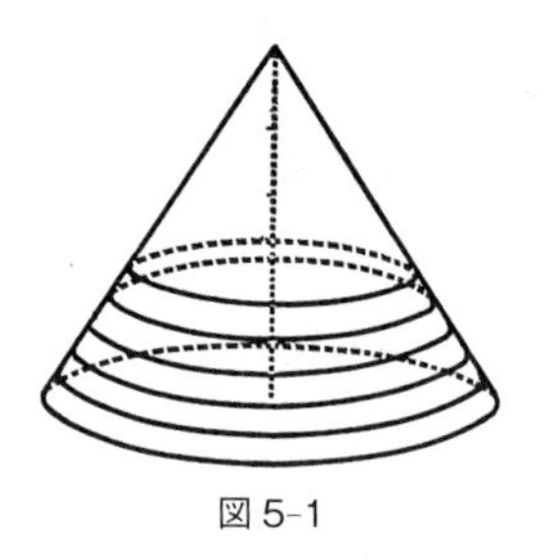

図 5-1

る．

このとき薄い円盤の体積は（切口の面積 × 厚さ）という形で計算できる．

ここに現われてくる量は面積と長さという既知の量であり，ここには新しい量をつくり出す困難は何もない．困難は和の極限をとるという困難だけである．だからデモクリトスの公式には新種の量を考え出すむずかしさは1つもなかったわけである．

しかし微分は少しちがう．

たとえば落体の法則をとってみよう．

$$s = \frac{1}{2}gt^2$$

という公式がある．$s$ は落下の距離であり，$t$ は落下の時間である．このとき，$t$ における瞬間の速度は

$$\frac{ds}{dt} = gt$$

となるが，$\dfrac{ds}{dt}$ が考え出されるには2つの困難がある．

第一に速度という新しい種類の量が考え出されたのが，かなり新しいことだったのである．

速度のような新しい量は，体積，面積，長さ，重さなどの量——外延量とよばれる——に対して内包量とよばれるが，このような量が考え出されたのは14世紀であって，それを考えたのは主としてイギリスのマートン・カレッジ学派であったといわれる．

フォーブス・ディクステルホイス『科学と技術の歴史』（みすず書房）から引用してみよう．

「中世のいろいろな学派のうち注目すべきグループは，オックスフォードのマートン・カレッジ学派として知られたものであった．一般に，中世と近代の物理学の間のもっとも特徴的な差異は，前者がまったく質的であるのに対して，後者が何よりも量的であることだといわれている．このような区別は，おおよそのところは正しいがあまり字義通りにとることは許されない．というのは，質の特殊性を十分に認めたうえで，さまざまの質を量的に扱おうとする努力が14世紀に行なわれたからである．これはある性質の強度の増大，減少（物体はより多く，またはより小さく温い，表面は，明るく，または明るくなく照らすことができる．人間は慈悲深い人もあれば，それほどでない人もある．）をいかに解釈すべきかという，はげしく論じられた問題と結びついていた．

（中略）

計算学（Calculationes）とよばれることになった質の

強度を扱う上記の方法は，変化する運動の瞬間的な速度を包含するために変化量をとり入れたことによって，科学の歴史にとって特別の重要性を獲得した．速度の変り方のさまざまの可能性の研究がそこから導かれた．そのもっとも簡単な例の1つは，速度が時間とともに規則的に増大または減少する場合，すなわち，力学においてきわめて重要なものとなる一様に変化する運動であった.」（114ページ）

このように微分には新しい量の概念をつくる点にむずかしさがある．しかし計算としては微分のほうがやさしく，積分は計算がかえってむずかしい．

## 2．微分係数

関数 $y=f(x)$ で $x$ という点で微分する計算を考えてみよう．

変数のほうが $x$ から $h$ だけ変化して $x+h$ になったとき，それに対応する $y$ のほうは $f(x)$ から $f(x+h)$ に変化する．

| | 変化量 |
|---|---|
| $x \to x+h$ | $h$ |
| $f(x) \to f(x+h)$ | $f(x+h)-f(x)$ |

そのときの変化の分量は $f(x+h)-f(x)$ である．そのとき変化量の比は

$$\frac{f(x+h)-f(x)}{h}$$

となる．このことをグラフのほうに移してみると，図 5-2 のようになる．このとき，

$$\frac{f(x+h)-f(x)}{h}$$

は点 $A(x, f(x))$ と点 $A'(x+h, f(x+h))$ を結ぶ割線の勾配を表わしている．

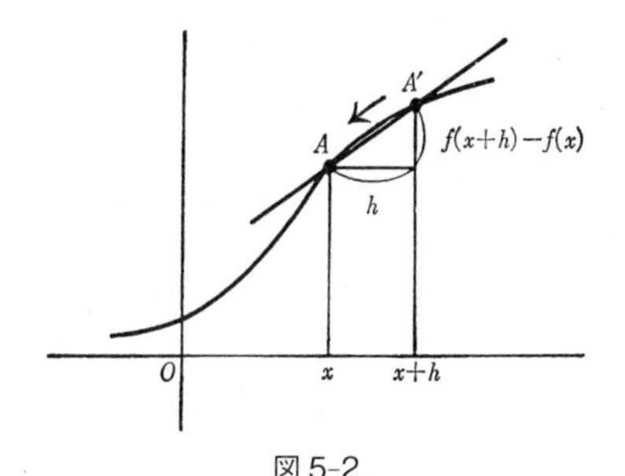


図 5-2

このとき，曲線の上を通って点 $A'$ を動かしていって，$A$ に近づける．そのとき，

$$\frac{f(x+h)-f(x)}{h}$$

が一定の値 $\alpha$ に近づくものとしよう．この $\alpha$ は割線が $A'$ を $A$ に近づけたときの究極の位置，つまり接線の勾配となる．

$$\lim_{h\to 0}\frac{f(x+h)-f(x)}{h}=\alpha.$$

このときの極限値 $\alpha$ を $f(x)$ の $x$ における微分係数という．

例 1．$f(x)=x^2$ のとき，$x$ における微分係数を求めよ．

解 $$\frac{f(x+h)-f(x)}{h}=\frac{(x+h)^2-x^2}{h}=\frac{2xh+h^2}{h}$$
$$=2x+h.$$

ここで $h\to 0$ とすれば

$$\lim_{h\to 0}\frac{f(x+h)-f(x)}{h}=\lim_{h\to 0}(2x+h)=2x.$$

つまり，微分係数は $2x$ である．

微分係数の記号はいろいろある．

$h$ は $x$ の変化量であるが，これを $\Delta x$ で表わす．ただし $\Delta x$ は $\Delta\times x$ の意味ではなく，$\Delta x$ は1つの文字である．同じく $y$ の変化量は $\Delta y$ で表わす．

だから

$$\frac{f(x+h)-f(x)}{h}=\frac{\Delta y}{\Delta x}$$

とかける．ここで

$$\lim_{\Delta x\to 0}\frac{\Delta y}{\Delta x}=\frac{dy}{dx}$$

と表わす．この記号はライプニッツの考えたもので今日でもよく使われている．

$\dfrac{dy}{dx}$ というこの記号はもちろん $dy$ を $dx$ で割った $dy\div$

$dx$ ではない.

このような $\dfrac{dy}{dx}$ が一定の値になり得るのはどうしてだろうか.

先に $\Delta x$ を 0 にもっていくと，それにつれて，$\Delta y$ も 0 に近づくものとしよう.

$$\Delta x \to 0, \qquad \Delta y \to 0.$$

ここで

$$\frac{\displaystyle\lim_{\Delta y \to 0} \Delta y}{\displaystyle\lim_{\Delta x \to 0} \Delta x} = \frac{0}{0}$$

となる．これは無意味である．つまり，lim をとって割り算をすると無意味である．ところが，lim と ÷ との順序をかえると，

$$\lim_{\Delta x \to 0} \frac{\Delta y}{\Delta x} = \frac{dy}{dx}$$

という確定した値になる．つまり分母が 0 に近づかないときには lim と ÷ とは順序の交換が可能である．しかし，分母が 0 に近づくときには交換は一般に可能ではない.

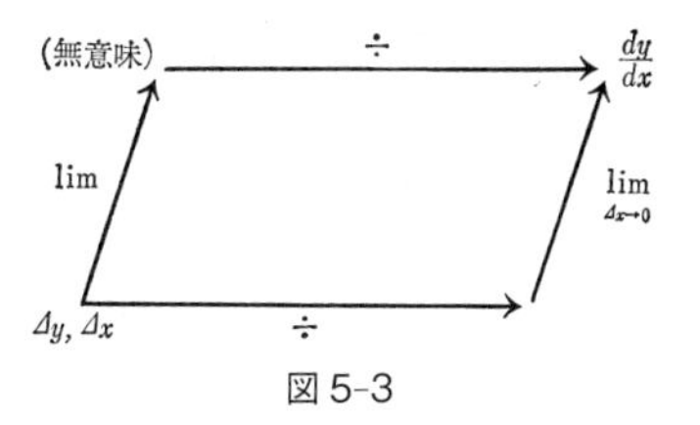


図 5-3

つまり，分母が 0 に近づくような例外的な場合には，lim と ÷ とは交換できないのであるが，このことを逆用

して微分の定義ができたのである．

### 3. 導関数

$f(x)=x^2$ の $x$ における微分係数は $2x$ であるが，このとき，この $2x$ はまた $x$ の関数である．この関数を導関数とよび $f'(x)$ もしくは $\dfrac{df(x)}{dx}$ で表わす．$f(x)$ から導関数を算出する計算を微分という．つまり，$f(x)$ を微分して $f'(x)$ を導き出したわけであるから，$f'(x)$ を導関数（derived function）というわけである．

むかしは「導来関数」ともよんでいたが，これは derived の音訳でもあったという．

例 **2**．$f(x)=x^3$ を微分せよ．

解

$$\begin{aligned}\frac{f(x+h)-f(x)}{h} &= \frac{(x+h)^3-x^3}{h}\\ &= \frac{x^3+3x^2h+3xh^2+h^3-x^3}{h}\\ &= \frac{3x^2h+3xh^2+h^3}{h}\\ &= 3x^2+3xh+h^2.\end{aligned}$$

ここで $h$ を $0$ に近づけると，

$$\lim_{h\to 0}\frac{(x+h)^3-x^3}{h}=\lim_{h\to 0}(3x^2+3xh+h^2)$$

第2章定理2によって，

$$= \lim_{h \to 0} 3x^2 + \lim_{h \to 0} 3xh + \lim_{h \to 0} h^2$$
$$= 3x^2 + 0 + 0 = 3x^2.$$

だから

$$f'(x) = 3x^2.$$

**例 3**. $\cos x$ と $\sin x$ を微分せよ.

**解** 原点を中心とした半径1の円すなわち単位円を考えよう. 弧度法によると, この円に $x$ という長さの線分を1からはじめて巻きつけたときの中心角が $x$ である.

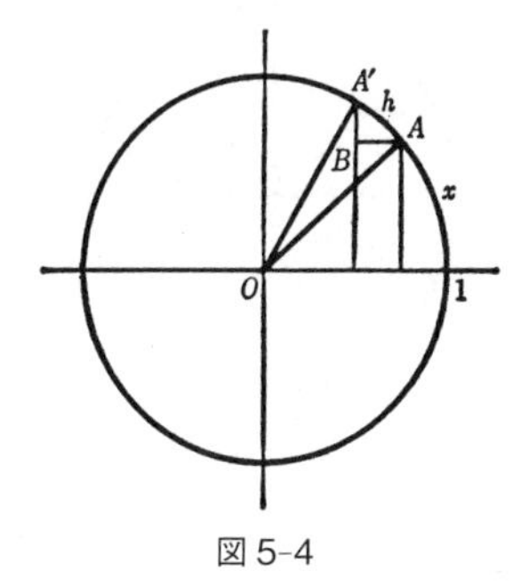


図 5-4

その点を $A$, $x+h$ に当たる点を $A'$ とする.

このとき $A$ の座標は $(\cos x, \sin x)$, $A'$ の座標は $(\cos(x+h), \sin(x+h))$ である.

$A$ をとおる水平線と, $A'$ の垂線の交点を $B$ とすると, 直角三角形 $AA'B$ において

$$AB = \cos(x+h) - \cos x,$$
$$BA' = \sin(x+h) - \sin x$$

となる.

$$\frac{\cos(x+h)-\cos x}{h}=\frac{AB}{AA'}\cdot\frac{AA'}{h}.$$

$$\lim_{h\to 0}\frac{\cos(x+h)-\cos x}{h}=\lim_{h\to 0}\frac{AB}{AA'}\cdot\lim_{h\to 0}\frac{AA'}{h}.$$

ここで $\lim_{h\to 0}\frac{AA'}{h}=1$ である.

ここで $\lim_{h\to 0}\frac{AB}{AA'}$ は何になるだろうか.

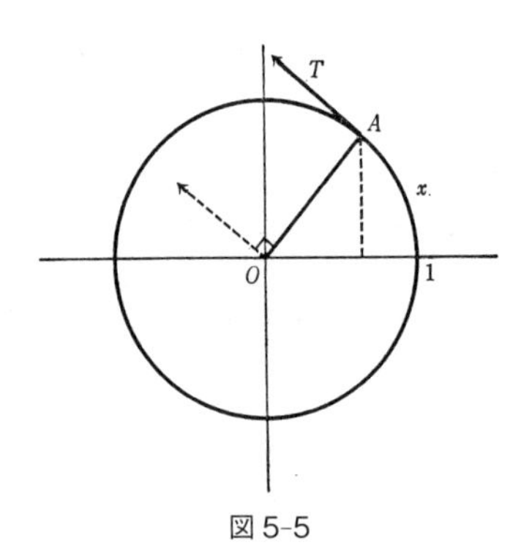


図 5-5

$A'$ を $A$ に近づけたとき, 割線 $AA'$ は $A$ における接線に近づく. 円の接線は半径と垂直である.

$\lim_{h\to 0}\frac{AB}{AA'}$ はこの接線 $AT$ と $x$ 軸のなす角 $x+\frac{\pi}{2}$ の cos になる. つまり

$$\lim_{h\to 0}\frac{\cos(x+h)-\cos x}{h}=\cos\left(x+\frac{\pi}{2}\right)=-\sin x.$$

同じく

$$\lim_{h\to 0}\frac{\sin(x+h)-\sin x}{h}=\sin\left(x+\frac{\pi}{2}\right)=\cos x.$$

結局

$$\frac{d\cos x}{dx}=-\sin x,\qquad \frac{d\sin x}{dx}=\cos x.$$

**注意**　この結果をみてはじめて弧度法の意味が理解できるだろう．

もし角度を六十分法で測っていたら，

$$h=\frac{\pi}{180}\cdot h'$$

となる．ここで $h'$ は六十分法の角度とする．

また $x$ を六十分法で表わした数値を $x'$ とすると，

$$\begin{aligned}\frac{d\cos x'}{dx'}&=\lim_{h'\to 0}\frac{\cos(x'+h')-\cos x'}{h'}\\&=\lim_{h\to 0}\frac{\cos(x+h)-\cos x}{\dfrac{180}{\pi}\cdot h}\\&=\frac{\pi}{180}\lim_{h\to 0}\frac{\cos(x+h)-\cos x}{h}\\&=-\frac{\pi}{180}\sin x=-\frac{\pi}{180}\sin x'.\end{aligned}$$

同じく

$$\frac{d\sin x'}{dx'}=\frac{\pi}{180}\cos x'$$

となり $\dfrac{\pi}{180}$ という係数が常につきまとう．その点で六十分法は微分計算には不適当であり，弧度法のほうが便利である．

つまり弧度法の有難味は微分まできてはじめてわかる．

**例 4.**　$a^x$ $(a>1)$ を微分せよ．

解 $\dfrac{a^{x+h}-a^x}{h}=a^x\cdot\dfrac{a^h-1}{h}.$

ここで $\displaystyle\lim_{h\to 0}\frac{a^h-1}{h}$ を計算してみよう．

$h$ が $0$ に近づくとき $a^h$ は $1$ に近づくから，$a^h-1$ は $0$ に近づく．$\dfrac{1}{t}=a^h-1$ とおくと，$t$ は $\infty$ に近づく．

$$a^h=1+\frac{1}{t},\qquad h=\log_a\left(1+\frac{1}{t}\right).$$

だから

$$\frac{a^h-1}{h}=\frac{\dfrac{1}{t}}{\log_a\left(1+\dfrac{1}{t}\right)}=\frac{1}{\log_a\left(1+\dfrac{1}{t}\right)^t}.$$

$$\lim_{t\to+\infty}\log_a\left(1+\frac{1}{t}\right)^t=\log_a e.$$

$$\frac{d(a^x)}{dx}=\lim_{t\to+\infty}\frac{a^{x+h}-a^x}{h}=a^x\cdot\lim_{t\to+\infty}\frac{a^h-1}{h}$$

$$=\frac{a^x}{\log_a e}=a^x\log_e a.$$

つまり

$$\frac{da^x}{dx}=a^x\log_e a.$$

とくに $a=e$ とおけば，$\log_e e=1$ だから，

$$\frac{de^x}{dx}=e^x.$$

**注意** $a\neq e$ ならば $a^x$ の微分には $\log_e a$ という係数が常につきまとう．それを避けるには底を $e$ に選ぶほうがよい．

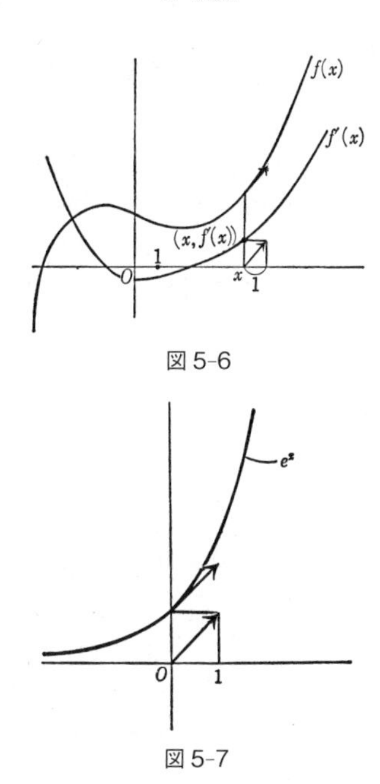


図 5-6

図 5-7

三角関数で弧度法を採用したのと全く同じ理由で，微分計算のために指数関数の底を 10 ではなく $e$ を選ぶのである．

導関数はもとの関数とどのような関係をもっているだろうか，それを関数のグラフについて考えてみよう．

$x$ 軸上の点 $x$ で $f(x)$ の接線と平行な線をひき，$x+1$ における垂線との交点からひいた水平線と $x$ における垂線の交点が $(x, f'(x))$ である．

だから $f(x)=e^x$ の場合は以上のようなやり方で $f'(x)$

を求めると，$e^x$ に一致するのである．

## 4. 微分の公式

2つの関数 $f(x)$，$g(x)$ の和 $f(x)+g(x)$ を考えてみよう．

これはまた新しい関数であるが，この関数を微分してみよう．

$$\frac{f(x+h)+g(x+h)-(f(x)+g(x))}{h}$$
$$=\frac{f(x+h)-f(x)}{h}+\frac{g(x+h)-g(x)}{h}.$$

ここで lim をとると，

$$\lim_{h\to 0}\frac{f(x+h)+g(x+h)-f(x)-g(x)}{h}$$
$$=\lim_{h\to 0}\frac{f(x+h)-f(x)}{h}+\lim_{h\to 0}\frac{g(x+h)-g(x)}{h}.$$

（第2章定理2によって）

$$\frac{d(f(x)+g(x))}{dx}=\frac{df(x)}{dx}+\frac{dg(x)}{dx}.$$

この公式で $g(x)$ の代わりに $-g(x)$ とおきかえると

$$\frac{d(f(x)-g(x))}{dx}=\frac{df(x)}{dx}-\frac{dg(x)}{dx}.$$

つまりこの公式は $\dfrac{d}{dx}$ をあたかも1つの数のように考えて，分配法則によって $\dfrac{d}{dx}(f(x)\pm g(x))$ のカッコをはずして $=\dfrac{df(x)}{dx}\pm\dfrac{dg(x)}{dx}$ とするのと同じであるから，おぼえやすい.

**例 5**. $x^3+x^2$ を微分せよ.

**解** 別々に微分して加えるとよい.

$$\frac{d(x^3+x^2)}{dx}=\frac{dx^3}{dx}+\frac{dx^2}{dx}=3x^2+2x.$$

次に積の微分を考えよう.

$$\frac{f(x+h)\cdot g(x+h)-f(x)\cdot g(x)}{h}$$
$$=\frac{\{f(x+h)-f(x)\}\cdot g(x+h)+f(x)\cdot\{g(x+h)-g(x)\}}{h}$$
$$=\frac{f(x+h)-f(x)}{h}\cdot g(x+h)+f(x)\cdot\frac{g(x+h)-g(x)}{h}.$$

ここで $f'(x)$, $g'(x)$ が存在するなら, $f(x+h)-f(x)$ と $g(x+h)-g(x)$ は 0 に近づくから,

$$\lim_{h\to 0} g(x+h)=g(x).$$

そのことを考えに入れると, 第 2 章定理 4 によって,

$$\begin{aligned}
&\frac{d(f(x)\cdot g(x))}{dx}\\
&\quad=\lim_{h\to 0}\frac{f(x+h)-f(x)}{h}\cdot g(x+h)\\
&\qquad+\lim_{h\to 0} f(x)\cdot\frac{g(x+h)-g(x)}{h}\\
&\quad=\lim_{h\to 0}\frac{f(x+h)-f(x)}{h}\cdot\lim_{h\to 0} g(x+h)\\
&\qquad+\lim_{h\to 0} f(x)\cdot\lim_{h\to 0}\frac{g(x+h)-g(x)}{h}
\end{aligned}$$

$$= f'(x)\cdot g(x) + f(x)g'(x),$$

あるいは

$$\frac{d(f(x)\cdot g(x))}{dx} = \frac{df(x)}{dx}\cdot g(x) + f(x)\cdot\frac{dg(x)}{dx}.$$

例 **6**. $e^x\cdot\cos x$ を微分せよ.

解 $$\frac{d(e^x\cdot\cos x)}{dx} = \frac{de^x}{dx}\cdot\cos x + e^x\cdot\frac{d\cos x}{dx}$$

$$= e^x\cdot\cos x - e^x\cdot\sin x$$

$$= e^x(\cos x - \sin x).$$

例 **7**. $n$ が正の整数であるとき, $\dfrac{dx^n}{dx} = nx^{n-1}$ を証明せよ.

解 数学的帰納法を使う.

$$n = 1 \text{ のときは} \qquad \frac{dx}{dx} = 1 = 1\cdot x^{1-1}$$

で上の公式は成り立つ.

次に $n$ のとき正しいものとする.

$$\frac{dx^n}{dx} = n\cdot x^{n-1}.$$

次にそれをもとにして $n+1$ の場合を考えてみよう.

$$\frac{dx^{n+1}}{dx} = \frac{d(x^n\cdot x)}{dx} = \frac{dx^n}{dx}\cdot x + x^n\cdot\frac{dx}{dx}.$$

これは仮定によって,

$$= n\cdot x^{n-1}\cdot x + x^n = n\cdot x^n + x^n = (n+1)x^n.$$

つまり, $n+1$ のときにもやはり成り立つ.

だから，数学的帰納法の原則によってすべての $n$ について成り立つことがわかった．

例 **8**． $f(x)=c$ ($c$ は定数) を微分せよ．

解
$$\frac{f(x+h)-f(x)}{h}=\frac{c-c}{h}=\frac{0}{h}=0.$$
$$\lim_{h\to 0}\frac{f(x+h)-f(x)}{h}=\lim_{h\to 0}0=0.$$

だから $\dfrac{dc}{dx}=0.$

例 **9**． $c\cdot f(x)$ を微分せよ．

解　積の公式を $c\cdot f(x)$ に適用してみよう．
$$\begin{aligned}\frac{d(c\cdot f(x))}{dx}&=\frac{dc}{dx}\cdot f(x)+c\cdot\frac{df(x)}{dx}\\&=0\cdot f(x)+c\cdot\frac{df(x)}{dx}=c\cdot\frac{df(x)}{dx}.\end{aligned}$$

つまり $\dfrac{d(c\cdot f(x))}{dx}=c\cdot\dfrac{df(x)}{dx}.$

例 **10**． $f(x)=2x^3-3x^2+4x+5$ を微分せよ．

解　和の公式によって，
$$\begin{aligned}\frac{df(x)}{dx}&=\frac{d(2x^3)}{dx}+\frac{d(-3x^2)}{dx}+\frac{d(4x)}{dx}+\frac{d5}{dx}\\&=2\frac{d(x^3)}{dx}-3\frac{d(x^2)}{dx}+4\frac{dx}{dx}+0\\&=2\cdot 3x^2-3\cdot 2x^1+4\cdot 1\\&=6x^2-6x+4.\end{aligned}$$

## 5. 関数の関数

$y=f(x)$ という関数は多くのばあい，$x$ という入力が $f$ という装置もしくは暗箱のなかに入ってそこで一定の加工をほどこされて，$y$ という出力になって出てくる，という考えかたを式で表わしたものである．

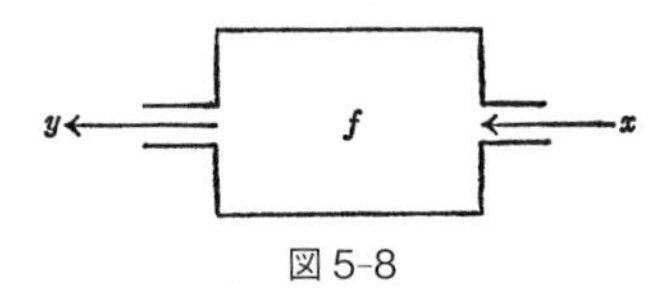


図 5-8

ここで，さらにこの $y$ が新しく入力としてもう1つの装置 $g$ のなかに入っていくばあいを考えてみよう．

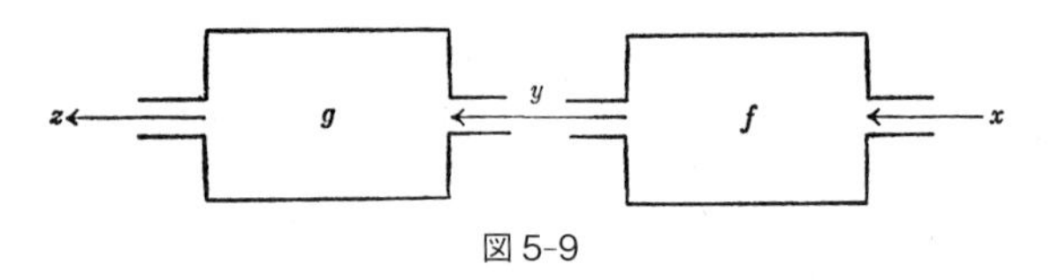


図 5-9

そして $y$ は $g$ のなかで一定の変化を経て $z$ という出力となって出てくる．このように2つの装置を連結したものは工場などにはいくらでもある．式にかくと，

$$z=g(y), \qquad y=f(x).$$

$y$ を代入すると

$$z=g(f(x))$$

とかくことができる．

つまり2つの暗箱を直列的に連結してできるものを1つの大きな新しい暗箱とみなしてもよいのである．

これを2つの関数の合成といい，$g(f(x))$ を $f$ と $g$ の合成関数という．たとえば，

$$z=g(y)=y^2, \qquad y=f(x)=2x+1.$$

つまり

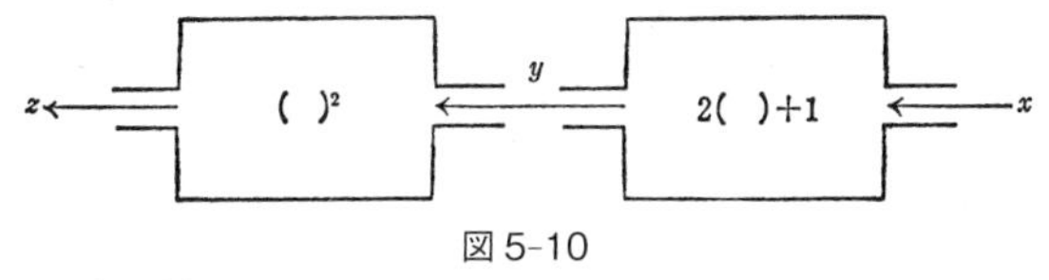


図 5-10

合成関数は

$$z=g(f(x))=(2x+1)^2.$$

しかし，ここで注意しておきたいのは，$g(f(x))$ と $f(g(x))$ は一般に同じにはならないということである．つまり合成する順序を変えると，その結果は同じにはならないのである．$f(g(x))$ は

$$f(g(x))=2x^2+1.$$

これは $g(f(x))=(2x+1)^2$ とは明らかにちがった関数である．

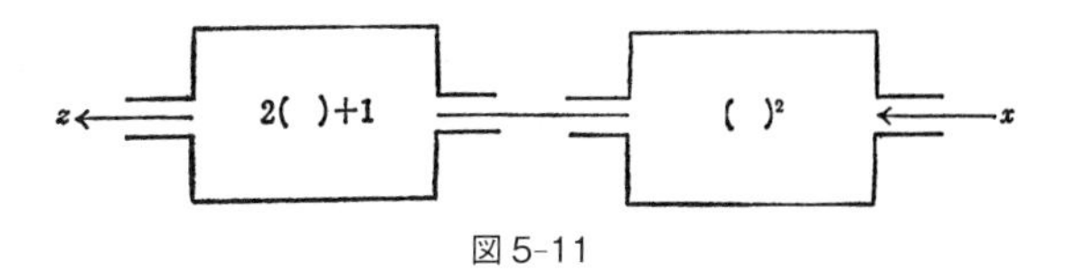


図 5-11

練習問題

(1)　$f(x)=3x^2-2, \quad g(x)=x^2, \quad h(x)=\dfrac{1}{x}.$

上の3つの関数から2つの関数をえらび出して，合成関数

をつくるといくつできるか．そのおのおのを求めよ．

(2) $f(x)=x^2,\quad g(x)=\sin x$

から $g(f(x))$ と $f(g(x))$ とを求め，それを比較せよ．

$z=g(y), y=f(x)$ があって，$x=x_0$ で $f(x)$ は微分可能であり，$x_0$ に対する $y$ の値を $y_0$ とする．$y_0=f(x_0)$．

そして $y_0$ で $z=g(y)$ は微分可能であるとする．また $z_0=g(y_0)$ とする．

まず $f(x)$ は $x=x_0$ の近くで定数でないと仮定する．このとき，$x\to x_0$ に対して，$y\to y_0$，$z\to z_0$ となる $\dfrac{z-z_0}{x-x_0}$ の極限を求めるのである．

$f(x)$ が $x=x_0$ の近くで定数でないから，

$$y-y_0=f(x)-f(x_0)$$

が0にならないような $x$ をえらんで $y\to y_0$ になるようにできる．このような $y$ に対して

$$\frac{z-z_0}{x-x_0}=\frac{y-y_0}{x-x_0}\cdot\frac{z-z_0}{y-y_0}.$$

ここで両辺の極限をとる．

$$\frac{y-y_0}{x-x_0}\to\frac{dy}{dx},$$

$$\frac{z-z_0}{y-y_0}\to\frac{dz}{dy},$$

$$\frac{z-z_0}{x-x_0}\to\frac{dz}{dx}$$

となるから

$$\frac{dz}{dx} = \frac{dy}{dx} \cdot \frac{dz}{dy}$$

が得られる．

また $f(x)$ が $x = x_0$ の近くで定数であったら，$g(f(x))$ もそこで定数となる．だから

$$\frac{dz}{dx} = 0.$$

同じく

$$\frac{dy}{dx} = 0$$

となり，このばあいにも

$$0 = 0 \cdot \frac{dz}{dy}$$

で

$$\frac{dz}{dx} = \frac{dy}{dx} \cdot \frac{dz}{dy}$$

が成立する．

## 6. 逆関数の微分

$y = f(x)$ では，$x$ が自変数で，$y$ はそれにつれて変わる従変数である．

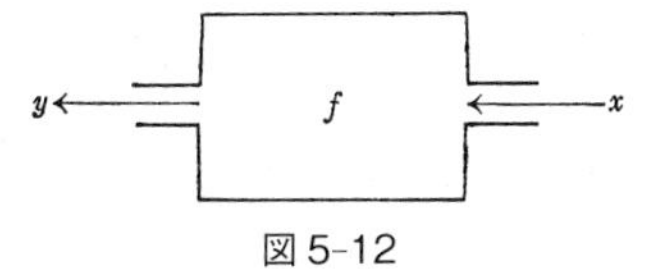


図 5-12

ここで，この役割を逆転して，$y$ から $x$ がでてくるものとしよう．つまり $y$ を自変数，$x$ を従変数と考えよう．このとき，逆の方向に働く暗箱を $f^{-1}$ で表わす．

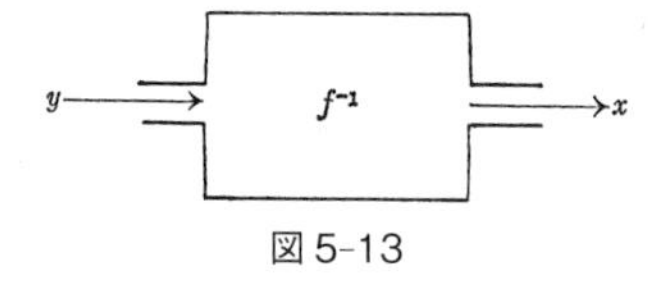


図 5-13

このとき，$f$ と $f^{-1}$ をつなぐと $x$ にもどってくる．

$$f^{-1}(f(x)) = x, \qquad 1 = \frac{dx}{dx} = \frac{dy}{dx} \cdot \frac{dx}{dy}.$$

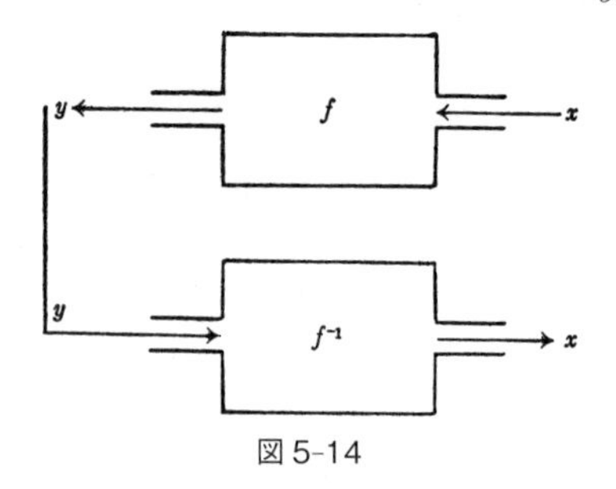


図 5-14

これから，

$$\frac{dx}{dy} = \frac{1}{\dfrac{dy}{dx}}$$

が得られる．

$\dfrac{dy}{dx}$ という記号はいうまでもなくライプニッツの考え出したものであるが，この合成関数の微分公式にくると，その威力がよくわかる．

$\dfrac{dy}{dx}$ はもちろん $dy \div dx$ ではない．$\dfrac{\Delta y}{\Delta x}$ の極限である．たしかにこの記号は分数ではないが，しかし，それがあたかも分数であるかのように考えて計算してよいことをこの公式は示している．

$$\frac{dy}{dx} \cdot \frac{dz}{dy} = \frac{dz}{dx}$$

で分母と分子から $dy$ を約すると，それが $\dfrac{dz}{dx}$ という答になっているのである．

このようによい記号はわれわれの記憶や思考をたやすくする効能をもっているのである．

この公式は，3つ以上の関数を連結したばあいにも，もちろん成立する．

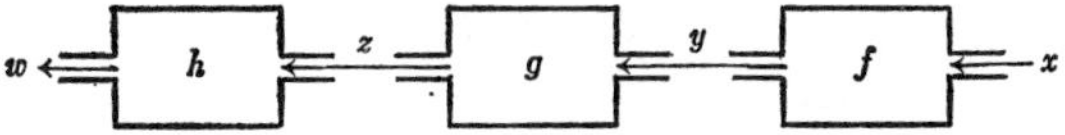

図 5-15

$$w = h(z), \qquad z = g(y), \qquad y = f(x),$$
$$w = h(g(f(x))).$$

このときにも

$$\frac{dw}{dx} = \frac{dy}{dx} \cdot \frac{dz}{dy} \cdot \frac{dw}{dz}$$

が成立する．

例 **11**．$y = \sin(x^2)$ を微分せよ．

解　$y = \sin(t)$，$t = x^2$ となるから

$$\frac{dy}{dx} = \frac{dt}{dx} \cdot \frac{dy}{dt} = 2x \cdot \cos(t) = 2x \cdot \cos(x^2).$$

ここでいちいち $x^2$ を $t$ でおきかえることはわずらわしいから，$x^2$ のまま計算するとよい．

$$\frac{dy}{dx} = \frac{d(x^2)}{dx} \cdot \frac{d\sin(x^2)}{d(x^2)} = 2x \cdot \cos(x^2).$$

例 **12**．$e^{(2x+1)^2}$ を微分せよ．

解
$$\frac{d(e^{(2x+1)^2})}{dx}$$
$$= \frac{d(2x+1)}{dx} \cdot \frac{d(2x+1)^2}{d(2x+1)} \cdot \frac{d(e^{(2x+1)^2})}{d(2x+1)^2}$$
$$= 2 \cdot 2(2x+1) \cdot e^{(2x+1)^2} = (8x+4) \cdot e^{(2x+1)^2}.$$

次に $k$ が一般の実数であるとき，

$$f(x) = x^k$$

を微分してみよう．

ここで $x>0$ と仮定する．

$$x^k = e^{\log(x^k)} = e^{k(\log x)}.$$

ここで

$$\frac{d(x^k)}{dx} = \frac{d(\log x)}{dx} \cdot \frac{d(k \cdot \log x)}{d(\log x)} \cdot \frac{d(e^{k \log x})}{d(k \cdot \log x)}$$
$$= \frac{1}{x} \cdot k \cdot e^{k \log x} = \frac{k}{x} \cdot x^k = k \cdot x^{k-1}.$$

ここでとくに $k$ が整数のときは，$x<0$ のばあいにも上の公式が成り立つ．$x<0$ のときは $x=-t$ とおく．ここで $t>0$ となる．

$$x^k=(-t)^k=(-1)^k\cdot t^k,$$

$$\frac{dx^k}{dx}=\frac{dt}{dx}\cdot\frac{d(-1)^k t^k}{dt}=(-1)\cdot(-1)^k\cdot k\cdot t^{k-1}$$

$$=k\cdot(-1)^{k+1}\cdot t^{k-1}=(-1)^2\cdot k\cdot(-t)^{k-1}=k\cdot x^{k-1}.$$

つまり

$$\frac{dx^k}{dx}=k\cdot x^{k-1}$$

の公式は，$k$ が整数のときは $x=0$ でないすべての実数について成り立つ．

$k$ がさらに $k\geqq 1$ のときは $x=0$ についても成り立つ．しかし，$k=0$ のときは $x\neq 0$ に対して

$$x^k=1$$

であるから，$0^k=1$ としても $\dfrac{dy}{dx}$ は $0$ である．

**例 13**．$\dfrac{1}{x}$ を微分せよ．$(x\neq 0)$

解　$\dfrac{1}{x}=x^{-1}$ であるから

$$\frac{dy}{dx}=(-1)\cdot x^{-1-1}=-x^{-2}=-\frac{1}{x^2}.$$

**例 14**．$y=\dfrac{1}{f(x)}$ を微分せよ．

解　$$\frac{dy}{dx}=\frac{df(x)}{dx}\cdot\frac{d\left(\dfrac{1}{f(x)}\right)}{d(f(x))}$$

$$=f'(x)\cdot\frac{-1}{f(x)^2}=-\frac{f'(x)}{f(x)^2}.$$

## 7. 商の微分

次に2つの関数 $f(x), g(x)$ の商の微分を行なってみよう.

$$\frac{g(x)}{f(x)} = g(x)\cdot\frac{1}{f(x)}$$

とかけるから，これに積の微分公式を適用してみよう.

$$\begin{aligned}\frac{d}{dx}\left(\frac{g(x)}{f(x)}\right) &= \frac{d}{dx}\left(g(x)\cdot\frac{1}{f(x)}\right)\\ &= g'(x)\cdot\frac{1}{f(x)} + g(x)\cdot\frac{-f'(x)}{f(x)^2}\\ &= \frac{g'(x)\cdot f(x) - g(x)\cdot f'(x)}{f(x)^2}.\end{aligned}$$

すなわち

$$\left(\frac{g(x)}{f(x)}\right)' = \frac{g'(x)\cdot f(x) - g(x)\cdot f'(x)}{f(x)^2}.$$

あるいは

$$\frac{d}{dx}\left(\frac{g(x)}{f(x)}\right) = \frac{\dfrac{d}{dx}g(x)\cdot f(x) - g(x)\cdot\dfrac{d}{dx}f(x)}{f(x)^2}.$$

例 **15**. $\dfrac{\sin x}{x}$ を微分せよ.

解 $\left(\dfrac{\sin x}{x}\right)' = \dfrac{\cos x\cdot x - \sin x}{x^2}.$

例 **16**. $\dfrac{x}{\log x}$ を微分せよ.

解 $\left(\dfrac{x}{\log x}\right)' = \dfrac{\log x - x\cdot\dfrac{1}{x}}{(\log x)^2} = \dfrac{\log x - 1}{(\log x)^2}.$

例 **17**. $\tan x$ を微分せよ.

解　$\tan x=\dfrac{\sin x}{\cos x}$

であるから，これに商の微分公式を適用する.

$$\frac{d}{dx}\tan x=\frac{\dfrac{d}{dx}\sin x\cdot\cos x-\sin x\cdot\dfrac{d}{dx}\cos x}{\cos^2 x}$$

$$=\frac{\cos x\cdot\cos x-\sin x\cdot(-\sin x)}{\cos^2 x}$$

$$=\frac{\cos^2 x+\sin^2 x}{\cos^2 x}=\frac{1}{\cos^2 x}=\sec^2 x.$$

ここで次の公式が得られる.

$$\frac{d\tan x}{dx}=\sec^2 x.$$

同じように

$$\frac{d\cot x}{dx}=\frac{d}{dx}\left(\frac{\cos x}{\sin x}\right)$$

$$=\frac{(-\sin x)\cdot\sin x-\cos x\cdot\cos x}{\sin^2 x}$$

$$=\frac{-(\sin^2 x+\cos^2 x)}{\sin^2 x}$$

$$=-\frac{1}{\sin^2 x}=-\operatorname{cosec}^2 x.$$

$$\frac{d\sec x}{dx}=\frac{d}{dx}\left(\frac{1}{\cos x}\right)=\frac{-(-\sin x)}{\cos^2 x}=\sec x\cdot\tan x.$$

$$\frac{d\operatorname{cosec} x}{dx}=\frac{d}{dx}\left(\frac{1}{\sin x}\right)=\frac{-\cos x}{\sin^2 x}=-\operatorname{cosec} x\cdot\cot x.$$

次に逆三角関数を微分することにしよう．$y=\sin^{-1}x$ とすると

$$x = \sin y,$$

$$\frac{dy}{dx} = \frac{1}{\dfrac{dx}{dy}} = \frac{1}{\cos y}.$$

ここで $\cos^2 y + \sin^2 y = 1$ であるから

$$\cos y = \pm\sqrt{1-\sin^2 y} = \pm\sqrt{1-x^2},$$

$$\frac{dy}{dx} = \pm\frac{1}{\sqrt{1-x^2}}.$$

ここで $\sin^{-1} x$ の値は $-1 \leqq x \leqq +1$ のときは

$$-\frac{\pi}{2} \leqq \sin^{-1} x \leqq +\frac{\pi}{2}$$

の値をとるものとする.

このとき，グラフは右上りであるから $\dfrac{dy}{dx}$ は正である.

だから

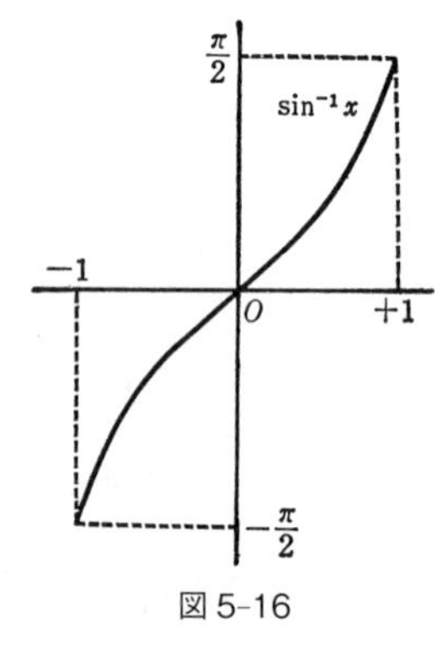


図 5-16

$$\frac{dy}{dx} = \frac{1}{\sqrt{1-x^2}}$$

となる．次に $y=\cos^{-1}x$ を微分してみよう．

$$x = \cos y$$

として逆関数の微分公式を適用する．

$$\frac{dy}{dx} = \frac{1}{\dfrac{dx}{dy}} = \frac{1}{-\sin y}.$$

ここで

$$\sin y = \pm\sqrt{1-\cos^2 y} = \pm\sqrt{1-x^2}.$$

ただし $\cos^{-1}x$ の値は，$x$ が $-1$ と $+1$ の間で $0$ から $\pi$ の間の値をとるものとする．

このときグラフは右下りであるから $\dfrac{dy}{dx}$ は負である．

$\pm\dfrac{1}{\sqrt{1-x^2}}$ は $-$ である．

$$\frac{d\cos^{-1}x}{dx} = -\frac{1}{\sqrt{1-x^2}}.$$

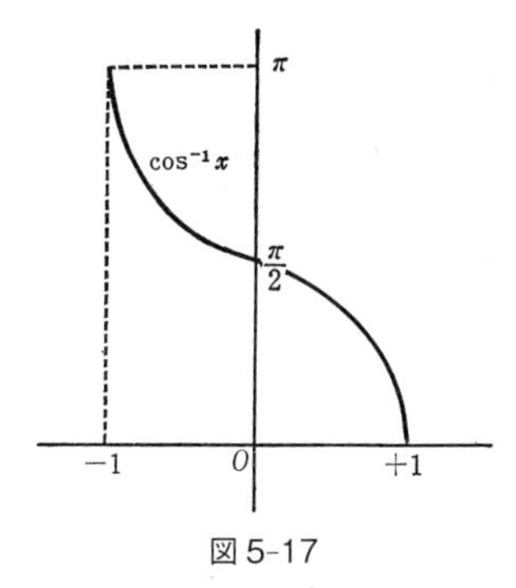


図 5-17

次に $y = \tan^{-1} x$ を微分してみよう．$x = \tan y$ となるから

$$\frac{dy}{dx} = \frac{1}{\dfrac{dx}{dy}} = \frac{1}{\sec^2 y} = \frac{1}{1+\tan^2 y} = \frac{1}{1+x^2}.$$

## 8. 微分の公式

ここでいろいろの関数の微分公式をまとめておこう．

(1) $\dfrac{dx^k}{dx} = k \cdot x^{k-1}.$

(2) $\dfrac{de^x}{dx} = e^x.$

(3) $\dfrac{d\log x}{dx} = \dfrac{1}{x}.$

(4) $\dfrac{d\sin x}{dx} = \cos x.$

(5) $\dfrac{d\cos x}{dx} = -\sin x.$

(6) $\dfrac{d\tan x}{dx} = \sec^2 x.$

(7) $\dfrac{d\cot x}{dx} = -\operatorname{cosec}^2 x.$

(8) $\dfrac{d\sec x}{dx} = \sec x \cdot \tan x.$

(9) $\dfrac{d\operatorname{cosec} x}{dx} = -\operatorname{cosec} x \cdot \cot x.$

(10) $\dfrac{d\sin^{-1} x}{dx} = \dfrac{1}{\sqrt{1-x^2}}.$

(11) $\dfrac{d\cos^{-1} x}{dx} = -\dfrac{1}{\sqrt{1-x^2}}.$

(12) $\dfrac{d\tan^{-1} x}{dx} = \dfrac{1}{1+x^2}.$

## 練習問題

次の関数を微分せよ.

(1)　$\sin^2 x$,　$e^{x^2}$,　$(x+a)^n$,　$\log\cdot\tan x$.

(2)　$e^x\cdot\cos x$,　$e^x\cdot\sin x$,　$x\cdot\log x$.

(3)　$\dfrac{e^x}{x^2}$,　$\dfrac{x^2}{\sin x}$,　$\dfrac{e^x-1}{e^x+1}$.

# 第6章　複素数への拡張

## 1．指数関数と連続複利法

すでに連続複利法についてふれたが，ここではもう少し一般的に考えてみよう．

1年間の利率が $x$（$>0$）で1円の金を借りた人があるとしよう．単利法だと，1年後の元利合計は $1+x$（円）になる．

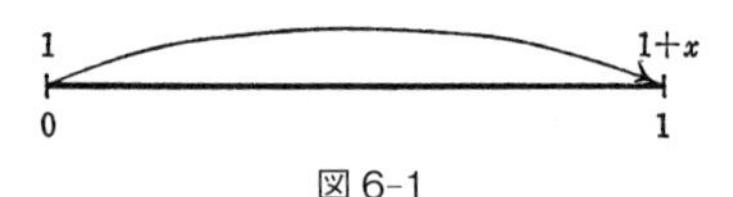


図6-1

しかし，半年後に利子の繰り入れを行なうものとする．そのやり方だと半年後の元利合計は $1+\dfrac{x}{2}$（円）になり，後の半年はこれを元金にして $\dfrac{x}{2}$ の利率となるから，

$$\left(1+\frac{x}{2}\right)\left(1+\frac{x}{2}\right)=\left(1+\frac{x}{2}\right)^2.$$

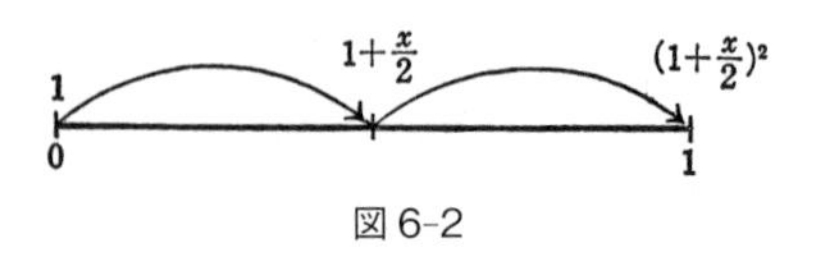


図6-2

これは展開すると，

$$\left(1+\frac{x}{2}\right)^2 = 1+x+\frac{x^2}{4}$$

となるから，単利のときより $\frac{x^2}{4}$（円）だけ増加している．

こんどは $\frac{1}{3}$ 年ずつで利子の繰り入れを行なったものとする．このとき，

$\frac{1}{3}$ 年目には $\left(1+\frac{x}{3}\right)$,

$\frac{2}{3}$ 年目には $\left(1+\frac{x}{3}\right)\left(1+\frac{x}{3}\right)=\left(1+\frac{x}{3}\right)^2$,

1 年目には $\left(1+\frac{x}{3}\right)^3 = 1+x+\frac{x^3}{3}+\frac{x^3}{27}$.

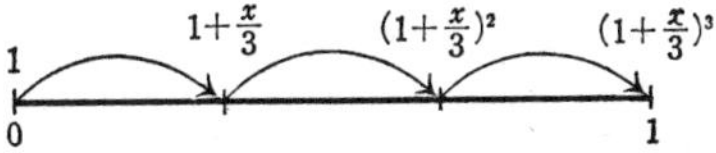

1　$1+\frac{x}{3}$　$(1+\frac{x}{3})^2$　$(1+\frac{x}{3})^3$

0　1

図 6-3

同じように $\frac{1}{n}$ 年目ごとに利子の繰り入れを行なうと 1 年後には

$$\left(1+\frac{x}{n}\right)^n \text{（円）}$$

となる．

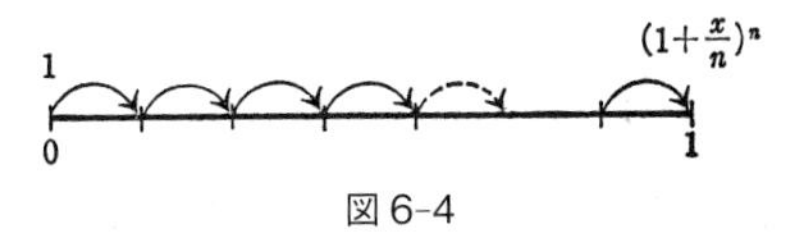


図 6-4

ここで $n$ をしだいに大きくしていくと，利子繰り入れ

の回数が多くなるにつれて利子は増加することが予想される．

$$a_n = \left(1+\frac{x}{n}\right)^n$$

とおくと，これを2項定理で展開すると，

$$= 1+\binom{n}{1}\frac{x}{n}+\binom{n}{2}\left(\frac{x}{n}\right)^2+\cdots+\binom{n}{n}\left(\frac{x}{n}\right)^n$$

$$= 1+n\cdot\frac{x}{n}+\frac{n(n-1)}{1\cdot 2}\cdot\frac{x^2}{n^2}+\cdots$$

$$= 1+x+\frac{\left(1-\frac{1}{n}\right)}{1\cdot 2}\cdot x^2+\frac{\left(1-\frac{1}{n}\right)\left(1-\frac{2}{n}\right)}{1\cdot 2\cdot 3}\cdot x^3+\cdots.$$

　ここで第1項，第2項までは変わらないが，第3項以下をくらべてみると，しだいに大きくなっている．

$$a_n=1+x+\frac{\left(1-\frac{1}{n}\right)}{1\cdot 2}\cdot x^2+\frac{\left(1-\frac{1}{n}\right)\left(1-\frac{2}{n}\right)}{1\cdot 2\cdot 3}\cdot x^3+\cdots,$$

$$a_{n+1}=1+x+\frac{\left(1-\frac{1}{n+1}\right)}{1\cdot 2}\cdot x^2+\frac{\left(1-\frac{1}{n+1}\right)\left(1-\frac{2}{n+1}\right)}{1\cdot 2\cdot 3}\cdot x^3+\cdots$$

増加　　増加　　増加

　つまり $n$ が増加するにしたがって，$a_1, a_2, a_3, \cdots, a_n, a_{n+1}, \cdots$ はしだいに増加する．

$$a_1 < a_2 < a_3 < \cdots < a_n < a_{n+1} < \cdots.$$

しかし，それは限りなく大きくなるだろうか．それについて考えてみよう．

$$a_n = \left(1+\frac{x}{n}\right)^n$$

のなかの $\frac{n}{x}$ を越さない最大の整数を $m$ とする．ガウスの記号を利用すると，

$$m = \left[\frac{n}{x}\right]$$

である．

$$1+\frac{x}{n} = 1+\frac{1}{\left(\frac{n}{x}\right)} \leqq 1+\frac{1}{\left[\frac{n}{x}\right]} = 1+\frac{1}{m}$$

であるから，

$$a_n = \left(1+\frac{x}{n}\right)^n \leqq \left\{\left(1+\frac{1}{m}\right)^{\frac{n}{x}}\right\}^x.$$

$\frac{n}{x} < \left[\frac{n}{x}\right]+1$ を上に代入すると，

$$< \left\{\left(1+\frac{1}{m}\right)^{m+1}\right\}^x.$$

また，

$$a_n = \left(1+\frac{x}{n}\right)^n$$

$$= \left(1+\frac{1}{\left(\frac{n}{x}\right)}\right)^n > \left(1+\frac{1}{m+1}\right)^{\frac{n}{x}\cdot x} \geqq \left(1+\frac{1}{m+1}\right)^{m\cdot x}.$$

すなわち

$$\left\{\left(1+\frac{1}{m+1}\right)^m\right\}^x < \left(1+\frac{x}{n}\right)^n < \left\{\left(1+\frac{1}{m}\right)^{m+1}\right\}^x.$$

ここで$n\to+\infty$とすると，$\left[\dfrac{n}{x}\right]=m$もやはり$\to+\infty$となる．

$$\left(1+\frac{1}{m+1}\right)^m = \frac{\left(1+\dfrac{1}{m+1}\right)^{m+1}}{1+\dfrac{1}{m+1}} \to \frac{e}{1} = e,$$

$$\left(1+\frac{1}{m}\right)^{m+1} = \left(1+\frac{1}{m}\right)^m\left(1+\frac{1}{m}\right) \to e\cdot 1 = e.$$

だから，その間にはさまれた$\left(1+\dfrac{x}{n}\right)^n$も$e^x$に近よる．

$$\lim_{n\to+\infty}\left(1+\frac{x}{n}\right)^n = e^x.$$

## 2. 虚数の指数

この章の目的はオイラーの公式

$$e^{i\theta} = \cos\theta + i\sin\theta$$

を証明することである．虚数$i$の意味がわかると，右辺の$\cos\theta+i\sin\theta$の意味はよくわかるが，左辺の$e^{i\theta}$はよくわからない．そこで，$e^{i\theta}$の意味を新しく定義しなければならない．そこで上の

$$\lim_{n\to+\infty}\left(1+\frac{x}{n}\right)^n = e^x$$

のなかの$x$の代わりに$i\theta$とおきかえて，それを$e^{i\theta}$の定義とすることにする．つまり，

$$\lim_{n\to+\infty}\left(1+\frac{i\theta}{n}\right)^n$$

を $e^{i\theta}$ と定義するのである.

$$\left(1+\frac{i\theta}{n}\right)^n=\underbrace{\left(1+\frac{i\theta}{n}\right)\left(1+\frac{i\theta}{n}\right)\cdots\left(1+\frac{i\theta}{n}\right)}_{n}$$

はすべて複素数の加減乗除であるから，ある複素数となるわけである．この複素数の数列

$$\left(1+\frac{i\theta}{1}\right)^1,\left(1+\frac{i\theta}{2}\right)^2,\left(1+\frac{i\theta}{3}\right)^3,\cdots,\left(1+\frac{i\theta}{n}\right)^n,\cdots$$

が1つの定まった複素数 $\cos\theta+i\sin\theta$ に近づくことを証明すればよいわけである.

## 3. 複素数の四則

ここで複素数の四則を手短かに説明しよう.

よく知られているように，実数は1直線上の点で表わされるが，複素数は平面上の点で表わされる．つまりガウスの平面である（図 6-5).

複素数は (実数)＋(実数)$i$ という形の数である．一般に $z=x+yi$ とする.

2つの複素数 $z=x+yi$，$z'=x'+y'i$ の和は

$$z+z'=(x+x')+(y+y')i$$

であるが，これはベクトルの加法と同じである（図 6-6).

減法は加法の逆である.

乗法は回転と伸縮を組合せたものである．$zz'$ を考えて

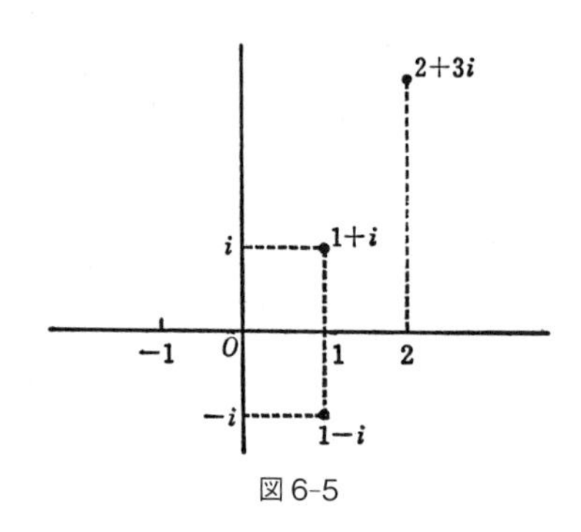


図 6-5

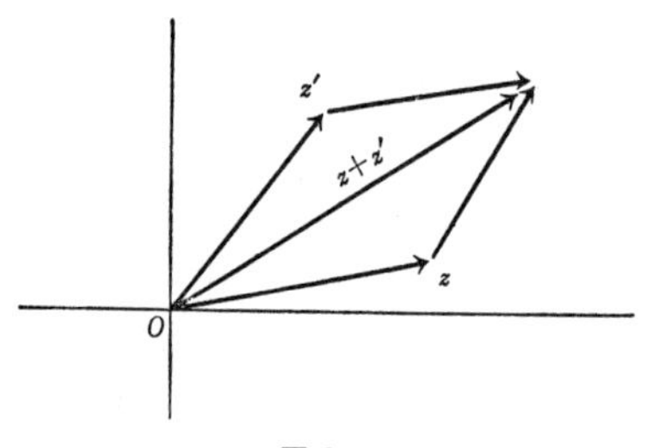


図 6-6

みよう．そのためにまず，原点から $z$ までの距離を $z$ の絶対値といい $|z|$ で表わす．$z$ の横軸からの回転角を $z$ の偏角と名づけ $\arg z$ で表わす（図 6-7）．

$$zz' = z(x'+y'i) = zx' + zy'i$$

を図形的に考えてみよう．$zx'$ は $z$ を同方向に $x'$ だけ伸縮することである．

また $zy'i$ は，$z$ を同方向に $y'$ 倍だけ伸縮し，それに $i$

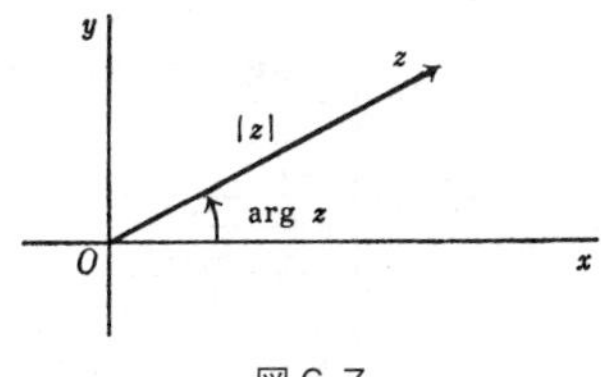


図 6-7

をかけると，それを 90° だけ回転することになる（図 6-8）．この 2 つを加えると，図 6-10 のようになる．

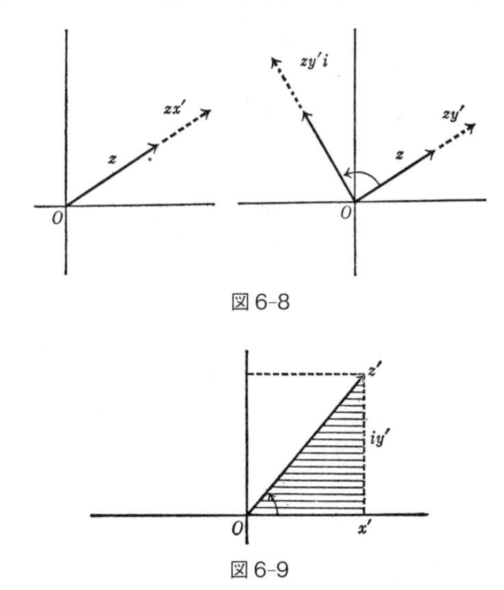


図 6-8

図 6-9

斜線をつけた 2 つの三角形を比較してみよう（図 6-9, 図 6-10）．

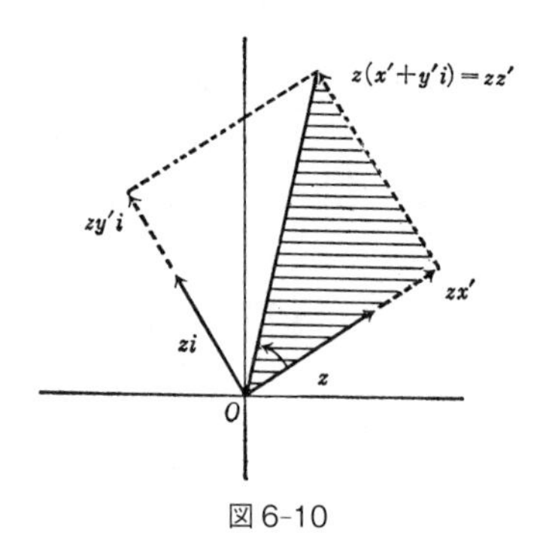


図6-10

まず2つは直角三角形である.

$$x' : y' = |z| \cdot x' : |z| \cdot y'$$

であるから2辺は比例する. だから2つの三角形は相似である. その相似比は $1 : |z|$ である. だから

$$|zz'| = |z| \cdot |z'|.$$

そして $zz'$ と $z$ のなす角は $\arg z'$ に等しい.

だから $zz'$ の偏角は $z$ の偏角に $z'$ の偏角を加えたものである.

$$\arg(zz') = \arg z + \arg z'.$$

この公式を使って $\left(1+\dfrac{i\theta}{n}\right)^n$ の偏角と絶対値を求めてみよう.

まず $\theta > 0$ と仮定しよう.

$$\arg\left(1+\frac{i\theta}{n}\right)^n = n \cdot \arg\left(1+\frac{i\theta}{n}\right).$$

ここで $\theta$ という長さの線分を2等分して, 半径1の円

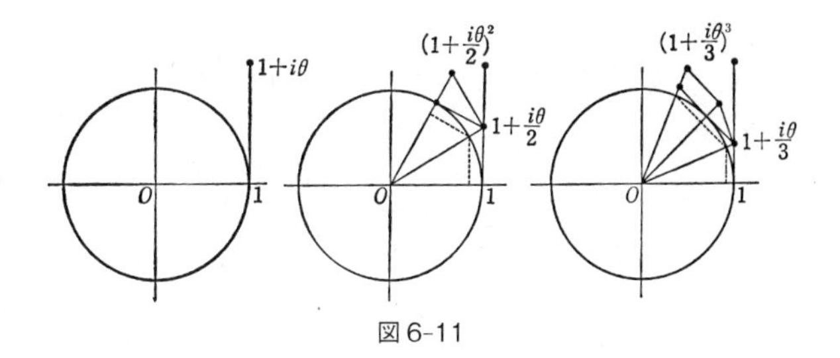


図 6-11

の外側に接する折れ線をつくったとき，$\theta$ はその先端の偏角になる（図 6-11，図には 3 等分の場合も示してある）．

$$\arg\left(1+\frac{i\theta}{n}\right) < \frac{\theta}{n}.$$

次に点線の長さを求めてみよう．これは外側の折れ線に $\dfrac{1}{\sqrt{1+\dfrac{\theta^2}{n^2}}}$ をかけたものである．

間にはさまれた $\arg\left(1+\dfrac{i\theta}{n}\right)^n$ はこれより大きい．

すなわち，

$$\frac{\theta}{\sqrt{1+\dfrac{\theta^2}{n^2}}} < \arg\left(1+\frac{i\theta}{n}\right)^n < \theta.$$

次に絶対値を求めてみよう．

$$\left|\left(1+\frac{i\theta}{n}\right)^n\right| = \left|1+\frac{i\theta}{n}\right|^n = \left(1+\frac{\theta^2}{n^2}\right)^{\frac{n}{2}}.$$

一方で

$$\left(1+\frac{\theta^2}{n^2}\right)\left(1-\frac{\theta^2}{n^2}\right)=1-\frac{\theta^4}{n^4}<1$$

であるから

$$\left(1+\frac{\theta^2}{n^2}\right)^n<\frac{1}{\left(1-\frac{\theta^2}{n^2}\right)^n}$$

また $\left(1-\frac{\theta^2}{n^2}\right)^n>1-\frac{n\theta^2}{n^2}=1-\frac{\theta^2}{n}$ であるから上の式は

$$<\frac{1}{1-\frac{\theta^2}{n}}.$$

すなわち

$$1<\left|\left(1+\frac{i\theta}{n}\right)^n\right|<\frac{1}{1-\frac{\theta^2}{n}}.$$

以上の2つから

$$\lim_{n\to+\infty}\arg\left(1+\frac{i\theta}{n}\right)^n=\theta,\quad \lim_{n\to+\infty}\left|\left(1-\frac{\theta^2}{n}\right)\right|=1.$$

つまり，$\left(1+\frac{i\theta}{n}\right)^n$ は偏角が $\theta$ で，絶対値1となる複素数に近づく．そのような数は

$$\cos\theta+i\sin\theta$$

である．

$\theta<0$ のときは，$x$ 軸を軸として対称の位置にくるだけのちがいで証明の方法は同じである．

すなわち

$$\lim_{n\to+\infty}\left(1+\frac{i\theta}{n}\right)^n=\cos\theta+i\sin\theta.$$

左辺は定義によって $e^{i\theta}$ であるから

$$e^{i\theta}=\cos\theta+i\sin\theta.$$

これがオイラーの公式である．この公式の左辺は指数関数であり，右辺は三角関数である．つまりこの公式は指数関数の世界と三角関数の世界とを結びつけるという役割を演じている．そういう意味で，驚異的な公式であるといってよいだろう．それは太平洋と大西洋とをつなぐパナマ運河のようなものである．

図 6-12

この公式のなかの $\theta$ の代わりに $-\theta$ とおきかえると，

$$e^{-i\theta}=\cos(-\theta)+i\sin(-\theta)=\cos\theta-i\sin\theta.$$

もとの公式と辺々加えると，

$$e^{i\theta}+e^{-i\theta}=2\cos\theta.$$

したがって

$$\cos\theta = \frac{e^{i\theta}+e^{-i\theta}}{2}.$$

また辺々引くと

$$e^{i\theta}-e^{-i\theta}=2i\sin\theta.$$

したがって

$$\sin\theta = \frac{e^{i\theta}-e^{-i\theta}}{2i}.$$

これは指数関数で三角関数を表わす公式である.

### 4. 指数法則の拡張

虚数の指数に対しても指数法則 $e^{i\alpha}\cdot e^{i\beta}=e^{i(\alpha+\beta)}$ が成り立つことを証明しよう.

その準備として，実数の数列のばあいと同じように複素数の数列でも

$$\lim_{n\to+\infty} a_n b_n = \lim_{n\to+\infty} a_n \cdot \lim_{n\to+\infty} b_n$$

が成り立つことを証明しておこう.

$$\lim_{n\to+\infty} a_n = a, \qquad \lim_{n\to+\infty} b_n = b$$

とおく.

$$\begin{aligned} a_n b_n - ab &= a_n b_n - a_n b + a_n b - ab \\ &= a_n(b_n-b)+b(a_n-a). \end{aligned}$$

絶対値をとると,

$$|a_n b_n - ab| \leqq |a_n(b_n - b)| + |b(a_n - a)|$$
$$= |a_n||b_n - b| + |b||a_n - a|.$$

$a_n$ は $a$ に収束するから $|a_n|$ は有界である.

$$|a_n| \leqq M.$$

ある $N$ より大きな $n$ に対しては $|a_n - a| < \dfrac{\varepsilon}{2|b|}$, また同じくある $N'$ より大きな $n$ に対しては $|b_n - b| < \dfrac{\varepsilon}{2M}$ とすることができる. したがって $N, N'$ のどれよりも大きな $n$ に対しては,

$$|a_n b_n - ab| \leqq |a_n||b_n - b| + |b||a_n - a|$$
$$< |a_n| \cdot \frac{\varepsilon}{2M} + |b| \cdot \frac{\varepsilon}{2|b|}$$
$$\leqq \frac{\varepsilon}{2} + \frac{\varepsilon}{2} = \varepsilon.$$

すなわち

$$\lim_{n\to+\infty} a_n b_n = a \cdot b = \lim_{n\to+\infty} a_n \cdot \lim_{n\to+\infty} b_n.$$

これより,

$$e^{i\alpha} \cdot e^{i\beta} = \lim_{n\to+\infty} \left(1 + \frac{i\alpha}{n}\right)^n \cdot \lim_{n\to+\infty} \left(1 + \frac{i\beta}{n}\right)^n$$
$$= \lim_{n\to+\infty} \left(1 + \frac{i\alpha}{n}\right)^n \cdot \left(1 + \frac{i\beta}{n}\right)^n.$$

ここで $\left(1 + \dfrac{i\alpha}{n}\right)^n \left(1 + \dfrac{i\beta}{n}\right)^n$ の極限を求めてみよう.

絶対値は

$$\left|1 + \frac{i\alpha}{n}\right|^n \left|1 + \frac{i\beta}{n}\right|^n$$

となるが，各々は1に近づくから $1\times1=1$ に近づく．

偏角は

$$\arg\left(1+\frac{i\alpha}{n}\right)^n\left(1+\frac{i\beta}{n}\right)^n=\arg\left(1+\frac{i\alpha}{n}\right)^n+\arg\left(1+\frac{i\beta}{n}\right)^n.$$

各項はそれぞれ $\alpha, \beta$ に近づくから，結局，絶対値は1で偏角は $\alpha+\beta$ となる複素数に近づく．それは

$$\cos(\alpha+\beta)+i\sin(\alpha+\beta)$$

である．すなわちこれは $e^{i(\alpha+\beta)}$ である．したがって

$$e^{i\alpha}\cdot e^{i\beta}=e^{i(\alpha+\beta)}$$

が得られる．これをオイラーの公式で変形すると，

$$\begin{aligned}
&e^{i\alpha}\cdot e^{i\beta}\\
&\quad=(\cos\alpha+i\sin\alpha)(\cos\beta+i\sin\beta)\\
&\quad=(\cos\alpha\cos\beta-\sin\alpha\sin\beta)+i(\sin\alpha\cos\beta+\cos\alpha\sin\beta).
\end{aligned}$$

右辺は

$$e^{i(\alpha+\beta)}=\cos(\alpha+\beta)+i\sin(\alpha+\beta)$$

であるから実数の部分と虚数の部分を比較すると，

$$\cos(\alpha+\beta)=\cos\alpha\cos\beta-\sin\alpha\sin\beta,$$

$$\sin(\alpha+\beta)=\sin\alpha\cos\beta+\cos\alpha\sin\beta.$$

つまり，$e^{i\alpha}$ の指数法則から三角関数の加法定理がでてくる．

cos と sin の加法定理は2つの式になるが，$e^{i\theta}$ のほうの指数法則はただ1つである．つまり $e^{i\theta}$ の1つの指数法則が三角関数の2つの公式と同じことを言い表わしてい

るわけである．

どちらが記憶するのに便利かというと答は明らかであろう．それはいうまでもなく，$e^{i\theta}$ の指数法則である．また式の形もはるかに簡単である．

オイラーの公式をすでに学んだから，この公式を使って，これまでの三角関数の公式を一つ一つ確かめてみるとよい．

**例 1**．オイラーの公式を使って $\sin 2\theta = 2\sin\theta\cos\theta$ を確かめよ．

解
$$\sin 2\theta = \frac{e^{i2\theta} - e^{-i2\theta}}{2i} = \frac{(e^{i\theta})^2 - (e^{-i\theta})^2}{2i}$$
$$= \frac{(e^{i\theta} - e^{-i\theta})\cdot(e^{i\theta} + e^{-i\theta})}{2i}$$
$$= 2\cdot\frac{e^{i\theta} - e^{-i\theta}}{2i}\cdot\frac{e^{i\theta} + e^{-i\theta}}{2}$$
$$= 2\sin\theta\cos\theta.$$

**例 2**．$\cos^3\theta$ を $\cos 3\theta, \cos\theta$ で表わせ．

解
$$\cos^3\theta = \left(\frac{e^{i\theta}+e^{-i\theta}}{2}\right)^3 = \frac{e^{3i\theta}+3e^{i\theta}+3e^{-i\theta}+e^{-3i\theta}}{2^3}$$
$$= \frac{(e^{3i\theta}+e^{-3i\theta})+3(e^{i\theta}+e^{-i\theta})}{8}$$
$$= \frac{2\cos 3\theta+6\cos\theta}{8} = \frac{\cos 3\theta+3\cos\theta}{4}.$$

## 5. $e^{i\theta}$ の微分

以上の準備をした上でつぎには，微分にうつることにしよう.

$\theta$ を変数とみたとき, $e^{i\theta}$ はどのような変化のしかたをするだろうか. いうまでもなく, ガウス平面上の原点を中心とする半径1の円周上を動くことはすでにわかっている. $e^{i\theta}$ は1から円周にそって正の方向に $\theta$ という長さだけ進んだ位置にある.

ここで $\theta$ について微分するために $\dfrac{e^{i(\theta+\Delta\theta)}-e^{i\theta}}{\Delta\theta}$ を求めよう.

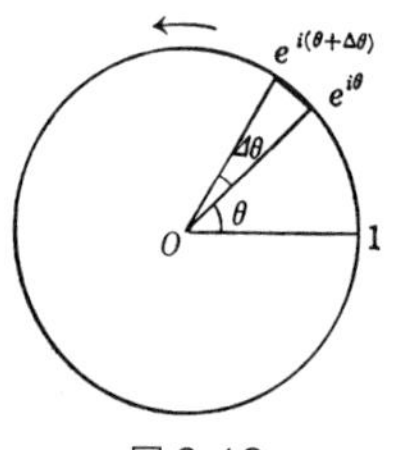


図6-13

$e^{i(\theta+\Delta\theta)}-e^{i\theta}$ の絶対値は $e^{i(\theta+\Delta\theta)}$ と $e^{i\theta}$ とのあいだの距離で, これは弧の長さ $\Delta\theta$ に近い.

だから $\Delta\theta$ を0に近づけると, $\left|\dfrac{e^{i(\theta+\Delta\theta)}-e^{i\theta}}{\Delta\theta}\right|$ は1に近づく.

偏角は $e^{i\theta}$ における接線の方向に向いているから $\theta+\dfrac{\pi}{2}$ に近づく.

そのようなベクトルは

$$e^{i\left(\theta+\frac{\pi}{2}\right)}=e^{i\theta}\cdot e^{\frac{\pi i}{2}}=e^{i\theta}\cdot i=i\cdot e^{i\theta}$$

に近づく. すなわち,

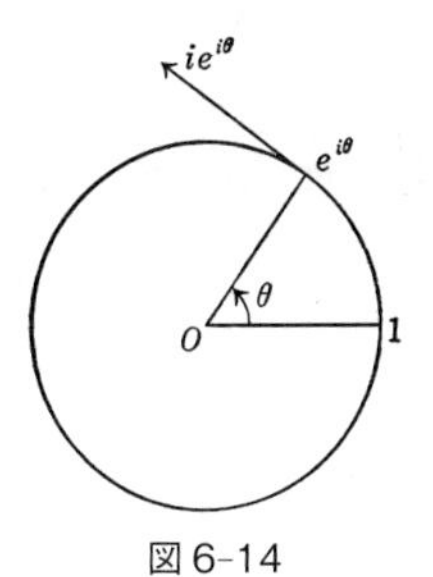


図6-14

$$\frac{de^{i\theta}}{d\theta} = ie^{i\theta}$$

が得られる．これは $e^{i\theta}$ で $i$ を定数とみて，形式的に $\theta$ で微分したのと同じ結果になる．

図形的にいうと，接線が半径と垂直になっている，ということを言い表わしている．これはもちろん

$$e^{i\theta} = \cos\theta + i\sin\theta$$

の右辺を $\theta$ で微分しても同じ結果になる．

$$\begin{aligned}\frac{d(\cos\theta + i\sin\theta)}{d\theta} &= -\sin\theta + i\cos\theta \\ &= i^2\sin\theta + i\cos\theta = i(\cos\theta + i\sin\theta) \\ &= ie^{i\theta}.\end{aligned}$$

# 第7章　微分の応用

## 1．接線

$y=f(x)$ をグラフにかくと，1つの曲線をえがく．

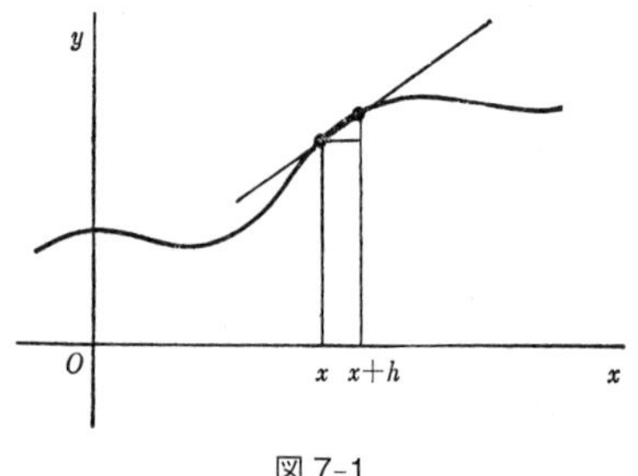


図 7-1

ここで $x$ における導関数を求めるには $h\to 0$ のときの $\dfrac{f(x+h)-f(x)}{h}$ の極限を求める．そのとき，2つの接近している2点 $(x, f(x))$, $(x+h, f(x+h))$ を結ぶ直線の勾配が $\dfrac{f(x+h)-f(x)}{h}$ に当る．そして，$h\to 0$ のときの極限が2点が限りなく接近したときの極限，つまり $x$ における接線の勾配に当る．

たとえば，$x$ における

$$y = f(x) = e^x$$

の接線の勾配を求めると

$$\frac{dy}{dx} = f'(x) = e^x.$$

このとき，接線が $x$ 軸と交わる点 $P$ と，$x$ との距離，つまり接線影の長さを求めてみよう．

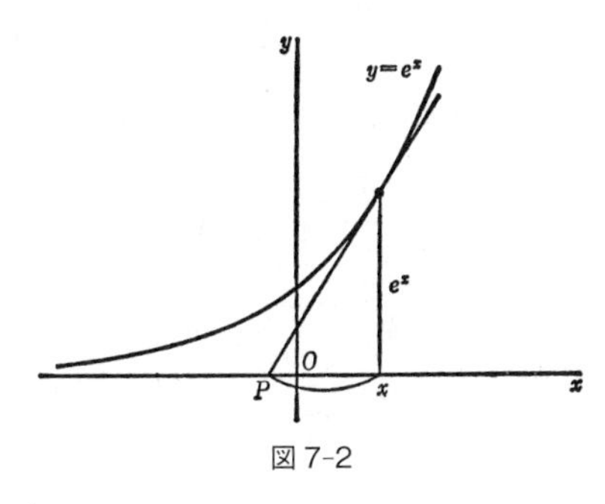


図 7-2

すなわち，

$$\frac{e^x}{Px} = e^x, \qquad Px = \frac{e^x}{e^x} = 1.$$

つまり $Px$ は $x$ がどこに動いていっても常に 1 である．

**例 1.** 2 つの放物線

$$\begin{cases} x^2 = 2ay + a^2 & (a > 0) \qquad (1) \\ x^2 = -2by + b^2 & (b > 0) \qquad (2) \end{cases}$$

の交点における接線はたがいに直交することを証明せよ．

**解** まず 2 つの放物線の交点を求める．

(1)から(2)を辺々引くと

$$0=2(a+b)y+(a^2-b^2),\quad y=-\frac{a^2-b^2}{2(a+b)}=\frac{b-a}{2}.$$

$$x^2=2a\cdot\frac{b-a}{2}+a^2=ab,\quad x=\pm\sqrt{ab}$$

$y=\dfrac{x^2-a^2}{2a}$ を微分すると

$$\frac{dy}{dx}=\frac{x}{a}.$$

ここで $x=\pm\sqrt{ab}$ を代入すると

$$\frac{dy}{dx}=\frac{\pm\sqrt{ab}}{a}=\pm\sqrt{\frac{b}{a}}$$

となる．

同じく $y=\dfrac{b^2-x^2}{2b}$ を微分すると

$$\frac{dy}{dx}=-\frac{x}{b}.$$

$x=\pm\sqrt{ab}$ を代入すると，

$$\frac{dy}{dx}=\mp\frac{\sqrt{ab}}{b}=\mp\sqrt{\frac{a}{b}}.$$

交点における接線の勾配は $\pm\sqrt{\dfrac{b}{a}}$ と $\mp\sqrt{\dfrac{a}{b}}$ であるから，逆数の符号をかえたものとなっている．だから直交する．

$$\pm\sqrt{\frac{b}{a}}\left(\mp\sqrt{\frac{a}{b}}\right)=-1.$$

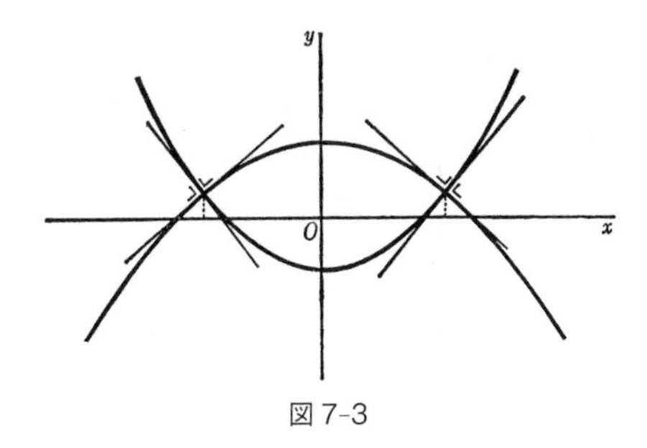


図 7-3

## 2. 最大値定理

平均値の定理のもとは，次の最大値定理である．

**定理 1.**（**最大値定理**） 有限の閉区間 $[a, b]$ で連続な関数 $f(x)$ はその区間で最大値をとる．つまり $[a, b]$ のなかに，すべての $x$ に対して

$$f(c) \geqq f(x)$$

となる点 $c$ が存在する．

**注意** この定理は区間が

（1）有限である． （2）閉じている．

という条件の 1 つが欠けても成立しない．

たとえば，無限の $[0, \infty)$ で連続な関数 $f(x) = x$ はこのような最大値をもたないし，また両端 $0, 1$ をふくまない開区間 $(0, 1)$ で連続な関数

$$g(x) = \frac{1}{\sqrt{x - x^2}}$$

はやはり最大値が存在しない．

以上の例からみられるように，有限の閉区間でないと，この定理は成立しないのである．

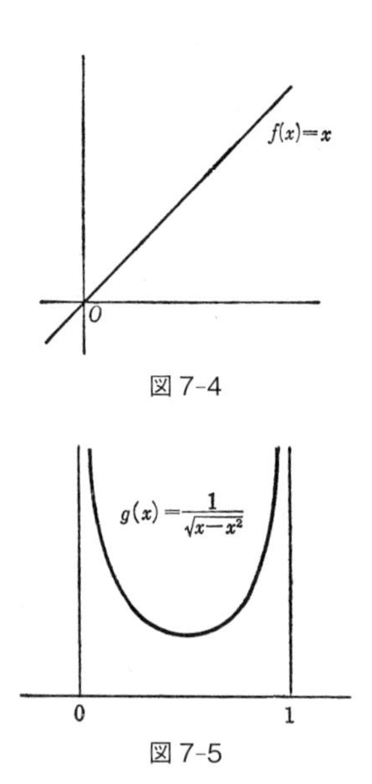


図 7-4

図 7-5

証明　区間 $[a, b]$ にふくまれる整数の点を

$$m, m+1, \cdots, m+k$$

とし，その点における関数の値を

$$f(m), f(m+1), \cdots, f(m+k)$$

として，そのなかの最大値の 1 つを

$$f(\alpha_0)$$

とする．

さらに，それを 10 等分した点を

$$m', m' + \frac{1}{10}, m' + \frac{2}{10}, \cdots, m' + \frac{k'}{10}$$

とする．これらの点における関数の値

$$f(m'), f\left(m' + \frac{1}{10}\right), \cdots, f\left(m' + \frac{k'}{10}\right)$$

のうち最大値を $f(\alpha_1)$ とする．

つぎにさらに10等分した点における最大値を $f(\alpha_2)$ とする．

このようにして

$$\alpha_0, \alpha_1, \alpha_2, \cdots$$

という無限個の数が得られる．

$[a, b]$ は有限の閉区間だからボルツァノ=ワイエルシュトラスの定理（第4章定理5）によって少なくとも1つの集積点 $c$ をもつ．

したがって $\alpha_0, \alpha_1, \alpha_2, \cdots$ のなかから $c$ に収束する部分数列 $\alpha_{n_1}, \alpha_{n_2}, \cdots$ を選び出すことができる．

$$\lim_{k \to +\infty} \alpha_{n_k} = c.$$

ここで $[a, b]$ の中の任意の点 $x$ をとる．この $x$ の無限小数展開を

$$x = \beta_0.\beta_1\beta_2\beta_3\cdots$$

とする．$f(\alpha_{n_1})$ の定義によって

$$f(\beta_0.\beta_1\beta_2\cdots\beta_{n_1}) \leqq f(\alpha_{n_1}),$$

$$f(\beta_0.\beta_1\beta_2\cdots\beta_{n_1}\cdots\beta_{n_2}) \leqq f(\alpha_{n_2}),$$

$$f(\beta_0.\beta_1\beta_2\cdots\beta_{n_1}\cdots\beta_{n_2}\cdots\beta_{n_3}) \leqq f(\alpha_{n_3}),$$

$\cdots$

両辺の極限をとると第3章定理11によって，

$$\lim_{k\to+\infty} f(\beta_0.\beta_1\cdots\beta_{n_k}) \leqq \lim_{k\to+\infty} f(\alpha_{n_k}).$$

一方 $f(x)$ は $[a, b]$ の至るところで連続であるから連続の定義によって

$$f(x) \leqq f(c).$$

だから $f(c)$ は最大値である．（証明終）

この定理は一見常識的にはごく当り前であって，ことさらに証明などする必要がないようにも思われる．それはつぎのように，$f(x)$ のグラフで，山の頂点にあたるところがある，ということを主張しているにすぎないからである．

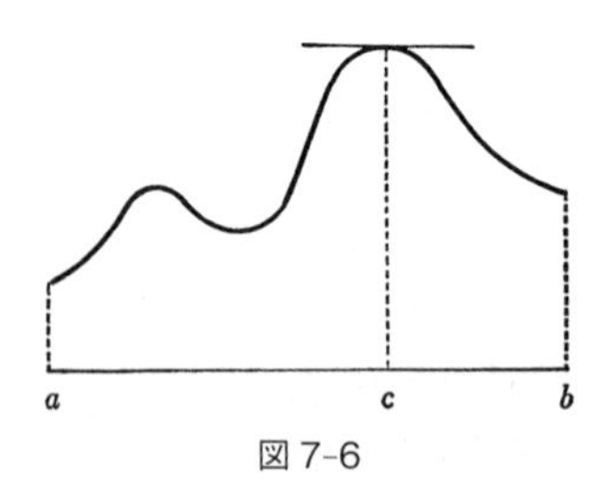


図 7-6

しかし，そう考えるのは早計である．$f(x)$ は連続という条件があるだけで，その他には何も条件はない．ところが連続関数というだけでは図のようなグラフがかけると

は限らないのである．ワイエルシュトラスは連続ではあるが，無限にこまかく振動するために，どの点でも微分係数をもたないような奇妙な関数の存在することを，実例で示した．そういう関数に対しても，この最大値定理は成り立つのである．

そのようなばあいはグラフでは説明できない．

そういう関数はグラフにはかけないからである．

最大値定理は $f(x)$ の代わりに $-f(x)$ をとると，最小値定理になる．つまり，最大値定理のなかで，「最大値」の代わりに「最小値」といれかえても成り立つことはいうまでもない．

**存在定理とはなにか．** この最大値のような定理を一般に「存在定理」とよんでいる．これはともかく最大値が「どこかに存在する」ことを保証しているからである．しかし，その最大値がどこに存在するかを突きとめる手段をあまり具体的に教えてはくれないのである．それを探し出す具体的な方法は別の問題だというのである．

たとえばそのような存在定理の1つとして，部屋割り論法といわれるものがある．

> 「$n$ 個の部屋のある宿屋に，$n+1$ 人の客がやってきたら，2人以上入ってもらう部屋が必ず存在しているはずだ．」

この簡単な論法はしばしば利用されるのであるが，これも典型的な存在定理の1つである．つまり2人以上収容する部屋がどこかに存在するはずだというだけで，それがどの部屋であるかを突きとめる手がかりは教えてくれないのである．

それを知りたければもっと多くの情報を集めねばならないというわけである．

たとえばある銀行の金庫が破られて，中にあった現金がなくなっていることがわかった，としよう．そのときわかったことは

「どこかに犯人が存在しているはずだ」

ということだけで，その犯人を探し出すのはこれからの仕事になる．存在定理というのはそういう性格のものである．最大値定理も「最大値がどこかに存在するはずだ」というだけで，それ以上のことは期待できない．

程度の高い数学にはこの種の存在定理がしばしば登場する．そしてその定理の証明にはこみ入った計算の技術よりは，鋭い思考力が駆使されることが多い．最大値定理の証明をたどってみると，そのことがよく理解できるだろう．

この定理を利用すると，つぎの定理——ロールの定理——を証明することができる．

**定理 2.**（ロールの定理）関数 $f(x)$ が有限の閉区間 $[a,b]$ において連続で $f(a)=f(b)$ であって，その間のいたるところで微分可能であるとする．このとき，その区間 $[a,b]$ で

$$f'(c)=0$$

となる点 $c$ が存在する．

**証明**　$f(x)$ は $[a,b]$ の間で最大値 $f(c)$ と最小値 $f(c')$

をもつ.

$$f(c') \leqq f(a) = f(b) \leqq f(c).$$

ここですべて等号が成り立つとき, $f(c') \leqq f(x) \leqq f(c)$ だから

$$f(x) = f(a) = f(b)$$

となり, $f(x)$ は常に $f(a)$ である. だから, $[a, b]$ のいたるところの点で

$$f'(c) = 0$$

となる.

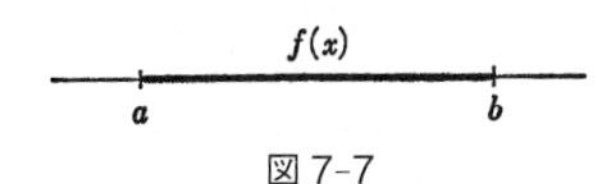


図 7-7

もし 1 個所に不等号が成り立つものとする. たとえば,

$$f(c) > f(a) = f(b)$$

とする. このとき, $a<c<b$ である. $c$ における微分係数を求めてみよう.

$x>c$ では

$$f(x) - f(c) \leqq 0.$$

したがって,

$$\frac{f(x)-f(c)}{x-c} \leqq 0, \qquad \lim_{x \to c} \frac{f(x)-f(c)}{x-c} \leqq 0,$$

$$f'(c) \leqq 0. \tag{1}$$

また, $x<c$ では

$$f(x) - f(c) \leqq 0.$$

だから,

$$\frac{f(x)-f(c)}{x-c} \geqq 0, \qquad \lim_{x\to c}\frac{f(x)-f(c)}{x-c} \geqq 0,$$

$$f'(c) \geqq 0. \tag{2}$$

(1)と(2)から，

$$f'(c) = 0.$$

だから，この点 $c$ では $f'(c)=0$ となる．

$$f(c') < f(a) = f(b)$$

のときも同様になる．（証明終）

この定理も常識的には，山の頂点もしくは谷底の点では傾きが水平になる，ということをいい表わしている．

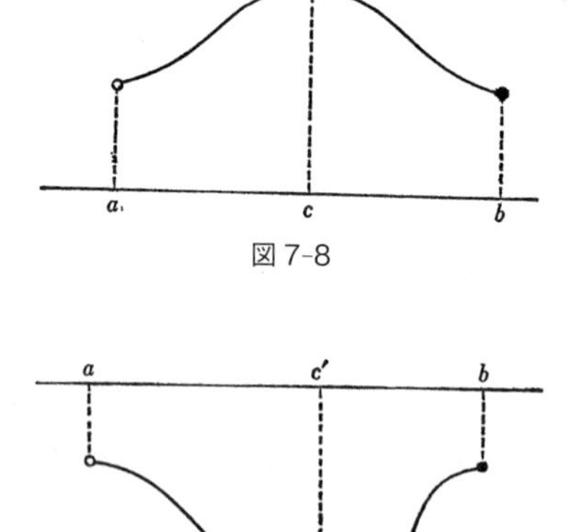


図 7-8



図 7-9

この定理を利用していくつかの例題を解いてみよう．

例 **2**. $n$ 次の多項式

$$f(x)=a_0x^n+a_1x^{n-1}+\cdots+a_{n-1}x+a_n \qquad (a_0\neq 0)$$

が $n$ 個の実根をもつとき，その導関数 $f'(x)$ は $n-1$ 個の実根をもつ．

解　$f(x)$ の根を大小の順にならべたものを $\alpha_1\leqq\alpha_2\leqq\cdots\leqq\alpha_{n-1}\leqq\alpha_n$ とする．すなわち，

$$f(\alpha_i)=0 \qquad (i=1,2,\cdots,n)$$

とする．

$$\alpha_i<\alpha_{i+1}$$

とする．このとき，$f(\alpha_i)=f(\alpha_{i+1})=0$ であるから，$\alpha_i$ と $\alpha_{i+1}$ の間に $f'(\beta)=0$ となる点 $\beta$，つまり $f'(x)$ の根がある．

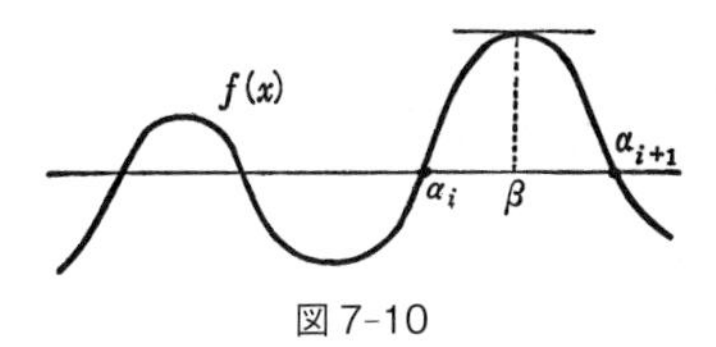


図 7-10

また，$\alpha_{k+1}=\cdots=\alpha_{k+l}$ のように $l$ 重根があるときは，

$$f(x)=(x-\alpha_{k+1})^l\varphi(x)$$

の形にかける．

$$\begin{aligned} f'(x)&=l(x-\alpha_{k+1})^{l-1}\varphi(x)+(x-\alpha_{k+1})^l\varphi'(x)\\ &=(x-\alpha_{k+1})^{l-1}\{l\varphi(x)+(x-\alpha_{k+1})\varphi'(x)\}. \end{aligned}$$

つまり，この式の形をみると，$(l-1)$ 重根をもつことがわかる．つまり，

$$\alpha_1 \leqq \alpha_2 \leqq \cdots \leqq \alpha_n$$

の間に1つずつ，$f'(x)$ の根がある．つまり，全部で $n-1$ 個になる．

**例 3**．次のような多項式 $P_n(x)$ を $n$ 次のルジャンドル（Legendre）多項式という．

$$P_n(x) = \frac{1}{2^n n!} \cdot \frac{d^n}{dx^n}(x^2-1)^n.$$

この多項式は区間 $[-1, +1]$ で $n$ 個の実根をもつことを証明せよ．

**解** $f(x) = (x^2-1)^n = (x-1)^n(x+1)^n$ とおくと，$f(x)$ は $x=+1, x=-1$ において $n$ 重根をもつ．

したがって，$f^{(n)}(x)$ は $[-1, +1]$ で $2n-n=n$ だけの実根をもつ．

$$P_n(x) = \frac{1}{2^n n!} \cdot f^{(n)}(x)$$

も同様に $n$ 個の実根をもつことがわかる．

**注意** 5次までのルジャンドル多項式は，次のようになる．

$$P_0(x) = 1,$$

$$P_1(x) = x,$$

$$P_2(x) = \frac{1}{2}(3x^2 \cdot -1),$$

$$P_3(x) = \frac{1}{2}(5x^3-3x),$$

$$P_4(x) = \frac{1}{8}(35x^4-30x^2+3),$$

$$P_5(x) = \frac{1}{8}(63x^5 - 70x^3 + 15x),$$

$$\cdots$$

**問 1** これらの多項式について，上の事実を計算によって確かめよ．

**問 2**

$$H_n(x) = (-1)^n \cdot e^{x^2} \cdot \frac{d^n}{dx^n} e^{-x^2}$$

によって定義された多項式を，$n$ 次のエルミート多項式という．$H_n(x)$ は $n$ 個の実根をもつことを証明せよ．

**問 3**

$$\begin{aligned} H_0(x) &= 1, \\ H_1(x) &= 2x, \\ H_2(x) &= 4x^2 - 2, \\ H_3(x) &= 8x^3 - 12x, \\ H_4(x) &= 16x^4 - 48x^2 + 12 \end{aligned}$$

について，計算によって，上の事実を確かめよ．

**例 4.** $\alpha_1, \alpha_2, \cdots, \alpha_n$ が正の実数であるとき，

$$\left\{ \frac{\sum \alpha_{i_1} \alpha_{i_2} \cdots \alpha_{i_k}}{\binom{n}{k}} \right\}^{\frac{1}{k}} \geqq \left\{ \frac{\sum \alpha_{i_1} \alpha_{i_2} \cdots \alpha_{i_{k+1}}}{\binom{n}{k+1}} \right\}^{\frac{1}{k+1}}$$

$$(k = 1, 2, \cdots, n-1)$$

となることを証明せよ．ただし，$\sum \alpha_{i_1} \alpha_{i_2} \cdots \alpha_{i_k}$ は $\alpha_1, \cdots, \alpha_n$ からすべての $k$ 個の組合せをとった和である．

**解** 前例によると，$f(x)$ が $n$ 個の実根をもっていれ

ば，$f'(x)$ は $n-1$ 個，$f''(x)$ は $n-2$ 個，…，$f^{(k)}(x)$ は $n-k$ 個の実根をもつことがわかる．さて，

$$\left\{\frac{\sum \alpha_{i_1}\alpha_{i_2}\cdots\alpha_{i_k}}{\binom{n}{k}}\right\}^{\frac{1}{k}} = c_k \qquad (k=1, 2, \cdots, n).$$

したがって，

$$\sum \alpha_{i_1}\alpha_{i_2}\cdots\alpha_{i_k} = \binom{n}{k}c_k^k$$

とおく．

$$f(x) = (x-\alpha_1)(x-\alpha_2)\cdots(x-\alpha_n)$$

を展開すると，

$$\begin{aligned} &= x^n - (\alpha_1 + \cdots + \alpha_n)x^{n-1} \\ &\quad + (\alpha_1\alpha_2 + \cdots + \alpha_{n-1}\alpha_n)x^{n-2} - \cdots \\ &= x^n - \binom{n}{1}c_1 x^{n-1} + \binom{n}{2}c_2^2 x^{n-2} \\ &\quad + \cdots + (-1)^k\binom{n}{k}c_k^k x^{n-k} + \cdots. \end{aligned}$$

微分すると，

$$\begin{aligned} f'(x) &= n\cdot x^{n-1} - n(n-1)c_1 x^{n-2} \\ &\quad + \binom{n}{2}(n-2)c_2^2 x^{n-3} + \cdots \end{aligned}$$

$$= n\left\{x^{n-1} - \binom{n-1}{1}c_1x^{n-2} + \cdots\right.$$

$$\left. + \binom{n-1}{k}c_k^k x^{n-k-1} + \cdots\right\}.$$

ここで $n-k$ 回だけ微分すると，

$$f^{(n-k)}(x) = n(n-1)\cdots(n-k+1)\left\{x^k - \binom{k}{1}c_1x^{k-1} + \cdots\right.$$

$$\left. + (-1)^{k-1}\binom{k}{k-1}c_{k-1}^{k-1}x + (-1)^k c_k^k\right\}.$$

この多項式は $k$ 個の正の実根をもつ．その根を，$\beta_1$, $\beta_2, \cdots, \beta_k$ とする．

$$x^k - \binom{k}{1}c_1x^{k-1} + \cdots + (-1)^{k-1}\binom{k}{k-1}c_{k-1}^{k-1}x$$

$$+ (-1)^k\binom{k}{k}c_k^k$$

$$= (x-\beta_1)(x-\beta_2)\cdots(x-\beta_k)$$

$$= x^k - (\beta_1 + \cdots + \beta_k)x^{k-1} + \cdots$$

$$+ (-1)^{k-1}\sum(\beta_{i_1}\cdots\beta_{i_{k-1}})x + (-1)^k\beta_1\cdots\beta_k.$$

係数を比較すると，

$$\binom{k}{k-1}c_{k-1}^{k-1} = \sum\beta_{i_1}\cdots\beta_{i_{k-1}},$$

$$c_{k-1} = \left(\frac{\sum\beta_{i_1}\cdots\beta_{i_{k-1}}}{k}\right)^{\frac{1}{k-1}},$$

$$\binom{k}{k}c_k = (\beta_1\beta_2\cdots\beta_k)^{\frac{1}{k}}.$$

ここで，$\sum \beta_{i_1}\beta_{i_2}\cdots\beta_{i_{k-1}}$ と $\beta_1\beta_2\cdots\beta_k$ とを比較すると，相加平均と相乗平均の定理で，

$$\left\{\frac{1}{\beta_1}\frac{1}{\beta_2}\cdots\frac{1}{\beta_k}\right\}^{\frac{1}{k}} \leqq \frac{\dfrac{1}{\beta_1}+\dfrac{1}{\beta_2}+\cdots+\dfrac{1}{\beta_k}}{k}$$

$$= \frac{\sum \beta_{i_1}\beta_{i_2}\cdots\beta_{i_{k-1}}}{k(\beta_1\beta_2\cdots\beta_k)},$$

$$(\beta_1\beta_2\cdots\beta_k)^{\frac{k-1}{k}} \leqq \frac{\sum \beta_{i_1}\beta_{i_2}\cdots\beta_{i_{k-1}}}{k},$$

$$(\beta_1\beta_2\cdots\beta_k)^{\frac{1}{k}} \leqq \left(\frac{\sum \beta_{i_1}\beta_{i_2}\cdots\beta_{i_{k-1}}}{k}\right)^{\frac{1}{k-1}}.$$

したがって，$c_{k-1} \geqq c_k$.

つまり，

$$\left\{\frac{\sum \alpha_{i_1}\cdots\alpha_{i_{k-1}}}{\binom{n}{k-1}}\right\}^{\frac{1}{k-1}} \geqq \left\{\frac{\sum \alpha_{i_1}\cdots\alpha_{i_k}}{\binom{n}{k}}\right\}^{\frac{1}{k}}.$$

## 3. 平均値の定理

ロールの定理では，区間の両端 $a, b$ における関数の値 $f(a), f(b)$ が等しいという条件があった．つまり，

$$f(a) = f(b).$$

しかし，この条件がないときはどうなるだろうか．このときは新しく，

$$F(x) = f(x) - \frac{f(b)-f(a)}{b-a}(x-a)$$

という関数をつくると,

$$F(a) = f(a), \qquad F(b) = f(a)$$

となる. したがってロールの定理によって, $F'(c)=0$ となる点 $c$ が, $[a, b]$ の間に存在する.

$$F'(x) = f'(x) - \frac{f(b)-f(a)}{b-a}$$

であるから, $F'(c)=0$ から

$$f'(c) = \frac{f(b)-f(a)}{b-a}.$$

つまり, 次の平均値の定理が得られた.

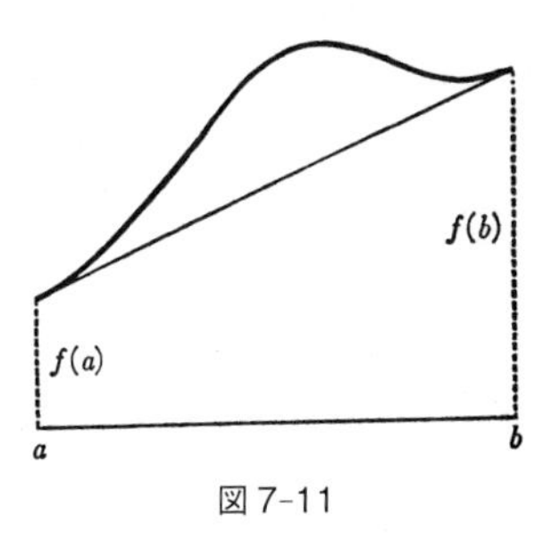


図 7-11

**定理 3**. $f(x)$ が有限の閉区間 $[a, b]$ で連続でその間のいたるところで微分可能ならば,

$$f'(c) = \frac{f(b)-f(a)}{b-a}$$

となる点が存在する.

これを図示すると図 7-12 のようになる.

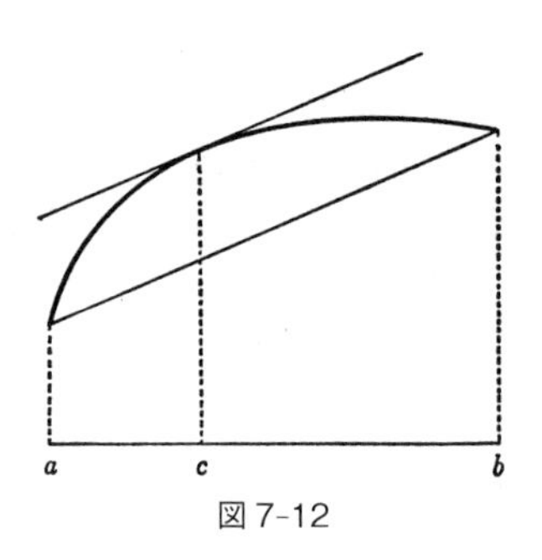


図 7-12

$x$ が $a$ から $b$ へ変化したときの $f(x)$ の変化量

$$f(b)-f(a)$$

と, $x$ の変化量

$$b-a$$

との比, つまり平均変化率

$$\frac{f(b)-f(a)}{b-a}$$

を $[a, b]$ の間のある点における $f'(x)$ の値 $f'(c)$ でおきかえることができる.

このことを別の観点からみると, 次のようになる. 微分の定義から,

$$\lim_{x \to a} \frac{f(x)-f(a)}{x-a} = f'(a)$$

となる. ところが, $x \to a$ の途中の $b$ で $x$ をとめたら,

$\dfrac{f(b)-f(a)}{b-a}$ は $f'(a)$ に近くはなるが，等しくはならない．つまり，

$$\frac{f(b)-f(a)}{b-a} \fallingdotseq f'(a)$$

とはなるが，一般には，

$$\frac{f(b)-f(a)}{b-a} \neq f'(a)$$

である．そこで $\neq$ ではなく $=$ を成立させるにはどうしたらいいか．そのときは，$a$ を $c$ まで移動させると，ちょうど

$$\frac{f(b)-f(a)}{b-a} = f'(c)$$

という等式が成り立つ．この式には lim という記号はなくなるわけである．

**定理 4**．$f(x)$ が有限の閉区間 $[a, b]$ のいたるところで，$f'(x)=0$ ならば，$f(x)$ は定数である．

**証明**　背理法を用いる．

$f(x)$ が定数でないとする．そのとき，$f(b') \neq f(a)$ となる点 $b'$ が $[a, b]$ のなかにあるはずである．

$[a, b']$ に平均値の定理を適用すると，$[a, b']$ のなかに，

$$f'(c) = \frac{f(b')-f(a)}{b'-a} \neq 0$$

となる点 $c$ が存在するはずである．これは $[a, b]$ のいたるところで $f'(x)$ が $0$ であるという仮定に反する．したが

って，$f(x)$ は定数でなければならない．

**定理 5**．有限の閉区間 $[a, b]$ のいたるところで $f'(x) = g'(x)$ ならば，$f(x) = g(x) + k$ となる．ただし $k$ は定数である．

**証明** $F(x) = f(x) - g(x)$ とおく．

$$F'(x) = f'(x) - g'(x).$$

ところが，あらゆる点で $f'(x) - g'(x) = 0$．すなわち，$F'(x) = 0$．

上の定理によって，$F(x)$ は定数である．これを $k$ とすると，

$$f(x) - g(x) = k.$$

したがって，

$$f(x) = g(x) + k.$$

**定理 6**．有限閉区間 $[a, b]$ で2つの関数 $f(x), g(x)$ は連続で，その間で微分可能であり，$g(a) \neq g(b)$ とする．このとき，

$$\frac{f'(c)}{g'(c)} = \frac{f(b) - f(a)}{g(b) - g(a)}$$

となる点 $c$ が，$[a, b]$ のなかに存在する．

**証明** $F(x) = f(x)(g(b) - g(a)) - g(x)(f(b) - f(a))$ とおく．

$$F(a) = f(a)g(b) - g(a)f(b),$$

$$F(b) = f(a)g(b) - g(a)f(b).$$

すなわち，

$$F(a) = F(b)$$

となる．ロールの定理を適用すると，

$$F'(c) = 0$$

となる点が $[a, b]$ の間に存在するはずである．

$$F'(x) = f'(x)(g(b)-g(a)) - g'(x)(f(b)-f(a))$$

であるから

$$0 = F'(c) = f'(c)(g(b)-g(a)) - g'(c)(f(b)-f(a)).$$

ここで $g(b)-g(a) \neq 0$ から

$$\frac{f'(c)}{g'(c)} = \frac{f(b)-f(a)}{g(b)-g(a)}.$$

**問 4** $[0, 1]$ において，次の関数について平均値の定理が成立することを確かめよ．

(1) $x^3 - x$,　(2) $\log(x+1)$,　(3) $x^4 - 2x^3 + 3$.

## 4. 関数の増減

1 点 $a$ の近くで関数 $f(x)$ が増加しているか，減少しているかをみるには，$a$ における微分係数の符号をみれば判断がつく．すなわち

$f'(a) > 0$ ならば $f(x)$ は $x$ が増加するにつれて増加しているし，

$f'(a) < 0$ ならば $x$ が増加するにつれて $f(x)$ は減少している．

おおまかにいえばたしかにそうであるが，$f'(a) > 0$ でも $f'(x)$ は $a$ の近くで連続とはかぎらないから，$f'(x)$ は $a$ の近くで負になるかもしれない．だから，$a$ の近くで

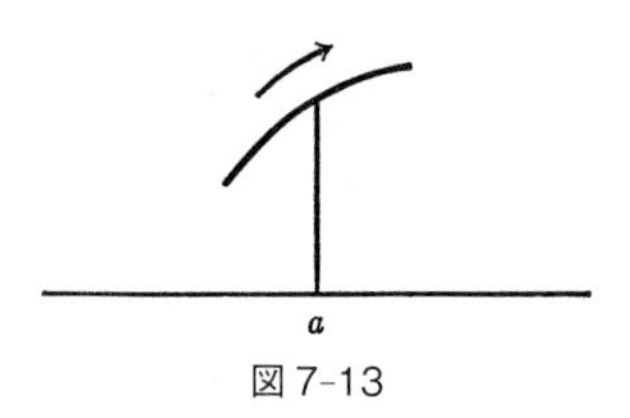


図 7-13

$f(x)$ が増加するとはかならずしもいえないのである.

たとえば,

$$\begin{cases} f(x) &= \dfrac{x}{2} + x^2 \sin \dfrac{1}{x} \qquad (x \neq 0), \\ f(0) &= 0 \end{cases}$$

という関数は $x=0$ では

$$f'(0) = \frac{1}{2} > 0$$

であるが,

$$f'(x) = \frac{1}{2} + 2x \sin \frac{1}{x} - \cos \frac{1}{x}$$

となり, $x$ を 0 に近づけたとき, $\cos \dfrac{1}{x}$ が $+1$ と $-1$ の間を振動するので, 正になったり負になったりして, 増加と減少をひんぱんにくりかえすことになる. この例からもわかるように $f'(a) > 0$ だからといって $a$ の近くでは $f(x)$ が単調に増加するとはかぎらないのである. だから 1 点における $f'(x)$ の符号だけでは判断できない. そこでもっときびしい条件が必要になってくる.

**定理 7.** $f(x)$ は区間 $[a, b]$ のいたるところで微分可能で，しかも，$f'(x) \geqq 0$ ならば $f(a) \leqq f(b)$.

**証明** 背理法による.

$f(a) > f(b)$ と仮定しよう．平均値の定理によって，

$$f'(c) = \frac{f(b)-f(a)}{b-a}$$

となるような $c$ が $a, b$ の間に存在する．ところが $b > a$, $f(a) > f(b)$ であるから

$$f'(c) = \frac{f(b)-f(a)}{b-a} < 0$$

となる．これは $[a, b]$ のいたるところで $f'(x) \geqq 0$ となる，というはじめの仮定に反する．だから $f(a) > f(b)$ はまちがいである．したがって

$$f(a) \leqq f(b).$$

以上の定理において，$f(x)$ の代りに $-f(x)$ を入れかえて考えると，次の定理が成り立つ.

**定理 8**. $f(x)$ は区間 $[a, b]$ のいたるところで微分可能で，しかも $f'(x) \leqq 0$ ならば $f(a) \geqq f(b)$.

**証明** 読者にまかせる.

次にもう少しくわしく考えてみよう.

**定理 9**. $f(x)$ は区間 $[a, b]$ のいたるところで微分可能で，しかも $f'(x) \geqq 0$ であり，少なくとも 1 つの点 $c$ で $f'(c) > 0$ ならば $f(a) < f(b)$.

**証明** 微分の定義によって，

$$\lim_{x \to c} \frac{f(x)-f(c)}{x-c} = f'(c) > 0.$$

したがって，$c$ に十分近い $c'$ に対して

$$\frac{f(c')-f(c)}{c'-c}>0.$$

$c'>c$ ならば

$$f(c')-f(c)>0, \quad f(c')>f(c).$$

前の定理によって，

$$f(a)\leqq f(c), \quad f(c')\leqq f(b).$$

これをつなぐと

$$f(a)\leqq f(c)<f(c')\leqq f(b).$$

したがって，

$$f(a)<f(b).$$

また，$c'<c$ のときは $f(c')<f(c)$ で同じく，

$$f(a)\leqq f(c')<f(c)\leqq f(b)$$

となり，$f(a)<f(b)$ が得られる．

$f(x)$ の代わりに $-f(x)$ を考えると，次の定理が得られる．

**定理 10**. $f(x)$ は区間 $[a,b]$ のいたるところで微分可能で，しかも $f'(x)\leqq 0$ であり，少なくとも 1 つの点 $c$ で $f'(c)<0$ ならば $f(a)>f(b)$ となる．

**証明** 読者にまかせる．

**例 5**. $f(x)=\dfrac{\log x}{x}$ の増減をしらべよ．$(x>0)$．

**解** $f'(x)=\dfrac{\dfrac{1}{x}\cdot x-1\cdot\log x}{x^2}=\dfrac{1-\log x}{x^2}.$

$x<e$ のとき，$\log x<1$ となるから

$$f'(x) = \frac{1-\log x}{x^2} > 0.$$

$x > e$ のとき，$\log x > 1$ となるから

$$f'(x) = \frac{1-\log x}{x^2} < 0.$$

したがって，$\dfrac{\log x}{x}$ は $x < e$ では増加，$x > e$ では減少となる．グラフにかくと図 7-14 のようになる．　（解終）

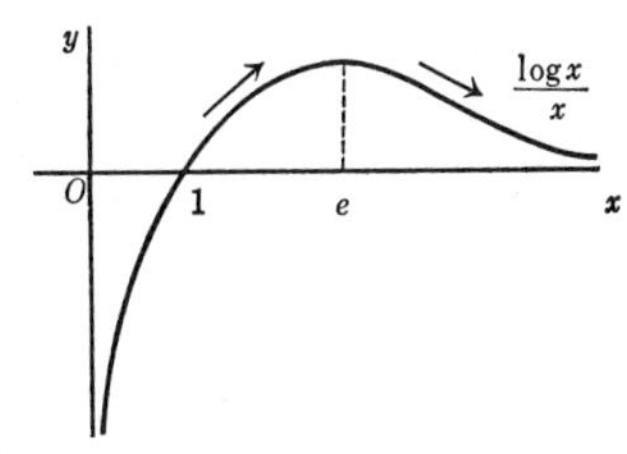


図 7-14

この例を利用して次の問題を解くことができる．

**例 6**．次の方程式の有理数解を求めよ．

$$x^y = y^x \qquad (0 < x < y).$$

**解**　両辺の log をとると，

$$y \log x = x \log y.$$

したがって

$$\frac{\log x}{x} = \frac{\log y}{y}.$$

これは前の例から $x, y$ は $e$ の両側にあることがわかる．

$$x < e < y.$$

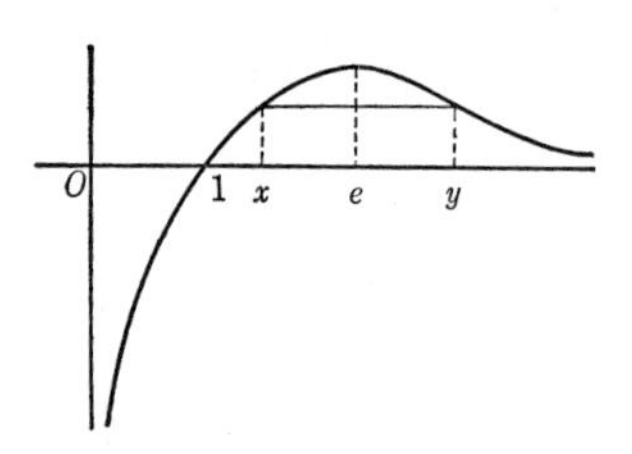


図 7-15

ここで $\dfrac{y}{x}=1+\dfrac{1}{t}$ とおく．$y=x\left(1+\dfrac{1}{t}\right)$ となるから，

$$x^y = y^x$$

に代入すると，

$$x^{x\left(1+\frac{1}{t}\right)}=\left\{x\left(1+\frac{1}{t}\right)\right\}^x,\quad x^x\cdot x^{\frac{x}{t}}=x^x\left(1+\frac{1}{t}\right)^x,$$

$$x^{\frac{x}{t}}=\left(1+\frac{1}{t}\right)^x,\quad x^{\frac{1}{t}}=1+\frac{1}{t}.$$

したがって

$$x=\left(1+\frac{1}{t}\right)^t,$$

$$y=x\left(1+\frac{1}{t}\right)=\left(1+\frac{1}{t}\right)^t\left(1+\frac{1}{t}\right)=\left(1+\frac{1}{t}\right)^{t+1}.$$

つまり

$$\begin{cases} x=\left(1+\dfrac{1}{t}\right)^t, \\ y=\left(1+\dfrac{1}{t}\right)^{t+1} \end{cases}$$

が得られた．ここで $x, y$ がともに有理数なら $\dfrac{y}{x}=1+\dfrac{1}{t}$

も有理数であり，したがって$t$も有理数である．そこで，$t=\dfrac{n}{m}$とおく．ただし，$m, n$はたがいに素な整数である．

$$x=\left(1+\frac{1}{t}\right)^{t}=\left(1+\frac{m}{n}\right)^{\frac{n}{m}}=\left(\frac{n+m}{n}\right)^{\frac{n}{m}}$$

となり，$n+m$と$n$はたがいに素であるから，$x$が有理数であるためには$n+m$と$n$とがある整数の$m$乗でなければならない．

$$n+m=r^{m}. \quad n=s^{m}.$$

$$m=r^{m}-s^{m}=(r-s)\underbrace{(r^{m-1}+r^{m-2}s+\cdots+s^{m-1})}_{m\text{ 項}}.$$

$m>1$ならば

$$r^{m-1}+r^{m-2}s+\cdots+s^{m-1}>m$$

であるから，この等式は成立しない．だから$m=1$．したがって，$t=n$．ゆえに

$$\left\{\begin{array}{l} x=\left(1+\dfrac{1}{n}\right)^{n}, \\ y=\left(1+\dfrac{1}{n}\right)^{n+1} \end{array}\right. \qquad (n=1, 2, 3, \cdots)$$

が最終的な解である．

$$n=1\text{ のとき，}\left\{\begin{array}{l} x=\left(1+\dfrac{1}{1}\right)^{1}=2, \\ y=\left(1+\dfrac{1}{1}\right)^{2}=4. \end{array}\right.$$

$$n=2\text{ のとき，}\begin{cases} x=\left(1+\dfrac{1}{2}\right)^2=\dfrac{9}{4}, \\ y=\left(1+\dfrac{1}{2}\right)^3=\dfrac{27}{8}. \end{cases}$$

## 5. 最大と最小

有限個の数のなかから，最大の数と最小の数をえらび出すことはやさしい．たとえば次のような数の集合があるとする．

$$\{3, 2, -1, 0, 5, -2, 4, 6, -7, 1\}.$$

このなかから最大の数をえらび出すと，6 であるし，最小の数をえらび出すと，それは $-7$ になる．このように有限個の数から最大と最小をえらび出すことは容易である．しかし，無限個の数の集合となると，それはむずかしくなる．だいいち，最大値の存在しないばあいもある．たとえば

$$\left\{\frac{1}{2}, \frac{2}{3}, \frac{3}{4}, \cdots, \frac{n}{n+1}, \cdots\right\}$$

というような集合から最大値をえらび出そうとしても，それは存在しないのである．

また，区間 $[0, 1]$ での関数 $f(x)=x-x^3$ のとる値から最大値をえらび出すことも，ふつうの手段ではむずかしい．

**例 7**. $[0, 1]$ における $f(x)=x-x^3$ の最大値を求めよ．

**解**　$[0, 1]$ は有限の閉空間であり，$f(x)=x-x^3$ は連続関数であるから，最大値定理によって，その区間内に最大

値をとる点が必ず1つは存在する．そのような点はどこにあるだろうか．まず区間の両端点をしらべてみよう．

$$f(0)=0-0^3=0.$$
$$f(1)=1-1^3=0.$$

もし中間の点で最大値をとるとしたら，ロールの定理によって，$f'(x)=0$ となる．

$$f'(x)=1-3x^2=0.$$
$$x=\pm\frac{1}{\sqrt{3}}.$$

$[0,1]$ のなかにあるのは，$x=\dfrac{1}{\sqrt{3}}$ である．

$$f\left(\frac{1}{\sqrt{3}}\right)=\frac{1}{\sqrt{3}}-\left(\frac{1}{\sqrt{3}}\right)^3=\frac{1}{\sqrt{3}}\left(1-\left(\frac{1}{\sqrt{3}}\right)^2\right)$$
$$=\frac{1}{\sqrt{3}}\cdot\frac{2}{3}=\frac{2\sqrt{3}}{9}>0.$$

したがって，$x=\dfrac{1}{\sqrt{3}}$ の点で最大値をとり，その最大値は $\dfrac{2\sqrt{3}}{9}$ である．

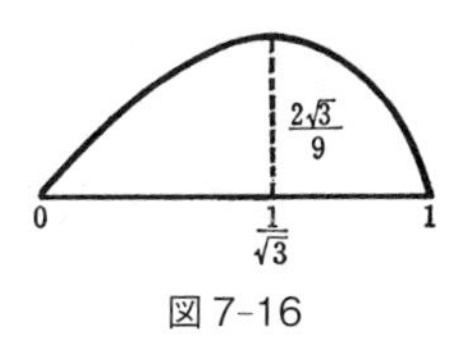

図 7-16

## 6. 極大と極小

区間の中間で最大値もしくは最小値をとるときは，その点での微分係数は0になる．しかし，逆に微分係数が0になったからといって，かならずしも最大値もしくは最小値をとるとはかぎらない．

たとえば $[-1, +1]$ の区間で $f(x) = x^3$ を考えると $f'(x) = 3x^2$ で $f'(0) = 0$ となるが，この点では最大にも最小にもならない．

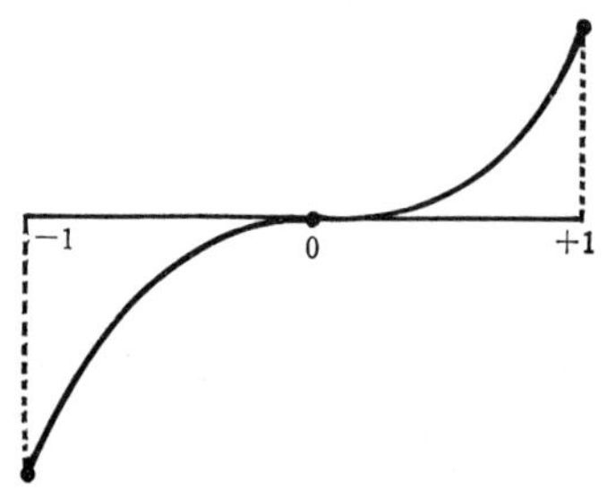


図7-17

つまり，$f'(a) = 0$ は $f(x)$ が区間の中間で最大もしくは最小となるための必要条件ではあるが，十分条件ではないのである．ここである区間のなかで最大もしくは最小となる，ということのかわりに，もう少しゆるやかなばあいを考えてみよう．それは，ある点の「近くで最大」もしくは「近くで最小」ということである．たとえば

$$f(x) = \frac{1}{4}x^4 - \frac{2}{3}x^3 - \frac{3}{2}x^2 + 2$$

という関数を考えてみよう．微分すると，

$$f'(x) = x^3 - 2x^2 - 3x = x(x+1)(x-3)$$

となるから，

$$f'(0)=0,\qquad f'(-1)=0,\qquad f'(3)=0$$

となる．

$$f(0)=2,\qquad f(-1)=\frac{17}{12},\qquad f(3)=-\frac{37}{4}.$$

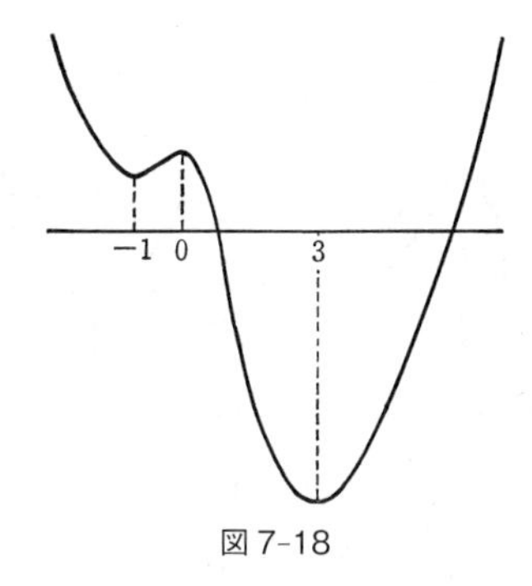


図 7-18

だいたい図 7-18 のような形となる．この図でもわかるように，3 の近くでは最小になり，0 の近くでは最大，−1 の近くでは最小になっている．このように 1 点の近くで最大のときには，その点で極大であるといい，逆に 1 点の近くで最小なら極小であるという．

もし，$\varepsilon$ をある正の数とし $a$ の左側の $(a-\varepsilon, a)$ では

$$f'(x)>0\qquad(a-\varepsilon<x<a).$$

右側の $(a, a+\varepsilon)$ では

$$f'(x)<0\qquad(a<x<a+\varepsilon)$$

となれば $a$ の左側では単調に増加し，右側では単調に減

少するから，$f(x)$ は $a$ で極大となり，逆に左側で

$$f'(x) < 0 \qquad (a-\varepsilon < x < a)$$

であり，右側では

$$f'(x) > 0 \qquad (a < x < a+\varepsilon)$$

ならば $a$ で極小となる．

以上を別の形で要約すると，$f'(x)$ の符号が変化する境目の点で極大もしくは極小となるのである．

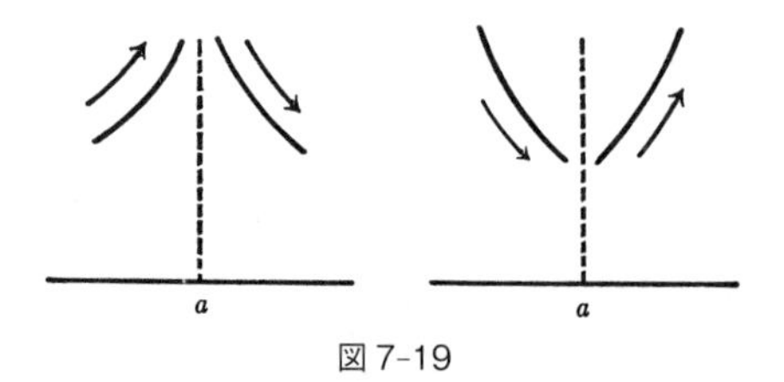


図7-19

例 8．つぎの関数の極大と極小の点を求めよ．

$$f(x) = x^4 - 2x^2.$$

解

$$f'(x) = 4x^3 - 4x,$$

$$f'(x) = 4(x+1)(x-1)x.$$

これは $x = -1, 0, +1$ で 0 となり，$f'(x)$ は図7-20のようなグラフを表わす．したがって $f(x)$ は $-1$ と $+1$ で極小，0 で極大となる．

例 9．表面積が一定な直円柱のなかで，体積が最大となるものを求めよ．

解　底面の円の半径を $r$，高さを $h$ とする．そのとき上下の底面積は合計 $2\pi r^2$ となり，側面積は $2\pi rh$ となる．

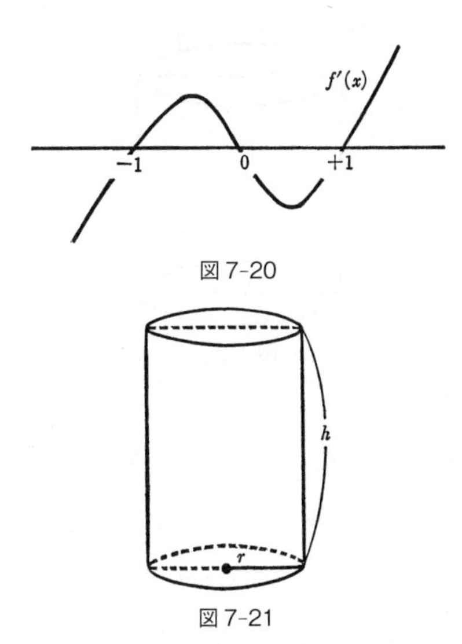


図 7-20

図 7-21

したがって全表面積 $S$ は,

$$S = 2\pi r^2 + 2\pi r h$$

となる．これから $h$ を出すと

$$h = \frac{S}{2\pi r} - r$$

となる．体積 $V$ を $r$ の関数として表わすと,

$$V(r) = \pi r^2 h = \pi r^2 \left( \frac{S}{2\pi r} - r \right) = \frac{Sr}{2} - \pi r^3,$$

$$V'(r) = \frac{S}{2} - 3\pi r^2.$$

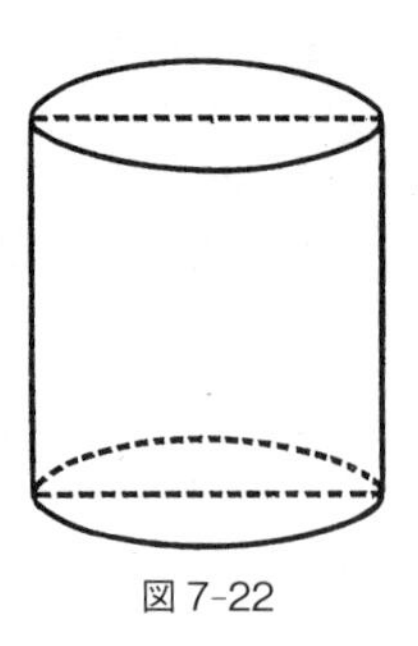

図 7-22

$V'(r)=0$ とおくと $r=\pm\dfrac{\sqrt{S}}{\sqrt{6\pi}}$, ここで正の値のみをとるものとすると, $r=\dfrac{\sqrt{S}}{\sqrt{6\pi}}$.

この点の左側では $V'(r)>0$,

右側では $V'(r)<0$

となる. したがってこの点で極大となる. しかもこのような点は1つしかないから最大となる.

$$h=\frac{S}{2\pi r}-r=\frac{S}{2\pi\cdot\dfrac{\sqrt{S}}{\sqrt{6\pi}}}-\frac{\sqrt{S}}{\sqrt{6\pi}}$$

$$=\left(\frac{\sqrt{6}}{2\sqrt{\pi}}-\frac{1}{\sqrt{6}\sqrt{\pi}}\right)\sqrt{S}=\frac{2\sqrt{S}}{\sqrt{6\pi}}=2r.$$

つまり高さが底面の円の直径に等しいときに最大となる. これは真横からみて正方形になるばあいである. ガスタンクはこの形になっている. それは一定の材料で最大の

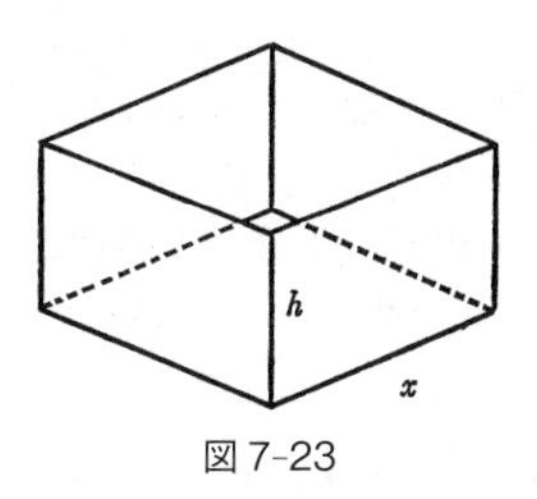


図 7-23

体積を得るためであろう（図 7-22）.

**例 10**. 正方形の底をもつふたなしの箱がある．このとき，底面積と側面積の和を一定にして容積を最大にするにはどうしたらよいか.

**解** 底面の 1 辺を $x$，高さを $h$ とする．底面積と側面積の合計は

$$S = x^2 + 4xh, \qquad h = \frac{S}{4x} - \frac{x}{4}.$$

容積 $V$ は

$$V(x) = x^2 h = x^2\left(\frac{S}{4x} - \frac{x}{4}\right) = \frac{Sx}{4} - \frac{x^3}{4}$$

$$V'(x) = \frac{S}{4} - \frac{3x^2}{4}.$$

$V'(x) = \dfrac{S}{4} - \dfrac{3x^2}{4} = 0$ とおくと $x = \pm\dfrac{\sqrt{S}}{\sqrt{3}}$．問題の意味から $x = \dfrac{\sqrt{S}}{\sqrt{3}}$ となる.

$$h=\frac{S}{4\cdot\dfrac{\sqrt{S}}{\sqrt{3}}}-\frac{\sqrt{S}}{4\sqrt{3}}=\frac{(3-1)\sqrt{S}}{4\sqrt{3}}=\frac{\sqrt{S}}{2\sqrt{3}}.$$

これは $h$ が底面の辺の半分となるばあいである．これは昔の一升マスの寸法になっている．昔の一升マスは $x=5$ 寸，$h=2$ 寸5分であった．これはマスの材料を一定にして，最大の容積を与えるものである．

**練習問題**

(1)　$x>1$ のとき $2x^3+3x^2-12x+7$ は正であることを証明せよ．

(2)　つぎの関数の極大と極小をしらべよ．

$$(x-1)^2(x+2),\qquad 4x^3-18x^2+27x-7.$$

(3)　つぎの関数の極大と極小を求めよ．

$$\frac{x^2-x}{x^2+3x+3},\qquad \frac{x^4}{(x-1)(x-3)^3}.$$

# 第8章　補間法とテイラー展開

## 1. 補間法とはなにか

$y=f(x)$ という関数を完全に定めるには，もちろん，すべての $x$ に対応する $y$ の値を知らねばならない．しかし，$f(x)$ に何らかの条件がつけられているときはごく少ない $x$ に対する $f(x)$ の値を知るだけで $y=f(x)$ は完全に定まる．たとえば，「$f(x)$ は $x$ の1次式である」という条件がついていたら，$x$ の2つの値に対する $y$ の値が定まれば $f(x)$ は完全に定まる．$y$ を $y=\alpha_0 x+\alpha_1$ という1次式であるとし，

$$x=a_1 \quad \text{のとき} \quad y=b_1,$$

$$x=a_2 \quad \text{のとき} \quad y=b_2$$

とする．ただし $a_1$ と $a_2$ は異なる値とする．これから，

$$\begin{cases} \alpha_0 a_1+\alpha_1=b_1, \\ \alpha_0 a_2+\alpha_1=b_2 \end{cases}$$

が得られる．これを $\alpha_0, \alpha_1$ に対する連立方程式であるとみなして解くと

$$\begin{cases} \alpha_0=\dfrac{b_1-b_2}{a_1-a_2}, \\ \alpha_1=\dfrac{a_1 b_2-a_2 b_1}{a_1-a_2} \end{cases}$$

という答が得られるから，最初の関数は

$$y=f(x)=\frac{(b_1-b_2)x+(a_1b_2-a_2b_1)}{a_1-a_2}$$

となって完全に定まる．検算しても確かに答は合う．

$$f(a_1)=\frac{(b_1-b_2)a_1+(a_1b_2-a_2b_1)}{a_1-a_2}=\frac{a_1b_1-a_2b_1}{a_1-a_2}=b_1,$$

$$f(a_2)=\frac{(b_1-b_2)a_2+(a_1b_2-a_2b_1)}{a_1-a_2}=\frac{-a_2b_2+a_1b_2}{a_1-a_2}=b_2.$$

この結果は幾何学的に考えても自明である．「$f(x)$ は $x$ の1次式である」という条件は幾何学的には「$y=f(x)$ のグラフが直線になる」ということを意味する．そして $x$ の2つの値 $a_1, a_2$ に対する $f(x)$ の値 $b_1, b_2$ が定まっているとは，グラフの上ではその直線が点 $(a_1, b_1)$ と点 $(a_2, b_2)$ を通る，ということを意味する．だから，そのような直線は1つあって，しかも1つしかない．

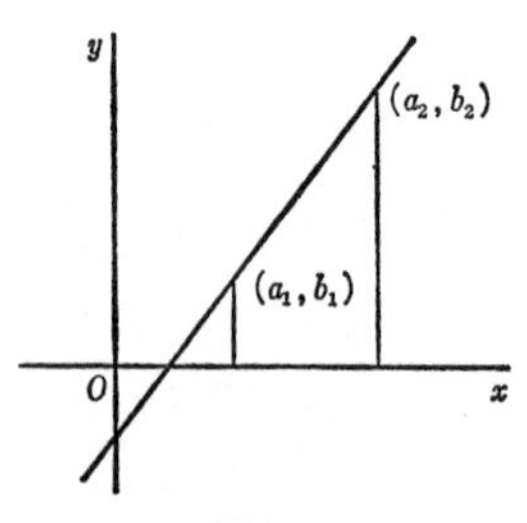


図8-1

つぎに2次式になると，$y=f(x)=\alpha_0x^2+\alpha_1x+\alpha_2$ という形になるから，係数は $\alpha_0, \alpha_1, \alpha_2$ の3個となる．

だから，この3個の係数を決定するには，3個の条件がいる．つまり$x$の3個の値$a_1, a_2, a_3$に対する$y$の値$b_1, b_2, b_3$が定まっておればよい．

$$\begin{cases} f(a_1) = \alpha_0 a_1^2 + \alpha_1 a_1 + \alpha_2 = b_1, \\ f(a_2) = \alpha_0 a_2^2 + \alpha_1 a_2 + \alpha_2 = b_2, \\ f(a_3) = \alpha_0 a_3^2 + \alpha_1 a_3 + \alpha_2 = b_3. \end{cases}$$

これを$\alpha_0, \alpha_1, \alpha_2$を未知数とする3個の連立1次方程式と考えて解けば，$\alpha_0, \alpha_1, \alpha_2$が求められるわけである．クラーメルの公式を利用して$\alpha_0, \alpha_1, \alpha_2$を求めると次のようになる．

$$\alpha_0 = \frac{\begin{vmatrix} b_1 & a_1 & 1 \\ b_2 & a_2 & 1 \\ b_3 & a_3 & 1 \end{vmatrix}}{\begin{vmatrix} a_1^2 & a_1 & 1 \\ a_2^2 & a_2 & 1 \\ a_3^2 & a_3 & 1 \end{vmatrix}}.$$

分母の行列式は

$$\begin{vmatrix} a_1^2 & a_1 & 1 \\ a_2^2 & a_2 & 1 \\ a_3^2 & a_3 & 1 \end{vmatrix} = -(a_1 - a_2)(a_2 - a_3)(a_3 - a_1)$$

となり，分子は

$$\begin{vmatrix} b_1 & a_1 & 1 \\ b_2 & a_2 & 1 \\ b_3 & a_3 & 1 \end{vmatrix} = b_1(a_2-a_3)+b_2(a_3-a_1)+b_3(a_1-a_2)$$

となる．$\alpha_1$ は

$$\alpha_1 = \frac{\begin{vmatrix} a_1^2 & b_1 & 1 \\ a_2^2 & b_2 & 1 \\ a_3^2 & b_3 & 1 \end{vmatrix}}{\begin{vmatrix} a_1^2 & a_1 & 1 \\ a_2^2 & a_2 & 1 \\ a_3^2 & a_3 & 1 \end{vmatrix}}.$$

分母は $\alpha_0$ のそれと同じであるが，分子は

$$\begin{vmatrix} a_1^2 & b_1 & 1 \\ a_2^2 & b_2 & 1 \\ a_3^2 & b_3 & 1 \end{vmatrix} = -b_1(a_2^2-a_3^2)-b_2(a_3^2-a_1^2) \\ -b_3(a_1^2-a_2^2)$$

となる．同じく $\alpha_2$ は分母はやはり同じだが，分子は

$$\begin{vmatrix} a_1^2 & a_1 & b_1 \\ a_2^2 & a_2 & b_2 \\ a_3^2 & a_3 & b_3 \end{vmatrix} = b_1(a_2^2a_3-a_2a_3^2)+b_2(a_3^2a_1-a_3a_1^2) \\ +b_3(a_1^2a_2-a_1a_2^2).$$

こうして求められた $\alpha_0, \alpha_1, \alpha_2$ を代入して

$$f(x) = \alpha_0x^2+\alpha_1x+\alpha_2$$

を最終的に求めると，つぎのようになる．

$$
\begin{aligned}
f(x)&\\
&=\frac{\{b_1(a_2-a_3)+b_2(a_3-a_1)+b_3(a_1-a_2)\}x^2}{-(a_1-a_2)(a_2-a_3)(a_3-a_1)}\\
&\quad-\frac{\{b_1(a_2^2-a_3^2)+b_2(a_3^2-a_1^2)+b_3(a_1^2-a_2^2)\}x}{-(a_1-a_2)(a_2-a_3)(a_3-a_1)}\\
&\quad+\frac{b_1(a_2^2a_3-a_2a_3^2)+b_2(a_3^2a_1-a_3a_1^2)+b_3(a_1^2a_2-a_1a_2^2)}{-(a_1-a_2)(a_2-a_3)(a_3-a_1)}\\
&=\frac{b_1\{(a_2-a_3)x^2-(a_2^2-a_3^2)x+(a_2^2a_3-a_2a_3^2)\}}{-(a_1-a_2)(a_2-a_3)(a_3-a_1)}\\
&\quad+\frac{b_2\{(a_3-a_1)x^2-(a_3^2-a_1^2)x+(a_3^2a_1-a_3a_1^2)\}}{-(a_1-a_2)(a_2-a_3)(a_3-a_1)}\\
&\quad+\frac{b_3\{(a_1-a_2)x^2-(a_1^2-a_2^2)x+(a_1^2a_2-a_1a_2^2)\}}{-(a_1-a_2)(a_2-a_3)(a_3-a_1)}.
\end{aligned}
$$

これで最終的な答である．2次式ではともかく計算できるが，これが一般の $n$ 次式になると，計算が複雑になってむずかしくなる．そこでもっと巧妙な方法が工夫されている．

## 2. ラグランジュの補間公式

$y=f(x)$ が $n$ 次式であるとき，$x$ の $n+1$ 個の値 $a_1$, $a_2, a_3, \cdots, a_{n+1}$ に対する $y$ の $n+1$ 個の値が与えられているものとする．$b_1, b_2, b_3, \cdots, b_{n+1}$.

すなわち，

$$y=f(x)=\alpha_0x^n+\alpha_1x^{n-1}+\cdots+\alpha_n$$

で

$$\begin{cases} f(a_1)=\alpha_0 a_1^n+\alpha_1 a_1^{n-1}+\cdots+\alpha_n=b_1, \\ f(a_2)=\alpha_0 a_2^n+\alpha_1 a_2^{n-1}+\cdots+\alpha_n=b_2, \\ \quad\cdots \\ \quad\cdots \\ f(a_{n+1})=\alpha_0 a_{n+1}^n+\alpha_1 a_{n+1}^{n-1}+\cdots+\alpha_n=b_{n+1} \end{cases}$$

のとき，$f(x)$ を決定する問題である．

定石通りにやろうとすれば上の $n+1$ 個の連立方程式から $n+1$ 個の未知数 $\alpha_0, \alpha_1, \alpha_2, \cdots, \alpha_n$ を求め，それを

$$f(x)=\alpha_0 x^n+\alpha_1 x^{n-1}+\cdots+\alpha_n$$

に代入すれば，$f(x)$ を定めることはできる．しかし，この方法は複雑であるから，もっと簡単な方法が必要になる．それがラグランジュ（Lagrange）の補間公式である．準備として，次のような特殊なばあいを考えてみよう．

**例 1**．$\varphi_1(a_1)=1, \varphi_1(a_2)=0, \varphi_1(a_3)=0, \cdots, \varphi_1(a_{n+1})=0$ となるような $n$ 次の多項式 $\varphi_1(x)$ を求めよ．

**解**　$x=a_1$ のばあいは後で考えることにして，$x=a_2, a_3, \cdots, a_{n+1}$ のとき $0$ となる $n$ 次の多項式 $\varphi_1(x)$ は次のような形をもつ．

$$\varphi_1(x)=c(x-a_2)(x-a_3)\cdots(x-a_{n+1}) \qquad (c \text{ は定数}).$$

ここで $\varphi_1(a_1)=1$ という条件から $c$ を求めると，

$$1=c(a_1-a_2)(a_1-a_3)\cdots(a_1-a_{n+1}).$$

これから

$$c=\frac{1}{(a_1-a_2)(a_1-a_3)\cdots(a_1-a_{n+1})}$$

となる．

したがって

$$\varphi_1(x) = \frac{(x-a_2)(x-a_3)\cdots(x-a_{n+1})}{(a_1-a_2)(a_1-a_3)\cdots(a_1-a_{n+1})}.$$

ここで $\varphi_1(x)$ の形をもう少し対称的な形にかき直してみる．そのために

$$F(x) = (x-a_1)(x-a_2)\cdots(x-a_{n+1})$$

とおく．このような $F(x)$ はもちろん $(n+1)$ 次である．そうすると

$$\varphi_1(x) = \frac{F(x)}{(x-a_1)(a_1-a_2)\cdots(a_1-a_{n+1})}.$$

$F(a_1)=0$ であるから，それを書き加えてみると，

$$\varphi_1(x) = \frac{F(x)-F(a_1)}{(x-a_1)(a_1-a_2)\cdots(a_1-a_{n+1})}.$$

ここで $x$ を $a_1$ に近づけると

$$\lim_{x\to a_1}\frac{F(x)-F(a_1)}{x-a_1} = F'(a_1)$$

となる．したがって，

$$1 = \frac{F'(a_1)}{(a_1-a_2)(a_1-a_3)\cdots(a_1-a_{n+1})}.$$

だから $(a_1-a_2)(a_1-a_3)\cdots(a_1-a_{n+1}) = F'(a_1)$.

だから

$$\varphi_1(x) = \frac{F(x)}{(x-a_1)F'(a_1)}$$

となる．

まったく同じように $\varphi_2(a_2)=1$ で他の点ではすべて0になる $n$ 次の多項式 $\varphi_2(x)$ は

$$\varphi_2(x)=\frac{F(x)}{(x-a_2)F'(a_2)}$$

となる．一般的に $a_i$ （$i=1,2,3,\cdots,n+1$）では1になり，他の点ですべて0になる $n$ 次の多項式 $\varphi_i(x)$ は次のような式で与えられる．

$$\varphi_i(x)=\frac{F(x)}{(x-a_i)F'(a_i)}. \qquad (i=1,2,3,\cdots,n+1)$$

以上の結果をまとめると，次のようになる．

$$\begin{cases} \varphi_1(a_1)=1, & \varphi_2(a_1)=0, & \cdots, & \varphi_{n+1}(a_1)=0, \\ \varphi_1(a_2)=0, & \varphi_2(a_2)=1, & \cdots, & \varphi_{n+1}(a_2)=0, \\ \varphi_1(a_3)=0, & \varphi_2(a_3)=0, & \cdots & \cdots \\ \cdots & \cdots & \cdots & \cdots \\ \varphi_1(a_{n+1})=0, & \varphi_2(a_{n+1})=0, & \cdots, & \varphi_{n+1}(a_{n+1})=1. \end{cases}$$

**定理 1.** （ラグランジュの補間公式）

$f(x)$ は $n$ 次の多項式であって $f(a_1)=b_1, f(a_2)=b_2, \cdots, f(a_{n+1})=b_{n+1}$ となるとき，次の式で表わされる．$F(x)=(x-a_1)(x-a_2)\cdots(x-a_n)$ としたとき，

$$f(x)=\frac{b_1F(x)}{(x-a_1)F'(a_1)}+\frac{b_2F(x)}{(x-a_2)F'(a_2)}+\cdots +\frac{b_{n+1}F(x)}{(x-a_{n+1})F'(a_{n+1})}.$$

**証明** 上のように，$\varphi_1(x), \varphi_2(x), \cdots, \varphi_{n+1}(x)$ から

$$f(x)=b_1\varphi_1(x)+b_2\varphi_2(x)+\cdots+b_{n+1}\varphi_{n+1}(x)$$

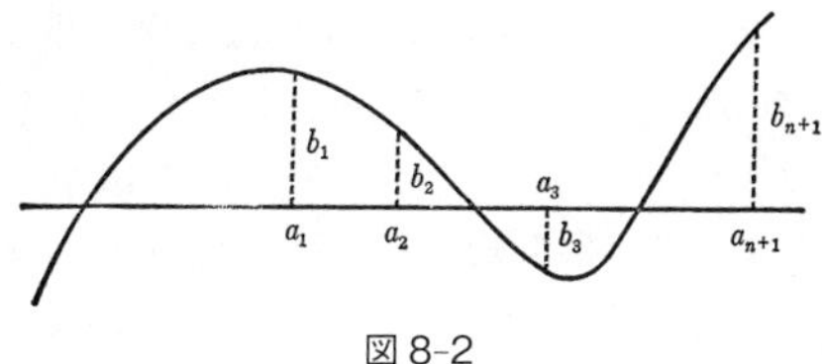


図 8-2

という多項式をつくると，$\varphi_1(x), \varphi_2(x), \cdots, \varphi_{n+1}(x)$ はすべて $n$ 次の多項式であるから $f(x)$ もやはりそうである．そして

$$f(a_1) = b_1\underset{\substack{\downarrow\\1}}{\varphi_1(a_1)} + b_2\underset{\substack{\downarrow\\0}}{\varphi_2(a_1)} + \cdots + b_{n+1}\underset{\substack{\downarrow\\0}}{\varphi_{n+1}(a_1)} = b_1.$$

同じく

$$f(a_2) = b_1\underset{\substack{\downarrow\\0}}{\varphi_1(a_2)} + b_2\underset{\substack{\downarrow\\1}}{\varphi_2(a_2)} + \cdots + b_{n+1}\underset{\substack{\downarrow\\0}}{\varphi_{n+1}(a_2)} = b_2$$

となる．以下まったく同様に

$$f(a_3) = b_3, \quad \cdots, \quad f(a_{n+1}) = b_{n+1}$$

となることがわかる．だから上の $f(x)$ は条件に合う $n$ 次の多項式である．これは，次のようになる．

$$\begin{aligned} f(x) &= b_1\varphi_1(x) + b_2\varphi_2(x) + \cdots + b_{n+1}\varphi_{n+1}(x) \\ &= \frac{b_1F(x)}{(x-a_1)F'(a_1)} + \frac{b_2F(x)}{(x-a_2)F'(a_2)} + \cdots \\ &\quad + \frac{b_{n+1}F(x)}{(x-a_{n+1})F'(a_{n+1})}. \end{aligned}$$

（証明終）

「補間」(interpolation) というのは「間を補(おぎな)う」という意味である．$x$ の $a_1, a_2, \cdots, a_{n+1}$ における値を知ってそのあいだのすべての $x$ に対する $f(x)$ の値がわかるから，結果において「間を補う」ことになるわけである．

2次以下の多項式で $f(a)=1, f(b)=1, f(c)=1$ となる関数を求めてみよう．

3点でいつも1になる2次以下の関数は恒等的に1である．

$$f(x)=1.$$

一方において，補間公式で表わしてみると，

$$\begin{aligned}
f(x) &= \frac{F(x)}{(x-a)F'(a)}+\frac{F(x)}{(x-b)F'(b)}+\frac{F(x)}{(x-c)F'(c)} \\
&= \frac{(x-b)(x-c)}{(a-b)(a-c)}+\frac{(x-c)(x-a)}{(b-c)(b-a)}+\frac{(x-a)(x-b)}{(c-a)(c-b)} \\
&= \frac{x^2-(b+c)x+bc}{(a-b)(a-c)}+\frac{x^2-(c+a)x+ca}{(b-c)(b-a)} \\
&\quad +\frac{x^2-(a+b)x+ab}{(c-a)(c-b)}.
\end{aligned}$$

この式が恒等的に1に等しいためには，$x^2, x$ の係数は0で定数項は1でなければならない．

$$\frac{1}{(a-b)(c-a)}+\frac{1}{(b-c)(a-b)}+\frac{1}{(c-a)(b-c)}=0.$$

$$\frac{b+c}{(a-b)(c-a)}+\frac{c+a}{(b-c)(a-b)}+\frac{a+b}{(c-a)(b-c)}=0.$$

$$\frac{bc}{(a-b)(c-a)}+\frac{ca}{(b-c)(a-b)}+\frac{ab}{(c-a)(b-c)}=-1.$$

これは古くからオイラーの公式とよばれている．この公式は練習問題によくでてくる．

**問**　補間公式を利用して次の式を計算せよ．

(1)　$$\frac{a}{(a-b)(c-a)}+\frac{b}{(b-c)(a-b)}+\frac{c}{(c-a)(b-c)}.$$

(2)　$$\frac{a^2}{(a-b)(c-a)}+\frac{b^2}{(b-c)(a-b)}+\frac{c^2}{(c-a)(b-c)}.$$

**練習問題**

(1)　次のような 2 次の関数 $f(x)$ を求めよ．

$$f(-1)=2,\quad f(0)=1,\quad f(1)=3.$$

(2)　次のような 3 次の関数 $f(x)$ を求めよ．

$$f(-3)=2,\quad f(-1)=-1,\quad f(1)=2,\quad f(2)=-2.$$

(3)　次のような 3 次の関数 $g(x)$ を求めよ．

$$g(0)=0,\quad g(1)=3,\quad g(3)=-2,\quad g(4)=3.$$

## 3. 階差

ラグランジュの補間公式における $a_1, a_2, \cdots, a_{n+1}$ は別に等間隔にならんでいる必要はない．ところが $a_1, a_2, \cdots, a_{n+1}$ が $h$ という間隔でならんでいるときは別の公式が成り立つ．

$$\begin{cases} a_2=a_1+h, \\ a_3=a_1+2h, \\ \cdots \\ a_{n+1}=a_1+nh. \end{cases}$$

それがニュートンの補間公式である．

その準備としては階差についてのべておこう．$f(x)$ という関数から，一定の $h$ によってつくられた

$$g(x)=f(x+h)-f(x)$$

を $f(x)$ の階差であるといい

$$g(x)=\Delta f(x)$$

で表わす．$\Delta$ を引きつづいて2回ほどこすことを $\Delta^2$ で表わすことにすると

$$\begin{aligned}\Delta^2 f(x)&=\Delta(\Delta f(x))=\Delta(f(x+h)-f(x))\\&=\Delta f(x+h)-\Delta f(x)\\&=(f(x+h+h)-f(x+h))-(f(x+h)-f(x))\\&=f(x+2h)-2f(x+h)+f(x).\end{aligned}$$

一般に $\Delta$ を引きつづいて $n$ 回ほどこすことを $\Delta^n$ で表わす．

$$\Delta^n f(x)=\Delta(\Delta^{n-1}f(x)).$$

**問**　$\Delta^3 f(x)$ を計算せよ．

がんらい階差は微分とよく似た演算である．$f(x)$ を微分するにはまず階差をつくる．

$$f(x+h)-f(x).$$

それを $h$ で割り

$$\frac{f(x+h)-f(x)}{h}.$$

そして $h\to 0$ として，極限をとる．

$$\lim_{h\to 0}\frac{f(x+h)-f(x)}{h}.$$

だから最後の $\lim_{h\to 0}$ を行なわないで，$h$ を一定のままとめておいたのが階差であるともいえる．

そういうわけで階差と微分とのあいだには多くの類似性があることを念頭においてもらいたい．階差という計算はいろいろのばあいに利用される．たとえばある都市の年ごとの人口の変化をしらべるには，まず各年度における人口の数をかきならべる．それを次のように表わす．ただし $f(k)$ は $k$ 年度の人口である．

$$f(0),\ f(1),\ f(2),\ f(3),\cdots,f(n-1),\ f(n).$$

ここで，1年ごとの人口の変化をみるには，となりどうしの差をつくってみればよい．そのときは $h=1$ のときの階差である．

$$\begin{array}{cccccc} f(0) \quad f(1) & f(2) & f(3) & \cdots & f(n-1) & f(n). \\ \Delta f(0) & \Delta f(1) & \Delta f(2) & \cdots\ \cdots & \Delta f(n-1) & \end{array}$$

さらに進んで，変化量の変化までみたければ $\Delta f(k)$ の階差をつくってみればよい．

このような階差をつぎつぎにつくっていくと，変化のこまかいニュアンスまで追跡することができる．そのようにしてつぎつぎに階差をつくってみよう．

こうして三角形の図式（図8-3）ができる．この図式で左の方にならんでいる $f(0), \Delta f(0), \Delta^2 f(0), \cdots, \Delta^n f(0)$ という数を知って，右上の $f(n)$ を求めることはできるは

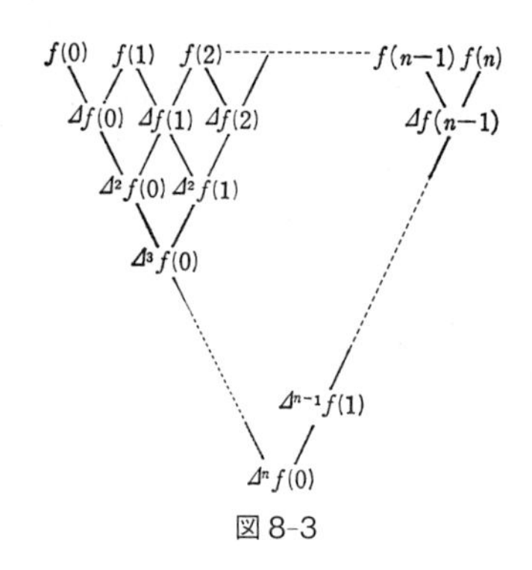

図 8-3

ずである．なぜなら，図 8-4 の図式で，$A$, $B$ がわかっていたら $C$ は

$$C = B - A$$

となっているから

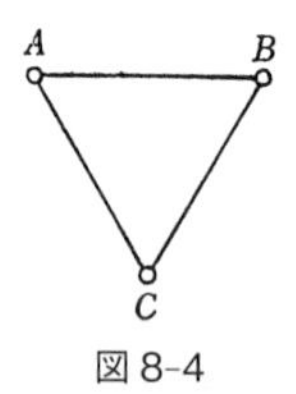

図 8-4

$$B = A + C$$

であり，$A$ と $C$ を知っていたら右上の $B$ は $A$ と $C$ を加えれば求めることができるはずである．だから左方の斜線上の $f(0)$, $\Delta f(0)$, $\Delta^2 f(0)$, …, $\Delta^n f(0)$ がわかっておればつぎの斜線上の $f(1)$, $\Delta f(1)$, …, $\Delta^{n-1} f(1)$ も求められ，

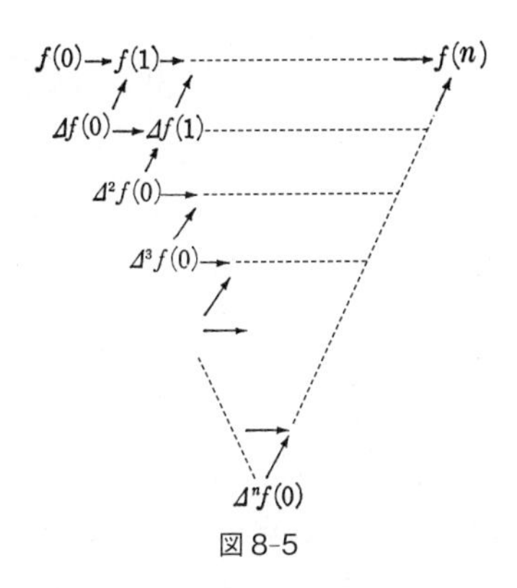


図 8-5

つぎつぎに計算できて，最後にいちばん右上にある $f(n)$ が計算できるはずである．それでは $f(n)$ は具体的にはどのような式で表わされるかを考えてみよう．

図 8-5 の三角形の図式で加えていく方向は次の 2 つの矢線で表わされる．

$$\longrightarrow \quad \nearrow$$

左方の $f(0), \Delta f(0), \cdots$ はこの 2 つの道を $n$ 回だけ通って $f(n)$ に到達する．そのとき $\Delta^m f(0)$ は $\nearrow$ を $m$ 回だけ，$\longrightarrow$ を $(n-m)$ 回通って $f(n)$ に到達する．その道の種類の数は $\binom{n}{m}$ となるはずである．だから $f(n)$ には $\Delta^m f(0)$ が $\binom{n}{m}$ 個だけ集まってくる勘定になる．

したがって $f(n)$ は全部で

$$f(n)=f(0)+\binom{n}{1}\Delta f(0)+\binom{n}{2}\Delta^2 f(0)+\cdots+\binom{n}{n}\Delta^n f(0)$$

となる.

この結果をもっと見通しよくしたかったら記号的な方法を利用するとよい. $f(x)$ を $f(x+h)$ に変える操作を $T_h$ で表わす.

$$f(x+h)=T_h f(x).$$

同じく $T_{h'}$ は

$$f(x+h')=T_{h'} f(x)$$

であるからこの2つを引き続いてほどこした結果は

$$T_{h'}T_h f(x)=T_{h'} f(x+h)=f(x+h+h'),$$

$$T_{h+h'} f(x)=f(x+h+h'),$$

$$T_{h'+h} f(x)=T_{h'}T_h f(x).$$

だから $T_{h'}T_h$ は $T_{h'+h}$ と同じ手続きになる. 一方において

$$f(x+h)-f(x)=\Delta f(x).$$

だから

$$f(x+h)=f(x)+\Delta f(x),$$

$$T_h f(x)=(1+\Delta)f(x),$$

$$T_{nh} f(x)=(T_h)^n f(x)=(1+\Delta)^n f(x).$$

2項定理で展開すると

$$T_{nh} f(x)=\left\{1+\binom{n}{1}\Delta+\binom{n}{2}\Delta^2+\cdots+\binom{n}{n}\Delta^n\right\}f(x).$$

これをふつうの形に直すと

$$f(x+nh) = f(x) + \binom{n}{1}\Delta f(x) + \binom{n}{2}\Delta^2 f(x) + \cdots$$

$$+ \binom{n}{n}\Delta^n f(x).$$

とくに $x=0$, $h=1$ とすれば上の式になることがわかる.

## 4. $\boldsymbol{\Delta x \to 0}$ のばあい

$$f(x+nh) = f(x) + \binom{n}{1}\Delta f(x) + \binom{n}{2}\Delta^2 f(x) + \cdots$$

$$+ \binom{n}{n}\Delta^n f(x)$$

で, $nh$ を一定にして $n$ をしだいに大きくしてみよう. ここで $nh$ の代りに $h'$ とすると $h = \dfrac{h'}{n}$ となる.

一般の項 $\binom{n}{m}\Delta^m f(x)$ はそのとき, どのような値になるかをみよう.

$$\binom{n}{m}\Delta^m f(x)$$

$$= \frac{n!}{m!(n-m)!}\Delta^m f(x)$$

$$= \frac{n(n-1)\cdots(n-m+1)}{m!}\Delta^m f(x)$$

$$= \frac{\frac{h'}{h}\left(\frac{h'}{h}-1\right)\cdots\left(\frac{h'}{h}-m+1\right)}{m!}\Delta^m f(x)$$

$$= \frac{h'(h'-h)(h'-2h)\cdots(h'-(m-1)h)}{m!}\cdot\frac{\Delta^m f(x)}{h^m}.$$

ここで，$n$ を限りなく大きくしていくと，$h$ は 0 に近づくから

$$h'(h'-h)(h'-2h)\cdots(h'-(m-1)h) \to h'^m$$

となり

$$\frac{\Delta f(x)}{h} = \frac{f(x+h)-f(x)}{h} \to f'(x),$$

$$\frac{\Delta^2 f(x)}{h^2} = \frac{\Delta\left(\frac{\Delta f(x)}{h}\right)}{h} \to f''(x),$$

$$\cdots$$

$$\frac{\Delta^m f(x)}{h^m} \to f^{(m)}(x)$$

となるらしいと見当がつく．したがって，

$$f(x+h') = f(x)+h'f'(x)+\frac{h'^2}{2!}f''(x)+\cdots$$
$$+\frac{h'^m}{m!}f^{(m)}(x)+\cdots$$

という等式が成立することが予想できる．

これは結局，等間隔の点における関数の値を知って，関数の形を求める補間公式で，その間隔を 0 に近づけたときの極限のばあいである．しかし，この等式はいまのとこ

ろ，まだ厳密に証明されたわけではない．なぜならこれまでの推論には多くのそまつな点があったからである．

以上の推論は厳密ではないが，結論を早く予見するのにはすぐれた方法である．そういう目的だったら次のような方法を使ってもよい．

まず $f(x)$ を $x$ の多項式としよう．$x$ の代りに $x+h$ を代入して $f(x+h)$ を計算してみよう．このとき $f(x+h)$ を $h$ についての多項式と考えるとやはり $n$ 次になる．

$$f(x+h) = a_0 + a_1 h + a_2 h^2 + \cdots + a_n h^n.$$

ここで係数の $a_0, a_1, a_2, \cdots, a_n$ は $x$ のある関数である．この $a_0, a_1, \cdots, a_n$ を求めてみよう．まず $a_0$ から求めることにしよう．そのためには，$h=0$ とおけばよい．

$$f(x+0) = a_0 + a_1 \cdot 0 + a_2 \cdot 0^2 + \cdots + a_n \cdot 0^n,$$

$$f(x) = a_0.$$

次に $a_1$ を求めるには両辺を $h$ で 1 回微分してみる．

$$f'(x+h) = a_1 + a_2 \cdot 2h + \cdots + a_n \cdot nh^{n-1}.$$

ここで $h=0$ とおくと $f'(x)=a_1$．同様に 2 回微分して $h=0$ とおくと

$$f''(x) = 2a_2 \qquad a_2 = \frac{f''(x)}{2}.$$

3 回微分して $h=0$ とおくと

$$f'''(x) = 2 \cdot 3 a_3 \qquad a_3 = \frac{f'''(x)}{2 \cdot 3} = \frac{f'''(x)}{3!}.$$

$$\cdots\cdots.$$

$n$ 回微分して $h=0$ とおくと

$$f^{(n)}(x) = n!a_n \qquad a_n = \frac{f^{(n)}(x)}{n!}.$$

したがって，これらを代入すると

$$f(x+h) = f(x)+hf'(x)+\frac{h^2}{2!}f''(x)+\cdots+\frac{h^n}{n!}f^{(n)}(x).$$

しかしこの計算は $f(x)$ が $x$ の多項式であるという仮定のもとで正しいのであって，$f(x)$ が $x$ の多項式でないときにもそのまま成り立つかどうか疑わしい．そこでこの式の証明のためには別の方法を使う．それは前にのべた

最大値定理 $\longrightarrow$ ロールの定理 $\longrightarrow$ 平均値の定理

といういき方である．

平均値の定理は

$$\frac{f(x+h)-f(x)}{h} = f'(x+\theta h) \qquad (0<\theta<1)$$

であった．これを変形すると

$$f(x+h) = f(x)+hf'(x+\theta h)$$

となり，テイラーの展開とよく似ている．ただ最後の項が少しちがっている．

ここでもし

$$f(x+h)=f(x)+hf'(x)+\frac{h^2}{2!}f''(x)+\cdots+\frac{h^n}{n!}f^{(n)}(x+\theta h)$$

という形にでもなってくればはなはだ有望である．

証明．

そこで，次のように工夫する．それは $x+h$ を動かさな

いことにして，これを $x+h=b$ とおき，$h$ を動かす．そうすると $x=b-h$ である．ここで

$$f(b)-f(b-h)-hf'(b-h)-\cdots-\frac{h^{n-1}}{(n-1)!}f^{(n-1)}(b-h)$$

$$=\varphi(h)$$

とおく．$\varphi(h)$ を $h$ について微分してみよう．一般項

$$-\frac{h^m}{m!}f^{(m)}(b-h)$$

を微分すると

$$-\frac{mh^{m-1}}{m!}f^{(m)}(b-h)+\frac{h^m}{m!}f^{(m+1)}(b-h)$$

$$=-\frac{h^{m-1}}{(m-1)!}f^{(m)}(b-h)+\frac{h^m}{m!}f^{(m+1)}(b-h)$$

となる．各項を微分して加えると

$$\begin{aligned}\varphi'(h) = f'(b-h)& \\ &-f'(b-h)+hf''(b-h) \\ &-hf''(b-h)+\frac{h^2}{2!}f'''(b-h) \\ &\cdots \\ &-\frac{h^{n-2}}{(n-2)!}f^{(n-1)}(b-h)+\frac{h^{n-1}}{(n-1)!}f^{(n)}(b-h) \\ = \frac{h^{n-1}}{(n-1)!}f^{(n)}(b-h).&\end{aligned}$$

一方

$$\varphi(h)=\varphi(0)+h\varphi'(0+\theta h) \qquad (0<\theta<1)$$

となる．この $\varphi(h)$ にもとの式を代入すると，$\varphi(0)=0$ で

あるから

$$f(x+h)-f(x)-hf'(x)-\cdots-\frac{h^{n-1}}{(n-1)!}f^{(n-1)}(x)$$

$$=0+h\frac{(\theta h)^{n-1}}{(n-1)!}f^{(n)}(x+h-\theta h)$$

$$=\frac{h^n\theta^{n-1}}{(n-1)!}f^{(n)}(x+(1-\theta)h).$$

この最後の項

$$\frac{h^n\theta^{n-1}}{(n-1)!}f^{(n)}(x+(1-\theta)h)$$

をコーシーの剰余公式という．$0<\theta<1$ であるから $1-\theta=\theta'$ とおくと，やはり $0<\theta'<1$ となり

$$\frac{h^n(1-\theta')^{n-1}}{(n-1)!}f^{(n)}(x+\theta'h)$$

と書きかえることもできる．この剰余に対してはいろいろの形式を与えることができる．第7章定理6の結果を利用してみよう．

それによると，

有限閉区間 $[a,b]$ で2つの関数 $f(x), g(x)$ は連続で，その間で微分可能であり，$g(a)\neq g(b)$ とする．このとき，

$$\frac{f'(c)}{g'(c)}=\frac{f(b)-f(a)}{g(b)-g(a)}$$

となるような $c$ が，$[a,b]$ のなかに存在する．

（これをコーシーの定理という）

ここで $f(x)$ の代りに $\varphi(h)$，$g(x)$ の代りに $h^p$ とおくと

$$\frac{\varphi(h)-\varphi(0)}{h^p-0^p}=\frac{\varphi'(\theta h)}{p(\theta h)^{p-1}} \qquad (0<\theta<1)$$

となるような $\theta$ が存在することになる．$\varphi(0)=0$ であるから

$$\frac{\varphi(h)}{h^p}=\frac{\varphi'(\theta h)}{p(\theta h)^{p-1}}=\frac{\dfrac{(\theta h)^{n-1}}{(n-1)!}f^{(n)}(x+(1-\theta)h)}{p(\theta h)^{p-1}}$$

が得られる．したがって

$$\varphi(h)=\frac{h^n\theta^{n-p}f^{(n)}(x+(1-\theta)h)}{(n-1)!\,p}$$

となる．ここで $1-\theta=\theta'$ とおきかえると，次のようにもかける．

$$\varphi(h)=\frac{h^n(1-\theta')^{n-p}f^{(n)}(x+\theta' h)}{(n-1)!\,p}.$$

これはロッシ（Roche）の剰余公式ともいわれている．ここで $p=1$ とおけば前にのべたコーシーの剰余公式になるし，$p=n$ とおけば

$$\varphi(h)=\frac{h^n f^{(n)}(x+\theta' h)}{n!}$$

となる．これらの結果をまとめると，次のようになる．

$$f(x+h)=f(x)+hf'(x)+\cdots+\frac{h^{n-1}}{(n-1)!}f^{(n-1)}(x)$$

$$+\frac{h^n(1-\theta)^{n-p}f^{(n)}(x+\theta h)}{(n-1)!\,p}.$$

ここで$\theta$は$0<\theta<1$となるある実数である．$p=1$のときは

$$f(x+h)=f(x)+hf'(x)+\cdots+\frac{h^{n-1}}{(n-1)!}f^{(n-1)}(x)$$

$$+\frac{h^n(1-\theta)^{n-1}}{(n-1)!}f^{(n)}(x+\theta h).$$

$p=n$のときは

$$f(x+h)=f(x)+hf'(x)+\cdots+\frac{h^n}{n!}f^{(n)}(x+\theta h).$$

（これをラグランジュの剰余公式という）

これらの剰余が$n\to+\infty$に対してしだいに0になることがわかったら，テイラーの展開式が得られる．すなわち

$$f(x+h)=f(x)+hf'(x)+\cdots+\frac{h^n}{n!}f^{(n)}(x)+\cdots$$

$$=\sum_{n=0}^{\infty}\frac{h^n}{n!}f^{(n)}(x)$$

が成立することがわかる．ここで文字をかえて$x$の代りに$a$，$h$の代りに$x$とすると，

$$f(a+x)=f(a)+xf'(a)+\cdots+\frac{x^n}{n!}f^{(n)}(a)+\cdots.$$

とくに$a=0$のときは

$$f(x)=f(0)+xf'(0)+\frac{x^2}{2!}f''(0)+\cdots+\frac{x^n}{n!}f^{(n)}(0)+\cdots.$$

これがいわゆるマクローリン（Maclaurin）の級数である．

## 5. 二，三の実例

これをまず $f(x)=e^x$ に適用してみよう．$n$ 回微分すると

$$f^{(n)}(x)=e^x$$

となる．ところで $e^x$ は単調増加であるから

$$e^{a+\theta x}<e^{a+x}.$$

ここでラグランジュの剰余公式は

$$\frac{x^n}{n!}f^{(n)}(a+\theta x)=\frac{x^n e^{a+\theta x}}{n!}<\frac{x^n e^{a+x}}{n!}.$$

ここで，$x<m$ となる整数を $m$ とすると

$$\begin{aligned}&\frac{x^n}{n!}f^{(n)}(a+\theta x)\\&\quad<\frac{x^m}{(m-1)!}\cdot\underbrace{\frac{x}{m}\cdot\frac{x}{m+1}\cdots\frac{x}{n}}_{n-m}\cdot e^{a+x}\\&\quad<\frac{x^m}{(m-1)!}\cdot\left(\frac{x}{m}\right)^{n-m}\cdot e^{a+x}.\end{aligned}$$

ここで $n\to+\infty$ とすると，この項は $0$ に近づく．したがって，この剰余は $0$ に近づく．$x=0$ とおき，$a$ の代りに $x$ とおくと

$$e^x = 1 + \frac{x}{1!} + \frac{x^2}{2!} + \cdots + \frac{x^n}{n!} + \cdots.$$

とくに $0! = 1$ とすると

$$e^x = \sum_{n=0}^{\infty} \frac{x^n}{n!}.$$

また $f(x) = \cos x$ に適用してみよう．このとき，

$$f'(x) = -\sin x = \cos\left(x + \frac{\pi}{2}\right),$$

$$f''(x) = -\cos x = \cos(x + \pi),$$

$$f'''(x) = \sin x = \cos\left(x + \frac{3\pi}{2}\right),$$

$$f''''(x) = \cos x = \cos\left(x + \frac{4\pi}{2}\right),$$

$$\cdots\cdots.$$

一般に

$$f^{(n)}(x) = \cos\left(x + \frac{n\pi}{2}\right).$$

$$\left|\frac{x^n}{n!} f^{(n)}(\theta x)\right| \leqq \frac{|x|^n}{n!} |f^{(n)}(\theta x)|.$$

しかるに

$$|f^{(n)}(\theta x)| \leqq 1, \quad \frac{x^n}{n!} f^{(n)}(\theta x) \leqq \frac{|x|^n}{n!}.$$

ここで前と同じく

$$\lim_{n \to +\infty} \frac{|x|^n}{n!} = 0.$$

したがって，$\cos x$ はテイラー級数に展開できる．$a = 0$

とすると

$$f(0)=1,\quad f'(0)=0,\quad f''(0)=-1,$$
$$f'''(0)=0,\quad f''''(0)=1.$$

したがって，

$$f^{(2m+1)}(0)=0,$$
$$f^{(2m)}(0)=(-1)^m$$

となるから

$$\cos x = 1-\frac{x^2}{2!}+\frac{x^4}{4!}-\frac{x^6}{6!}+\frac{x^8}{8!}-\cdots.$$

同じように，$\sin x$ も次のように展開できる．

$$\sin x = \frac{x}{1!}-\frac{x^3}{3!}+\frac{x^5}{5!}-\frac{x^7}{7!}\cdots.$$

これらの展開を利用すると

$$\begin{aligned} e^{ix} &= 1+\frac{ix}{1!}+\frac{(ix)^2}{2!}+\frac{(ix)^3}{3!}+\frac{(ix)^4}{4!}+\frac{(ix)^5}{5!}+\cdots \\ &= 1+\frac{ix}{1!}-\frac{x^2}{2!}-\frac{ix^3}{3!}+\frac{x^4}{4!}+\frac{ix^5}{5!}-\frac{x^6}{6!}+\cdots \\ &= \left(1-\frac{x^2}{2!}+\frac{x^4}{4!}-\frac{x^6}{6!}+\cdots\right) \\ &\quad +i\left(\frac{x}{1!}-\frac{x^3}{3!}+\frac{x^5}{5!}-\frac{x^7}{7!}+\cdots\right) \\ &= \cos x + i\sin x. \end{aligned}$$

すなわち，オイラーの公式（第6章第2節）が得られる．

$$e^{ix}=\cos x+i\sin x.$$

次に $f(x)=\log(1+x)$ に適用してみよう．

$$f'(x) = \frac{1}{1+x}, \qquad f'(0) = 1.$$
$$f''(x) = -\frac{1}{(1+x)^2}, \qquad f''(0) = -1.$$
$$f'''(x) = \frac{2}{(1+x)^3}, \qquad f'''(0) = 2.$$
$$\cdots \qquad \cdots$$
$$f^{(n)}(x)=\frac{(-1)^{n-1}(n-1)!}{(1+x)^n}, \quad f^{(n)}(0)=(-1)^{n-1}(n-1)!.$$

ここで，コーシーの剰余公式を適用すると

$$\left|\frac{x^n(1-\theta)^{n-1}}{(n-1)!}f^{(n)}(\theta x)\right|=\left|\frac{x^n(1-\theta)^{n-1}(-1)^{n-1}(n-1)!}{(n-1)!(1+\theta x)^n}\right|$$
$$=\left(\frac{1-\theta}{1+\theta x}\right)^{n-1}\cdot\frac{|x|^n}{(1+\theta x)}.$$

$|x|<1$ のときは

$$\left|\frac{1-\theta}{1+\theta x}\right|<1$$

であるから

$$\frac{x^n(1-\theta)^{n-1}}{(n-1)!}f^{(n)}(\theta x)<|x|^n.$$

したがって $n\to+\infty$ のとき $0$ に近づく．したがって，$|x|<1$ のとき

$$\log(1+x)=x-\frac{x^2}{2}+\frac{x^3}{3}-\cdots+(-1)^{n-1}\cdot\frac{x^n}{n}+\cdots.$$

ここで $x$ の代りに $-x$ とおきかえると

$$\log(1-x)=-x-\frac{x^2}{2}-\cdots-\frac{x^n}{n}-\cdots$$

となる．2つの公式を辺々減ずれば

$$\log(1+x)-\log(1-x)=2\left(x+\frac{x^3}{3}+\frac{x^5}{5}+\cdots\right),$$

$$\log\frac{1+x}{1-x}=2\left(x+\frac{x^3}{3}+\frac{x^5}{5}+\cdots\right).$$

$-1<x<1$ に対して $\dfrac{1+x}{1-x}$ は0から $+\infty$ までのすべての値をとる．これを $t$ とおく．

$$\frac{1+x}{1-x}=t,\quad 1+x=t(1-x)=t-tx,\quad x=\frac{t-1}{t+1}.$$

これを上の式に代入すると

$$\log t=2\left\{\left(\frac{t-1}{t+1}\right)+\frac{1}{3}\left(\frac{t-1}{t+1}\right)^3+\frac{1}{5}\left(\frac{t-1}{t+1}\right)^5+\cdots\right\}$$

という式が得られる．この式によって，$t$ の対数を計算することができるのである．

## 6. テイラー級数の意義

上にのべたようにテイラーの展開公式を用いると $e^x$ のような関数が

$$e^x=1+\frac{x}{1!}+\frac{x^2}{2!}+\cdots+\frac{x^n}{n!}+\cdots$$

という形に展開できる．右辺の級数はいわゆる整関数であるから，$x$ から $+,-,\times,\div$ と $\lim\limits_{n\to+\infty}$ の演算で計算できる．しかも $x$ が十分に小さいとき，第1項は1であり，第2項は $\dfrac{x}{1!}$ で大きさの程度は $x$ と同じくらいであるが，第3項は$x^2$と同じ程度で第2項とは比較にならぬぐらい小さい．第4項以下はさらに小さくなる．だから$x$の程度までみるとすると，$e^x$は$1+\frac{x}{1!}$とほぼ近くなる．同じように$x^2$の程度まで問題にすると，$e^x$は$1+\frac{x}{1!}+\frac{x^2}{2!}$に近くなる．同じように$x^n$まで問題にすると，$1+\frac{x}{1!}+\frac{x^2}{2!}+\cdots+\frac{x^n}{n!}$に近くなる．

$e^x \quad 1$　　（第0次近似）

$e^x \quad 1+\frac{x}{1!}$　　（第1次近似）

$e^x \quad 1+\frac{x}{1!}+\frac{x^2}{2!}$　　（第2次近似）

$\cdots$

$e^x \quad 1+\frac{x}{1!}+\frac{x^2}{2!}+\cdots+\frac{x^n}{n!}$　　（第$n$次近似）

$\cdots$

このように右辺のような級数は$x$が十分に小さいときには，大きさの程度の順に整然とならんでいるわけである．下にいくにしたがって近似の程度はよくなっていく．さらに三角関数

$$\cos x = 1-\frac{x^2}{2!}+\frac{x^4}{4!}-\frac{x^6}{6!}+\cdots,$$

$$\sin x = \frac{x}{1!}-\frac{x^3}{3!}+\frac{x^5}{5!}-\frac{x^7}{7!}+\cdots$$

のような展開になると，いっそう驚異的である．

もともと，$\cos x$や$\sin x$は図8-6のように幾何学のなかから生まれてきた関数である．それが右辺のように表わ

されているのをみると，$x$ から加減乗除と lim の計算だけで算出できることがわかるのである．

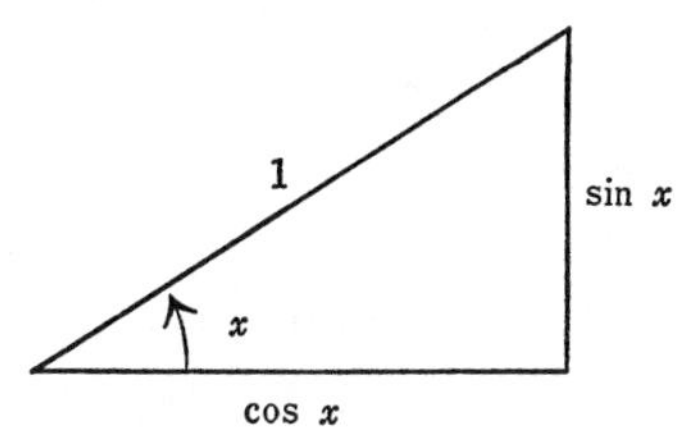


図 8-6

もうひとつテイラー展開について注意しておかねばならないことがある．

$$f(a+x)=f(a)+xf'(a)+\frac{x^2}{2!}f''(a)+\cdots+\frac{x^n}{n!}f^{(n)}(a)+\cdots$$

という式で右辺の係数となっている

$$f(a),\ f'(a),\ f''(a),\ \cdots,\ f^{(n)}(a),\ \cdots$$

は $a$ の近くにおける $f(x)$ の値を知れば，すべて計算できるはずのものである．たとえば $a$ のまわりに $\frac{1}{10000}$ の区間をとって，その中の $x$，つまり

$$a-\frac{1}{10000}<x<a+\frac{1}{10000}$$

に対する $f(x)$ の値がわかれば $f'(a)$ は計算できる．なぜなら，

$$f'(a)=\lim_{h\to 0}\frac{f(a+h)-f(a)}{h}$$

であるから $h$ を $\frac{1}{10000}$ より小さくとれば値の計算はで

きるからである．

$$f''(a),\ f'''(a),\ \cdots,\ f^{(n)}(a),\ \cdots$$

についても同じことが言える．

つまりテイラーの展開公式は，$a$ の十分近くの点における関数の値を知って，それをより広い領域の点に拡げる役割りを果たしているものである，ということができる．

換言すれば無限小の範囲の関数の変化のありさまを限りなく精密に知ることによって関数全体の変化のありさまを知る手段を与えるのが，テイラーの展開であるとも言えよう．

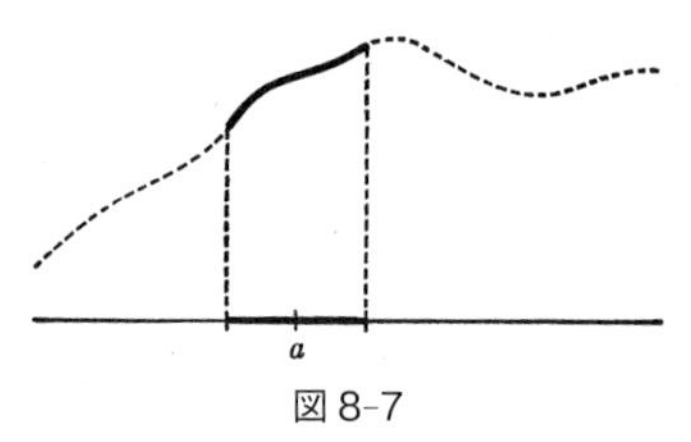


図 8-7

**例 2**．$f(x)$ は $x \neq 0$ のときは，$f(x) = e^{-\frac{1}{x^2}}$，$x = 0$ のときは，$f(0) = 0$ なる関数とする．そのとき，$f^{(n)}(0) = 0$ （$n = 1, 2, \cdots$）なることを証明せよ．

**解** まず $f'(0)$ を求めよう．

$$f'(0) = \lim_{\Delta x \to 0} \frac{f(\Delta x) - f(0)}{\Delta x} = \lim_{\Delta x \to 0} \frac{f(\Delta x)}{\Delta x}$$

$$= \lim_{\Delta x \to 0} \frac{e^{-\frac{1}{\Delta x^2}}}{\Delta x} = \lim_{\Delta x \to 0} \frac{1}{\Delta x e^{\frac{1}{\Delta x^2}}}.$$

ところで，

$$|\Delta x e^{\frac{1}{\Delta x^2}}| > |\Delta x| \left(1 + \frac{1}{\Delta x^2} + \frac{1}{2!\Delta x^4}\right)$$
$$= |\Delta x| + \frac{1}{|\Delta x|} + \frac{1}{2|\Delta x|^3}.$$

右辺は $\Delta x \to 0$ に対して $+\infty$ となる．だから

$$\lim_{\Delta x \to 0} |\Delta x e^{\frac{1}{\Delta x^2}}| = \infty.$$

したがって

$$\lim_{\Delta x \to 0} \frac{e^{-\frac{1}{\Delta x^2}}}{\Delta x} = 0$$

だから $f'(0) = 0$.

$$f'(x) = \frac{2}{x^3} e^{-\frac{1}{x^2}},$$

$$f''(x) = \left(\frac{-6}{x^4} + \frac{2}{x^3}\right) e^{-\frac{1}{x^2}} = \frac{2x-6}{x^4} e^{-\frac{1}{x^2}},$$

$$\cdots$$

$$f^{(n)}(x) = \frac{P(x)}{x^m} e^{-\frac{1}{x^2}}.$$

ここで $P(x)$ は $x$ のある多項式である．
帰納法をつかうことにしよう．

(1) $f'(0) = 0$ はすでに証明した．

(2) $f^{(n-1)}(0) = 0$ と仮定しよう．

それをつかって $f^{(n)}(0) = 0$ を証明しよう．

$$\begin{aligned} f^{(n)}(0) &= \lim_{\Delta x \to 0} \frac{f^{(n-1)}(\Delta x) - f^{(n-1)}(0)}{\Delta x} \\ &= \lim_{\Delta x \to 0} \frac{f^{(n-1)}(\Delta x)}{\Delta x} \\ &= \lim_{\Delta x \to 0} \frac{\dfrac{P(\Delta x)}{\Delta x^m} e^{-\frac{1}{\Delta x^2}}}{\Delta x} \\ &= \lim_{\Delta x \to 0} \frac{P(\Delta x)}{\Delta x^{m+1} e^{\frac{1}{\Delta x^2}}}. \end{aligned}$$

ここで

$$e^{\frac{1}{\Delta x^2}} > 1 + \frac{1}{\Delta x^2} + \frac{1}{2\Delta x^4} + \cdots + \frac{1}{m!\Delta x^{2m}}.$$

したがって

$$\begin{aligned} |\Delta x^{m+1}| e^{\frac{1}{\Delta x^2}} &> |\Delta x|^{m+1} \left(1 + \frac{1}{\Delta x^2} + \cdots + \frac{1}{m!\Delta x^{2m}}\right) \\ &= |\Delta x|^{m+1} + |\Delta x|^{m-1} + \cdots + \frac{1}{m!|\Delta x|^{m-1}}. \end{aligned}$$

右辺は $\Delta x \to 0$ に対して $\infty$ となる．だから

$$\lim_{\Delta x \to 0} \Delta x^{m+1} e^{\frac{1}{\Delta x^2}} = \infty.$$

したがって

$$\lim_{\Delta x \to 0} \frac{P(\Delta x)}{\Delta x^{m+1} e^{\frac{1}{\Delta x^2}}} = 0,$$

$$\therefore \quad f^{(n)}(0) = 0.$$

だからすべての $n = 1, 2, \cdots$ に対して $f^{(n)}(0) = 0$ となる．（証明終）

この関数は $x = 0$ でテイラー展開はできない．なぜなら

もしテイラー展開できたとすると

$$\begin{aligned} f(x) &= f(0)+\frac{x}{1!}f'(0)+\frac{x^2f''(0)}{2!}+\cdots \\ &= 0+\frac{x\cdot 0}{1!}+\frac{x^2\cdot 0}{2!}+\cdots \\ &= 0 \end{aligned}$$

となってしまう．

だから $e^{-\frac{1}{x^2}}$ は至るところで何回でも微分できるにもかかわらず，$x=0$ ではテイラー展開ができないのである．

**練習問題**

次の関数をマクローリンの級数に展開せよ．

(a)　$\sin^2 x$，$\cos^2 x$，$\sin x\cos x$．

(b)　$e^{x^2}$．

(c)　$(1+x^2)^n$．

# 第 III 部　積分

# 第9章　積分

## 1. 内積から定積分へ

すでにのべたように，古代ギリシャのデモクリトスにすでに積分の萌芽がみられるのであるから，積分の歴史は古い．

積分のもとは，これまで和であるといわれていた．

$$a_1+a_2+\cdots+a_n.$$

しかし，積分のもとは内積であるというほうが，より適切であろう．簡単にいうと内積とは「かけてたす」計算である．

ある人が文房具屋にいって，いろいろの買物をしたものとしよう．そのときの品物の単価と分量は次の表のとおりであるとする．

| | 単　価 | 分　量 |
|---|---|---|
| エンピツ | $a_1$ | $b_1$ |
| イ ン ク | $a_2$ | $b_2$ |
| ペ　　ン | $a_3$ | $b_3$ |
| 消しゴム | $a_4$ | $b_4$ |

このとき，総価格は次の式で与えられる．

$$a_1b_1+a_2b_2+a_3b_3+a_4b_4.$$

つまり，これは「かけてたした」ものである．このような式を2組の数 $[a_1, a_2, a_3, a_4]$，$[b_1, b_2, b_3, b_4]$ の内積という．

このように「かけてたす」内積の計算はほかにもたくさんある．たとえば，多角形の面積を計算するには，三角形に分けて，各々の三角形の底辺と高さから算出できる．

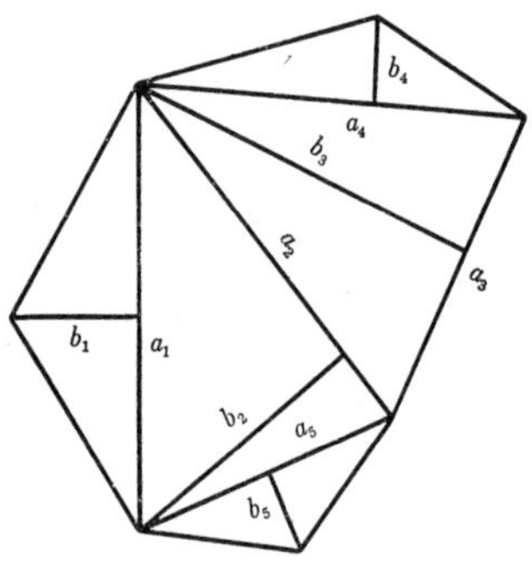


図9-1

図9-1のように底辺は $a_1, a_2, a_3, a_4, a_5$，高さは $b_1, b_2, b_3, b_4, b_5$ であるとする．面積は

$$\frac{1}{2}a_1b_1+\frac{1}{2}a_2b_2+\frac{1}{2}a_3b_3+\frac{1}{2}a_4b_4+\frac{1}{2}a_5b_5$$

となる．ここにも「かけてたす」内積がでてくる．

また県の人口密度と面積から，総人口を算出するには次のように内積を用いる．

| 県　名 | 人　口<br>密　度 | 面　積 |
|---|---|---|
| 1 | $a_1$ | $b_1$ |
| 2 | $a_2$ | $b_2$ |
| ⋮ | ⋮ | ⋮ |
| $n$ | $a_n$ | $b_n$ |

総人口は

$$a_1b_1+a_2b_2+\cdots+a_nb_n.$$

つまり内積である.

また図 9-2 のような部分の面積を求めてみよう.

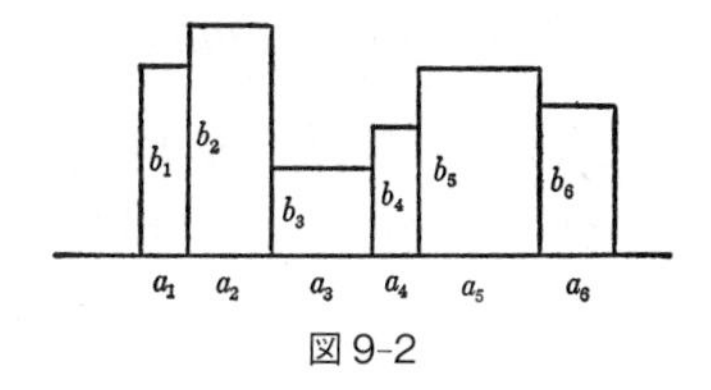


図 9-2

ここでもやはり，次のような内積が現われる.

$$a_1b_1+a_2b_2+a_3b_3+a_4b_4+a_5b_5+a_6b_6.$$

図 9-3 のような曲線に囲まれた面積を求めるには，できるだけ短い区間に分けて近似していく方法をとる.

$x$ の区間が $[b, c]$ であるとき，この区間を $a_1, a_2, \cdots, a_n$ に分ける（$b=a_1$，$c=a_{n+1}$).

曲線が $y=f(x)$ という関数で表わされるものとしよう. そのとき，図 9-3 の面積は

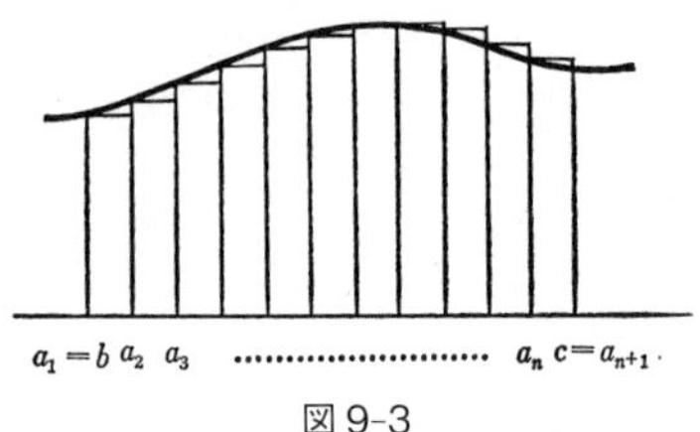


図9-3

$$f(a_1)(a_2-a_1)+f(a_2)(a_3-a_2)+\cdots+f(a_n)(c-a_n)$$

という式で表わされる．これは $[f(a_1), f(a_2), \cdots, f(a_n)]$ という数の組と，$[a_2-a_1, a_3-a_2, \cdots, c-a_n]$ という数の組の内積に当たる．$\sum$ の記号を使うと，

$$\sum_{k=1}^{n} f(a_k)(a_{k+1}-a_k).$$

ここで，$n$ をしだいに大きく，つまり $a_{k+1}-a_k$ という区間の長さを小さくしていったときの極限がもし存在するなら，それを

$$\int_b^c f(x)dx$$

で表わすことにする．これがいわゆる定積分であり，求める面積である．

この記号は $\sum$ が $\int$ に，$f(a_k)$ が $f(x)$ に，$a_{k+1}-a_k$ が $dx$ にうつり変わったと考えてよい．

$$\begin{array}{cccc} \sum f(a_k) & & (a_{k+1} - a_k) \\ \downarrow \quad \downarrow & & \downarrow \\ \int f(x) & & dx \end{array}$$

もちろんこれは $\int ydx$ ともかける.

$\int$ はライプニッツの考えた記号で総和 Summa の頭文字の S を長く引きのばしたものである. はじめ, ライプニッツは, $dx$ なしで

$$\int y$$

とかいていたが, あとで $dx$ をつけ加えて

$$\int ydx$$

というように改めた. $\int y$ では単なる和であるが $\int ydx$ となると $y$ と $dx$ をかけて, たすという意味になるから, 和ではなく内積の極限ということになる.

## 2. いろいろの定積分

まず次のような定積分を定義そのものから求めてみよう.

例 **1**. $\int_0^1 x^2 dx$を求めよ.

解 $[0, 1]$ という区間を $n$ 等分してみる. ここで

$$\sum_{k=0}^{n-1} f\left(\frac{k}{n}\right)\left(\frac{k+1}{n}-\frac{k}{n}\right)$$

を求めると

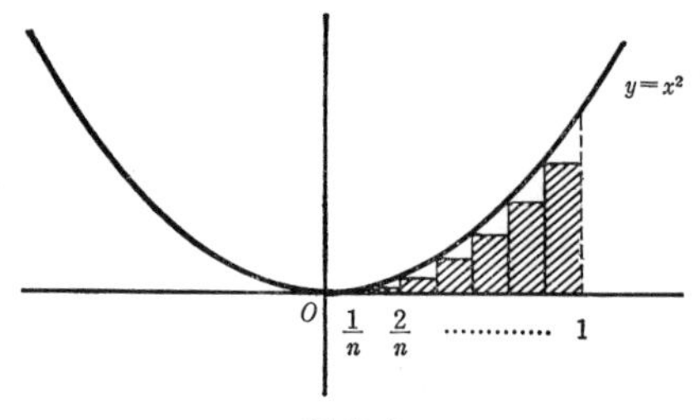


図 9-4

$$\begin{aligned}\sum_{k=0}^{n-1}\left(\frac{k}{n}\right)^2\cdot\frac{1}{n} &= \frac{1}{n^3}\sum_{k=0}^{n-1}k^2\\ &= \frac{1}{n^3}(0^2+1^2+\cdots+(n-1)^2)\\ &= \frac{1}{n^3}\frac{n(n-1)(2n-1)}{6}\\ &= \frac{1}{3}\left(1-\frac{1}{n}\right)\left(1-\frac{1}{2n}\right).\end{aligned}$$

$n$ を $+\infty$ に近づけると

$$\lim_{n\to+\infty}\sum_{k=0}^{n-1} f\left(\frac{k}{n}\right)\left(\frac{k+1}{n}-\frac{k}{n}\right)$$

$$=\lim_{n\to+\infty}\frac{1}{3}\left(1-\frac{1}{n}\right)\left(1-\frac{1}{2n}\right)=\frac{1}{3}.$$

例 **2**. $\displaystyle\int_0^1 e^x dx$ を求めよ.

解　やはり区間 $[0, 1]$ を $n$ 等分してみる.

$$\sum_{k=0}^{n-1} f\left(\frac{k}{n}\right)\left(\frac{k+1}{n}-\frac{k}{n}\right)$$
$$=\sum_{k=0}^{n-1} e^{\frac{k}{n}}\cdot\frac{1}{n}$$
$$=\frac{1}{n}\left(e^{\frac{0}{n}}+e^{\frac{1}{n}}+\cdots+e^{\frac{n-1}{n}}\right).$$

カッコの中は $e^{\frac{1}{n}}$ を公比とする等比級数になるから,

$$1+e^{\frac{1}{n}}+(e^{\frac{1}{n}})^2+\cdots+(e^{\frac{1}{n}})^{n-1}=\frac{(e^{\frac{1}{n}})^n-1}{e^{\frac{1}{n}}-1}$$
$$=\frac{e-1}{e^{\frac{1}{n}}-1}.$$

だから

$$\sum_{k=0}^{n-1} e^{\frac{k}{n}}\cdot\frac{1}{n}=\frac{e-1}{\dfrac{e^{\frac{1}{n}}-1}{\dfrac{1}{n}}}.$$

$n\to+\infty$ のときの両辺の lim をとると,

$$\lim_{n\to+\infty}\frac{e^{\frac{1}{n}}-1}{\dfrac{1}{n}}=1$$

であるから

$$\lim_{n\to+\infty}\sum_{k=0}^{n-1} e^{\frac{k}{n}}\cdot\frac{1}{n}=\frac{e-1}{1}=e-1.$$

だから定義によって

$$\int_0^1 e^x dx=e-1.$$

**例 3.** $\displaystyle\int_1^a \frac{1}{x}dx\ (a>1)$ を求めよ.

**解** こんどは区間 $[1, a]$ を等分しないで $a^{\frac{1}{n}}$ を公比とする等比数列に分ける.

$$1, a^{\frac{1}{n}}, a^{\frac{2}{n}}, a^{\frac{3}{n}}, \cdots, a^{\frac{n-1}{n}}, a^{\frac{n}{n}}=a.$$

そこで

$$\sum_{k=0}^{n-1} f(a^{\frac{k}{n}})(a^{\frac{k+1}{n}}-a^{\frac{k}{n}})$$

を求めると

$$=\sum_{k=0}^{n-1} \frac{1}{a^{\frac{k}{n}}}(a^{\frac{k+1}{n}}-a^{\frac{k}{n}})$$

$$=\sum_{k=0}^{n-1}(a^{\frac{1}{n}}-1)=n(a^{\frac{1}{n}}-1)$$

$$=\frac{e^{\frac{1}{n}\log_e a}-1}{\frac{1}{n}}=\frac{e^{\frac{1}{n}\log_e a}-1}{\frac{1}{n}\log_e a}\cdot\log_e a.$$

ここで $\frac{1}{n}\log_e a=h$ とおけば, $\lim_{h\to 0}\frac{e^h-1}{h}=1$ から

$$=\log_e a=\log a.$$

すなわち

$$\int_1^a \frac{1}{x}dx=\log a.$$

## 3. 区間分割の方法

以上3つの例でみると, 例1, 例2で区間を等分したが, 例3では等比数列に分けて, うまく答がでた. 例3では等分するより等比数列に分けたほうがうまく答がでるのである.

しかし，果して同じ定積分 $\int_b^c f(x)dx$ で，区間 $[b, c]$ のちがった分け方をしたとき，答は同じになるだろうか．

たしかに直観的には同じ曲線で囲まれた「面積」だから分け方の如何にかかわらず同じ答になりそうである．

しかし，そこにはコトバの魔術がある．「面積」というと，それだけでは分割の方法がどうあろうと変わらないものである，ということを言外にふくんでいる．しかし一歩ふみこんでその「面積」とは何か，と疑ってみると，そのようなものが存在するかどうか，はじめからわかっているわけではない．つまり「面積」というものがはじめから存在しないのかも知れないし，存在しても $\sum_{k=1}^{n} f(a_k)(a_{k+1} - a_k)$ という内積の極限が存在するとき，その極限を面積と名づける，というほかはない．

そういうわけで，はじめに「面積は，…」というと，暗にその存在を肯定してものをいうことになってしまう．たとえば「河童は，…」というと，すでに「河童」の存在を暗に肯定することになるようなものである．

だから厳密を期するなら定積分の存在ははじめに証明してかからねばならない．

その証明は必ずしもやさしくはない．いくつかの段階をふんではじめて，証明できるようなものである．そこではどうしても息を長くして一歩一歩進んでいかねばならない．

**定理 1**．$f(x)$ は両端 $a, b$ をふくむ区間，つまり閉区間

$[a,b]$ のいたる所の点で連続な関数であるとする．そのとき，$b_n - a_n \to 0$ $(b_n > a_n)$ ならば常に $\lim_{n \to +\infty} |f(b_n) - f(a_n)| = 0$ となる．

**証明** 逆に $|f(b_n) - f(a_n)| \to 0$ でないとすると，ある正の $\varepsilon$ に対してすべて

$$|f(b_n) - f(a_n)| > \varepsilon$$

となるような無限個の $[a_n, b_n]$ が存在するはずである．このような $a_n$ はボルツァノ＝ワイエルシュトラスの定理（第4章定理5）によって，集積点 $\alpha$ をもつ．$[a,b]$ は閉区間であるから，$\alpha$ は $[a,b]$ にふくまれる．したがって，$a_n$ のなかには $\alpha$ に収束する部分集合が存在する．これを

$$a_{n_1}, a_{n_2}, \cdots, a_{n_k}, \cdots \to \alpha$$

とする．このとき，$b_n - a_n \to 0$ だから右端の点

$$b_{n_1}, b_{n_2}, \cdots, b_{n_k}, \cdots \to \alpha$$

もまたやはり集積点 $\alpha$ をもつ．

この $\alpha$ でも $f(x)$ は連続であるはずであるが，

$$f(b_{n_k}) - f(a_{n_k}) \to f(\alpha) - f(\alpha) = 0.$$

ところがこれは $|f(b_{n_k}) - f(a_{n_k})| > \varepsilon$ に矛盾する．したがって背理法によって $f(b_n) - f(a_n)$ は0に近づく．

（証明終）

この定理は言いかえると，次のような形になる．

**定理2**．閉区間 $[a,b]$ で連続な関数 $f(x)$ がある．任意の $\varepsilon > 0$ を与えたとき，その $\varepsilon$ に対して $|x - x'| < \delta(\varepsilon)$ なる任意の $x, x'$ に対して常に

$$|f(x) - f(x')| < \varepsilon$$

となるような $\delta(\varepsilon)$ が定まる．

**証明** やはり背理法による．そのような $\delta(\varepsilon)$ が存在しないとすると，

$$|f(x)-f(x')| \geqq \varepsilon$$

であって，しかも $|x-x'|$ がいくらでも小さくなるような $x, x'$ が選びだせる．このような $x, x'$ を

$$b_1, a_1$$
$$b_2, a_2$$
$$\cdots$$

とすると，

$$b_n - a_n \to 0$$

となり，しかも $|f(b_n)-f(a_n)| \geqq \varepsilon$ となるはずだから上の定理に矛盾する．だから，そのような $\delta(\varepsilon)$ は存在する．

（証明終）

これを一様連続性の定理という．どうしてそういうか，またこの定理はどういう点で重要であろうか．$f(x)$ が $c$ で連続だということは $|x-c|<\delta(\varepsilon)$ なる $x$ に対しては $|f(x)-f(c)|<\varepsilon$ となるような $\delta(\varepsilon)$ が定まるということである．そのとき $\delta$ は $\varepsilon$ と点 $c$ によって定まると考えられる．つまり

$$\delta(\varepsilon, c)$$

とかくのが普通である．しかし，この定理では $\delta$ は $c$ とは全く無関係に定まることを主張しているわけである．もちろんこの定理では関数の連続になる区間が，

（1） 有限である．

(2)　閉区間である.

という2つの条件を同時に満たしているということである．つまり，(1)，(2)のどれか1つが満たされていなければ上の定理は成り立たないのである.

前にのべたことは一様連続性ということである.

区間，とくに両端をふくむ有限の閉区間 $[a, b]$ のすべての点で連続な関数 $f(x)$ は一様連続という性質をもっているのである.

点 $x=c$ であれば，任意の正数 $\varepsilon>0$ を与えたとき，$\varepsilon$ によって定まる $\delta(\varepsilon)>0$ に対して，

$$|x-c| < \delta(\varepsilon)$$

なるすべての $x$ に対して

$$|f(x)-f(c)| < \varepsilon$$

となる，ということである．ところが，この $\delta$ は $\varepsilon$ ばかりではなく，点 $c$ によっても影響されるわけである．たとえば，

$$f(x) = x^2$$

について考えてみよう.

$c>0$ としよう.

$$-\varepsilon < f(x)-f(c) < \varepsilon$$

とおく.

$$-\varepsilon < x^2-c^2 < \varepsilon.$$

これから

$$\sqrt{c^2-\varepsilon} < x < \sqrt{c^2+\varepsilon},$$

$$c-\sqrt{c^2-\varepsilon} > c-x,$$

$$\sqrt{c^2+\varepsilon}-c > x-c.$$

したがって，$x>c$ のときは

$$|x-c| < \sqrt{c^2+\varepsilon}-c,$$

$x<c$ のときは

$$|c-x| < c-\sqrt{c^2-\varepsilon}.$$

だから，$\sqrt{c^2+\varepsilon}-c$ と $c-\sqrt{c^2-\varepsilon}$ のうちで小さいほうをとると，それは $\sqrt{c^2+\varepsilon}-c$ である．これを $\delta$ とおくと，

$$\delta(\varepsilon, c) = \sqrt{c^2+\varepsilon}-c = \frac{\varepsilon}{\sqrt{c^2+\varepsilon}+c}$$

となる．

ここで $c$ が大きくなると，$\delta(\varepsilon, c)$ はいくらでも小さくなる．このばあい，$|x-c|$ はいくら小さくなっても，$|f(x)-f(c)|$ の大きさは $\varepsilon$ より小さくはならないのである．これは $c$ の動く区間が有限ではなく無限になるからである．ところが，有限の閉区間にはこういうことはないのである．つまり点 $c$ に無関係な $\delta$ が定まるということである．

これが一様連続性である．つまり，次のような形でのべることができる．

有界な閉区間 $[a, b]$ で連続な関数 $f(x)$ に対しては，$|x-c|<\delta(\varepsilon)$ なるすべての $x, c$ について $|f(x)-f(c)|<\varepsilon$ となるような $\delta(\varepsilon)$ が定まる．

つまり，有界な閉区間で連続な関数はその区間で一様連続である．

## 4. 定積分の存在

この定理を利用すると，次の定理が証明できる．

**定理3**. $f(x)$ は有限の閉区間 $[a, b]$ で連続であるとする．

このとき，$a, b$ を $n-1$ 個の点 $a=a_0<a_1<a_2<\cdots<a_n=b$ で $n$ 個の区間に分ける．ここで

$$|a_k-a_{k-1}| \leqq \delta(\varepsilon) \qquad (k=1,2,\cdots,n)$$

とし，

$$S=\sum_{k=1}^{n} f(b_k)(a_k-a_{k-1}) \qquad (a_{k-1} \leqq b_k \leqq a_k)$$

をつくる．

$\delta(\varepsilon)$ を 0 に近づけると，$S$ は一定の値に収束する．このとき $S$ の極限を

$$\int_a^b f(x)dx$$

で表わす．

**証明**　$[a_{k-1}, a_k]$ における $b_k$ のえらび方は任意であるが，$S$ をできるだけ大きくしたかったら，$[a_{k-1}, a_k]$ における $f(b_k)$ の最大値を与える $b_k$ をえらび，逆に小さくしたかったら，最小値を与える $b'_k$ をえらべばよい．最大値をえらんだときの和を $\overline{S}$，最小値を $\underline{S}$ とすると，その他の和 $S$ はその間にある．つまり，$\underline{S} \leqq S \leqq \overline{S}$．

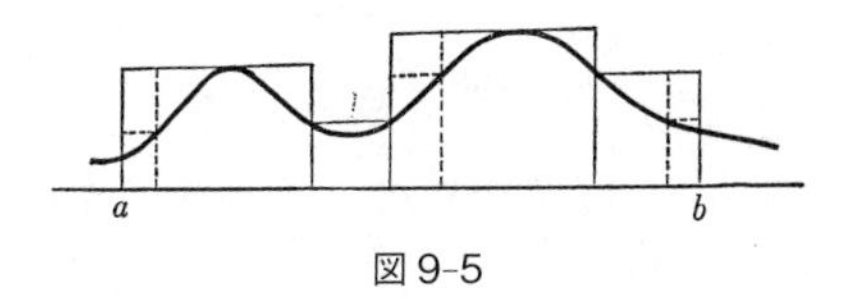


図 9-5

$$a_1 < a_2 < \cdots < a_{n-1}$$

という分割に対する最大値の和を $\overline{S}$ とし,

$$a'_1 < a'_2 < \cdots < a'_{m-1}$$

という分割に対する最小値の和を $\underline{S}'$ とする.

このとき, $\underline{S}' \leqq \overline{S}$ が常に成り立つ. このことは, 次のことよりわかる.

分割点 $a_1, a_2, \cdots, a_{n-1}$ と分割点 $a'_1, a'_2, \cdots, a'_{m-1}$ を合併した点を大小の順序にならべて名前をつけかえたものを,

$$a''_1 < a''_2 < \cdots < a''_r \qquad (r \leqq n+m-2)$$

とする. 重なった点は同一の点とみる.

$[a''_{p-1}, a''_p]$ という区間をふくんでいる区間を $[a_{k-1}, a_k]$ と $[a'_{l-1}, a'_l]$ とする.

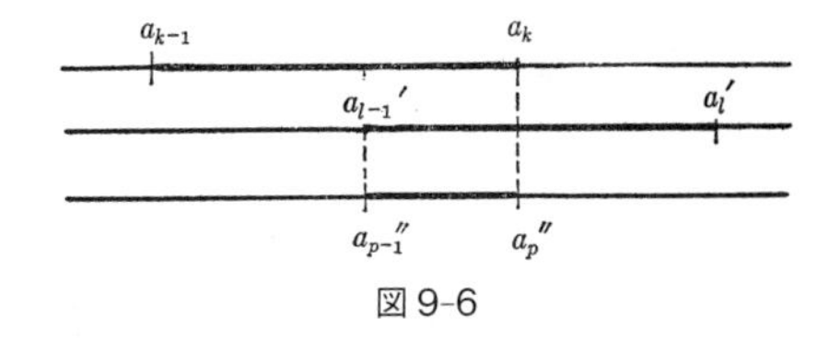


図 9-6

$$a''_1 < a''_2 < \cdots < a''_r$$

の分割に対する最大値の和を $\overline{S}''$ とすると, $\overline{S}$ より細分さ

れているから，

$$\overline{S}'' \leqq \overline{S}.$$

また同様に，$a_1'' < a_2'' < \cdots < a_r''$ の分割は $a_1' < a_2' < \cdots < a_{m-1}'$ の分割より細分されているから，

$$\underline{S}' \leqq \underline{S}''.$$

また，明らかに

$$\underline{S}'' \leqq \overline{S}''$$

であるから

$$\underline{S}' \leqq \overline{S}$$

となる．

つまり，$\overline{S}$ と $\underline{S}'$ を直線上にマークすると，$\overline{S}$ の集合 $\overline{M}$ と $\underline{S}'$ の集合 $\underline{M}$ は右と左に位置する．つまり，$\overline{M}$ の点は $\underline{M}$ のすべての点より大きく，$\underline{M}$ の点は $\overline{M}$ のすべての点より小さい．つまり $\overline{M}$ と $\underline{M}$ が入りまじって散在することはない．

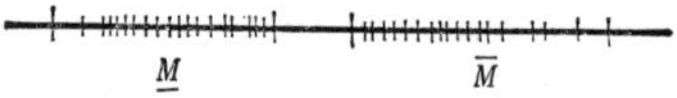

$\underline{M}$　　$\overline{M}$

図 9-7

$$\overline{S} - \underline{S} = \sum_{k=1}^{n} (f(b_k) - f(b_k'))(a_k - a_{k-1}).$$

ここで

$$|b_k - b_k'| \leqq |a_k - a_{k-1}| < \delta(\varepsilon)$$

となるから一様連続性を保証する定理 1 によって

$$0 < f(b_k) - f(b_k') < \varepsilon.$$

だから

$$0 \leqq \overline{S} - \underline{S} \leqq \sum_{k=1}^{n} \varepsilon(a_k - a_{k-1}) = \varepsilon(b-a).$$

したがって，$\varepsilon$ を 0 に近づけると，

$$\lim_{\varepsilon \to 0}(\overline{S} - \underline{S}) = 0.$$

つまり，$\overline{M}$ と $\underline{M}$ には限りなく近い点が存在する．だから $\overline{M}$ と $\underline{M}$ の境い目の点が 1 つ存在する．

この点を $s$ とする．

任意の分割に対して

$$\underline{S} \leqq s \leqq \overline{S}$$

となる．

だから $\varepsilon$ を 0 に近づけると，$\overline{S} - \underline{S}$ は 0 に近づくので

$$\lim_{\varepsilon \to 0} \overline{S} = s, \qquad \lim_{\varepsilon \to 0} \underline{S} = s.$$

（証明終）

以上のような定積分のしかたはリーマン（1826-66）の考えたもので，リーマン積分と名づける．

つまり独立変数 $x$ の区間を細分していく方法である．

これは図でいうと「タテ割り」の積分である．これに対して「ヨコ割り」の積分がある．それがルベーグ積分である．

リーマン積分は今のべたとおりであるが，ルベーグ積分は従属変数の区間を細分していく．

$y = f(x)$ において，$y$ の区間を $b_1 < b_2 < \cdots < b_n$ に分けて $b_{k-1} \leqq f(x) \leqq b_k$ となるような $x$ のすべての集合を

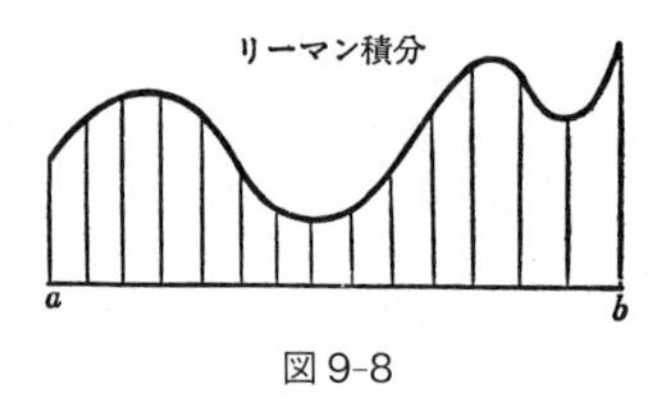


図 9-8

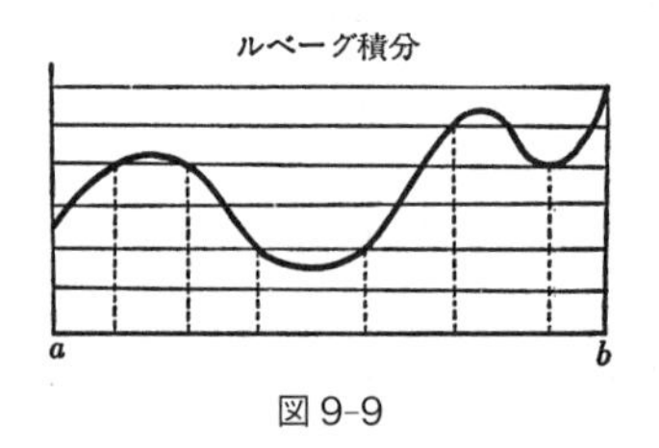


図 9-9

$I_k$ とする.

$I_k$ は図 9-9 のように分散しているが, その長さの和を $l_k$ とする. このとき,

$$\sum b_k l_k$$

をつくって, $b_k$ を細分していった極限を

$$\int_a^b f(x)dx$$

で表わす.

この方法による積分をルベーグ積分という. $f(x)$ が連続であったら, リーマン積分もルベーグ積分も同じ値になる. だから連続関数だけを問題にしているあいだは, リー

マン積分だけでまにあうわけであり，ルベーグ積分というヨコ割りの積分をわざわざ考える必要はない．

しかし，$f(x)$ が不連続になってくると，リーマン積分ではできないことが起こってくる．このようなばあいにはルベーグ積分が威力を発揮するようになる．しかし，ここではルベーグ積分まで考える必要はない．

# 第10章　積分の計算

## 1. 逆微分

以上で定積分の存在が確かめられたのであるが，$\int_a^b f(x)dx$ の実際の値を計算するには，証明に用いた方法とは別な方法を用いることが多い．$\overline{S}$ と $\underline{S}$ をつくってその間にはさんでいく，という方法は，実際の計算にはあまり適しない．

実際には，微分を利用して積分を計算するのである．この方法を発見したのが，ニュートンとライプニッツであった．

$[a,b]$ の1点 $x$ をとって，連続関数 $f(t)$ の $a$ から $x$ までの定積分をつくる．

$$\int_a^x f(t)dt.$$

$f(t)$ が連続なら，この定積分は存在することはすでに証明されている．この値を $F$ とする．この $F$ は $x$ のある関数である．

$$F(x) = \int_a^x f(t)dt.$$

この $F(x)$ を微分してみよう．そのために，$\dfrac{F(x+h)-F(x)}{h}$ をつくってみる．これは，

$$F(x+h)-F(x)=\int_a^{x+h}f(t)dt-\int_a^x f(t)dt$$
$$=\int_x^{x+h}f(t)dt.$$

つまり，区間 $[x, x+h]$ における $f(t)$ の定積分である．まず $h>0$ とする．

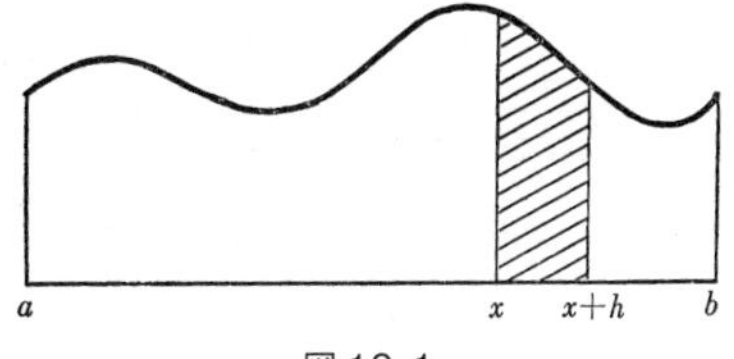


図 10-1

この区間における $f(t)$ の最大値を $M$，最小値を $m$ とする．そのとき，

$$mh \leqq F(x+h)-F(x) \leqq Mh$$

となる．

$$m \leqq \frac{F(x+h)-F(x)}{h} \leqq M.$$

ここで $h$ をしだいに小さくしていくと，$f(t)$ の連続性によって，$M$ と $m$ は $f(x)$ に近づく．だから，その間にふくまれた $\dfrac{F(x+h)-F(x)}{h}$ は $f(x)$ に近づく．

$$\lim_{h\to 0}\frac{F(x+h)-F(x)}{h}=f(x).$$

$h<0$ のときも上と同様に $f(x)$ に近づく．つまり

$$\frac{dF(x)}{dx}=f(x).$$

つまり，この $F(x)$ はまだはっきりした形ではわかっていないが，微分すると，$f(x)$ になるようなある関数である．このような関数をみつければよいのである．たとえば，$f(x)=x^2$ であったら，微分して $x^2$ になる関数は $\frac{x^3}{3}$ である．さらに一般的にいうと，これに定数 $C$ を加えた $F(x)=\frac{x^3}{3}+C$ である．つまり，この計算は微分の逆の計算である．つまり「逆微分」というべきものである．

$$f(x)\ \underset{\text{積分}}{\overset{\text{微分}}{\rightleftarrows}}\ F(x)$$

この「逆微分」の計算を従来「不定積分」とよんでいる．記号的には次のようにかく．

$$\int f(x)dx=F(x).$$

微分の記号を $D$ で表わすと，

$$DF(x)=f(x)$$

となるが，逆微分を $D^{-1}$ で表わすと，

$$D^{-1}f(x)=F(x)$$

となる．つまり，

$$D^{-1}f(x) = \int f(x)dx$$

とかくことができる.

ここで, $f(x)$ から逆微分で $F(x)$ を定めるとき, 一通りには定まらないということに注意する必要がある. つまり１つの $F(x)$ に任意の定数 $C$ を加えたものが得られるのである.

$$D^{-1}f(x) = F(x)+C$$

この $f(x)$ の不定積分 $F(x)$ のことを $f(x)$ の**原始関数**とも名づけ, この定数 $C$ を積分定数と名づける.

したがって, このようにして定めた $D^{-1}f(x)$ から $\int_a^b f(t)dt$ を求めるにはこの $C$ を定めてかからねばならない.

$$\int_a^a f(t)dt = 0$$

であるから

$$F(a)+C = 0, \quad C = -F(a).$$

したがって,

$$\int_a^b f(t)dt = F(b)+C = F(b)-F(a).$$

$F(b)-F(a)$ の値は, $C$ が何であろうと消えてなくなるから, $F(x)+C$ のどれをとっても同じになるのである. この $F(b)-F(a)$ を $\Big[F(x)\Big]_a^b$ で表わすことにしている.

$$\int_a^b f(x)dx = F(b) - F(a) = \Big[F(x)\Big]_a^b.$$

$D^{-1}f(x)$ の記号を使うと，

$$\int_a^b f(x)dx = D^{-1}f(b) - D^{-1}f(a)$$

とかける．

## 2. 積分の公式

次にもっとも単純で，基礎的な関数の不定積分の公式をつぎに列挙しておく．複雑な関数の不定積分を求めるには，これらの基礎的な公式を巧みに組合せていけばよい．

これが自由にできるようになるには，かなりの練習が必要である．

不定積分の公式は微分の公式を逆に使うのであるから，ちょうど，英和辞典を逆に使って和英辞典をつくるようなものである．

$$\frac{dx^k}{dx} = kx^{k-1}$$

で $k$ の代わりに $k+1$ とおくと，

$$\frac{dx^{k+1}}{dx} = (k+1)x^k \quad (k+1 \neq 0), \qquad \frac{d}{dx}\left(\frac{x^{k+1}}{k+1}\right) = x^k.$$

したがって，

$$\int x^k dx = \frac{x^{k+1}}{k+1} + C.$$

$k = -1$ のときは，

$$\frac{dF(x)}{dx} = x^{-1} = \frac{1}{x}$$

となる $F(x)$ は $\log x$ であることをすでに知っているから，

$$\frac{d\log x}{dx} = \frac{1}{x}$$

を逆に使うと，

$$\int \frac{1}{x}dx = \log x + C.$$

また，$\dfrac{de^x}{dx} = e^x$ から

$$\int e^x dx = e^x + C$$

となる．

また，$\dfrac{d\sin x}{dx} = \cos x$ から

$$\int \cos x\, dx = \sin x + C,$$

$\dfrac{d\cos x}{dx} = -\sin x$ から，

$$\int \sin x\, dx = -\cos x + C.$$

以上をまとめると，次のようになる．（積分定数は省略する．）

$$\int x^k dx = \frac{x^{k+1}}{k+1} \qquad (k \neq -1),$$

$$\int \frac{1}{x}dx = \log|x|, \qquad \int e^x dx = e^x,$$

$$\int \sin x\, dx = -\cos x, \qquad \int \cos x\, dx = \sin x.$$

3. 積分の計算法則

微分の計算法則から不定積分つまり逆微分の計算法則を導き出すことができる.

$$\frac{dF(x)}{dx} = f(x), \qquad \frac{dG(x)}{dx} = g(x)$$

とするとき,

$$\frac{d}{dx}(F(x) \pm G(x)) = \frac{dF(x)}{dx} \pm \frac{dG(x)}{dx}$$
$$= f(x) \pm g(x).$$

したがって,

$$\int (f(x) \pm g(x))dx = \int f(x)dx \pm \int g(x)dx$$

が得られる. また, $\dfrac{dcF(x)}{dx} = c\dfrac{dF(x)}{dx} = cf(x)$ から,

$$\int cf(x)dx = c\int f(x)dx.$$

これをまとめると次のようになる.

$a, b$ が定数のとき,

$$\int \{af(x) + bg(x)\}dx = a\int f(x)dx + b\int g(x)dx.$$

例 **1**. $\int (3x-2x^2)dx$ を求めよ.

解 $\int (3x-2x^2)dx = 3\int x\,dx - 2\int x^2 dx$

$= 3\cdot\frac{x^2}{2} - 2\cdot\frac{x^3}{3} = \frac{3x^2}{2} - \frac{2x^3}{3}$.

また積については,

$$\frac{d}{dx}(F(x)g(x)) = \frac{dF(x)}{dx}g(x) + F(x)g'(x)$$
$$= f(x)g(x) + F(x)g'(x).$$

だから

$$F(x)g(x) = \int f(x)g(x)dx + \int F(x)g'(x)dx,$$

$$\int f(x)g(x)dx$$
$$= F(x)g(x) - \int F(x)g'(x)dx$$
$$= \left(\int f(x)dx\right)g(x) - \int\left(\int f(x)dx\right)g'(x)dx.$$

これは, $f(x)g(x)$ のうち一方の $f(x)$ をまず積分するところから, 部分積分とよばれている.

逆微分 $D^{-1}$ を使ってこの公式を表わすと次のようになる.

$$D^{-1}(f(x)\cdot g(x))$$
$$= D^{-1}f(x)\cdot g(x) - D^{-1}(D^{-1}f(x)\cdot Dg(x)).$$

例 **2**. $\int x\sin x\,dx$ を求めよ.

解　$$\int x\sin x\,dx = x\cdot\int\sin x\,dx - \int\left(\int\sin x\,dx\right)\cdot 1dx$$
$$= x(-\cos x) - \int(-\cos x)\cdot 1dx$$
$$= -x\cos x + \int\cos x\,dx$$
$$= -x\cos x + \sin x.$$

つぎに自変数 $x$ を他の変数 $t$ のある関数 $\varphi(t)$ でおきかえることによって，目的を達することが多い．それは合成関数の微分公式にもとづいている．

$$\int f(x)dx = F(x)$$

のとき，

$$\frac{dF(x)}{dx} = f(x),$$
$$\frac{dF(\varphi(t))}{dt} = \frac{dF(x)}{dx}\cdot\frac{dx}{dt} = f(x)\cdot\frac{dx}{dt}.$$

このことから

$$\int f(x)\frac{dx}{dt}dt = F(\varphi(t)).\qquad\text{（積分定数は省略する）}$$

したがって

$$\int f(x)dx = \int f(\varphi(t))\varphi'(t)dt.$$

形式的には $dx$ の代わりに $\varphi'(t)dt$ をおきかえればよい．

**例 3.**　$\int(x-1)^k dx$　$(k\neq -1)$ を求めよ．

解　$\int t^k dt$ という形にもっていくために，$x=t+1$ と

おく．$\dfrac{dx}{dt}=1$ だから

$$\int(x-1)^k dx = \int t^k \cdot 1dt = \frac{t^{k+1}}{k+1}.$$

ここでまたもとの変数にもどしておくと，

$$= \frac{(x-1)^{k+1}}{k+1}.$$

具体的な計算では $f(x)$ の式のなかに，$x$ のある関数 $\rho(x)$ が 1 つの塊りとして入っているときに，

$$\rho(x)=t$$

と置きかえると，うまくいくことが多い．そのときにはわざわざ $\rho(x)=t$ を $x$ について解いて，$x=\varphi(t)$ という形に直してから，代入する必要はなく，

$$\frac{dt}{dx}=\rho'(x)$$

から逆関数の微分の公式で

$$\frac{dx}{dt}=\frac{1}{\rho'(x)}$$

となるから

$$\int f(x)dx = \int f(x)\cdot\frac{1}{\rho'(x)}dt$$

として計算してもよい．むしろそのほうが普通である．

例 4. $\displaystyle\int(x^m-1)^n x^{m-1}dx$ を求めよ．

解　$f(x)$ のなかには $x^m-1$ が 1 つの塊りになって入っていることに着目して

$$x^m - 1 = t$$

とおく.

$$\frac{dt}{dx} = mx^{m-1},$$

$$\int (x^m - 1)^n x^{m-1} dx = \int t^n \cdot \frac{x^{m-1}}{mx^{m-1}} dt = \int \frac{t^n}{m} dt$$

$$= \frac{t^{n+1}}{m(n+1)} = \frac{(x^m - 1)^{n+1}}{m(n+1)}.$$

さらに熟練してきたら，$x^m - 1$ を $t$ とおきかえることも省略して，次のようにしてもよい.

$$\int (x^m - 1)^n x^{m-1} dx = \int (x^m - 1)^n \left( \frac{mx^{m-1}}{m} \right) dx$$

$$= \int (x^m - 1)^n \frac{d(x^m - 1)}{m}$$

$$= \frac{(x^m - 1)^{n+1}}{m(n+1)}.$$

このような計算ができるのも，

$$\int f(x) dx$$

というライプニッツの記号がうまく工夫されているためだともいえる.

### 4. やや複雑な公式

もっとも単純で基礎的な不定積分の公式を組合せて，やや複雑な不定積分を求めてみよう.

**例 5.** $\displaystyle\int (x+a)^n dx \ (n \neq -1)$ を求めよ.

**解** $x+a=t$ とおく.

$$\int (x+a)^n dx = \int t^n \frac{dx}{dt} dt = \int t^n \cdot 1 dt = \int t^n dt$$

$$= \frac{t^{n+1}}{n+1} = \frac{(x+a)^{n+1}}{n+1}.$$

**例 6.** $\displaystyle\int (x+a)^{-1} dx$ を求めよ.

**解** $x+a=t$ とおく.

$$\int (x+a)^{-1} dx = \int t^{-1} \frac{dx}{dt} dt = \int t^{-1} \cdot 1 dt = \log|t|$$

$$= \log|x+a|.$$

**例 7.** $\displaystyle\int \frac{f'(x)}{f(x)} dx$ を求めよ.

**解** $f(x)=t$ とおく.

$$\int \frac{f'(x)}{f(x)} dx = \int \frac{f'(x)}{t} \cdot \frac{1}{\frac{dt}{dx}} \cdot dt$$

$$= \int \frac{f'(x)}{t} \cdot \frac{1}{f'(x)} dt$$

$$= \int \frac{1}{t} dt = \log|t| = \log|f(x)|.$$

**例 8.** $\displaystyle\int \tan x\, dx, \int \cot x\, dx$ を求めよ.

**解** 三角関数はすべて sin と cos の組合せであることを

念頭におく.

$$\int \tan x\,dx = \int \frac{\sin x}{\cos x}dx.$$

上の例で $(\cos x)' = -\sin x$ だから

$$= -\int \frac{-\sin x}{\cos x}dx = -\log|\cos x|.$$

$$\int \cot x\,dx = \int \frac{\cos x}{\sin x}dx = \log|\sin x|.$$

**例 9.** $\displaystyle\int \frac{dx}{\sqrt{a^2-x^2}}$ を求めよ. $\left(\displaystyle\int \frac{1}{\sqrt{a^2-x^2}}dx\right.$ を略して $\left.\displaystyle\int \frac{dx}{\sqrt{a^2-x^2}}\right.$ とかく. $\Big)$

解 $x = a\sin t$ とおく.

$$\int \frac{dx}{\sqrt{a^2-x^2}} = \int \frac{a\cos t}{\sqrt{a^2-a^2\sin^2 t}}dt$$

$$= \int \frac{a\cos t}{a\cos t}dt = \int dt = t.$$

$t = \sin^{-1}\dfrac{x}{a}$ だから

$$= \sin^{-1}\frac{x}{a}.$$

**例 10.** $\displaystyle\int \frac{dx}{x^2+a^2}$ を求めよ.

解 $x = a\tan t$ とおく.

$$\int \frac{dx}{x^2+a^2} = \int \frac{a\sec^2 t}{a^2(\tan^2 t+1)}dt = \int \frac{dt}{a} = \frac{t}{a}.$$

$t = \tan^{-1}\dfrac{x}{a}$ だから

$$= \frac{1}{a}\tan^{-1}\frac{x}{a}.$$

例 **11**. $\displaystyle\int \frac{dx}{x^2-a^2}$ を求めよ.

解 $\displaystyle\frac{1}{x^2-a^2} = \frac{1}{2a}\left(\frac{1}{x-a} - \frac{1}{x+a}\right)$ となるから

$$\begin{aligned}
\int \frac{dx}{x^2-a^2} &= \int \frac{1}{2a}\left(\frac{1}{x-a} - \frac{1}{x+a}\right)dx \\
&= \frac{1}{2a}\left(\int \frac{1}{x-a}dx - \int \frac{1}{x+a}dx\right) \\
&= \frac{1}{2a}(\log|x-a| - \log|x+a|) \\
&= \frac{1}{2a}\log\left|\frac{x-a}{x+a}\right|.
\end{aligned}$$

例 **12**. $\displaystyle\int \sec x\,dx, \int \operatorname{cosec} x\,dx$ を求めよ.

解 これはかなり技巧を要する. まず次の微分の公式を思いだそう.

$$\frac{d}{dx}\sec x = \sec x\tan x, \qquad \frac{d}{dx}\tan x = \sec^2 x.$$

これから

$$\begin{aligned}
\frac{d}{dx}(\sec x + \tan x) &= \sec x\tan x + \sec^2 x \\
&= \sec x(\tan x + \sec x).
\end{aligned}$$

これから

$$\frac{\dfrac{d}{dx}(\sec x + \tan x)}{\sec x + \tan x} = \sec x$$

となる. したがって

$$\int \sec x\,dx=\int \frac{\dfrac{d}{dx}(\sec x+\tan x)}{\sec x+\tan x}dx=\log|\sec x+\tan x|.$$

次に,

$$\int \operatorname{cosec} x\,dx=\int \frac{dx}{\sin x}.$$

ここで $\tan\dfrac{x}{2}=t$ とおくと,

$$\begin{aligned}&=\int \frac{1}{2\sin\dfrac{x}{2}\cos\dfrac{x}{2}}\cdot\frac{dt}{\dfrac{1}{2}\sec^2\dfrac{x}{2}}\\&=\int \frac{dt}{\tan\dfrac{x}{2}}=\int\frac{dt}{t}=\log|t|\\&=\log\left|\tan\frac{x}{2}\right|.\end{aligned}$$

以上の例をまとめると,次のようになる.

$$\int (x+a)^n dx=\frac{(x+a)^{n+1}}{n+1}\qquad (n\neq 1).$$

$$\int \frac{dx}{x+a}=\log|x+a|.$$

$$\int \frac{dx}{x^2+a^2}=\frac{1}{a}\tan^{-1}\frac{x}{a}.$$

$$\int \tan x\,dx=-\log|\cos x|.$$

$$\int \sec x\,dx=\log|\sec x+\tan x|.$$

$$\int \operatorname{cosec} x\,dx=\log\left|\tan\frac{x}{2}\right|.$$

$$\int \frac{dx}{\sqrt{a^2-x^2}} = \sin^{-1}\frac{x}{a}.$$

例 **13**. $\displaystyle\int \frac{dx}{\sqrt{x^2+a^2}}, \int \frac{dx}{\sqrt{x^2-a^2}}$ を求めよ．$(a>0)$.

解　$\tan^2 t+1=\sec^2 t$ の公式を思い出す.

$x=a\tan t$ とおくと

$$\int \frac{a\sec^2 t}{\sqrt{a^2\tan^2 t+a^2}}dt = \int \frac{a\sec^2 t}{a\sec t}dt = \int \sec t\,dt$$

$$= \log|\sec t+\tan t|$$

$$= \log\left|\frac{\sqrt{x^2+a^2}}{a}+\frac{x}{a}\right|$$

$$= \log|\sqrt{x^2+a^2}+x| - \log a.$$

$-\log a$ は省略してもよいから

$$\int \frac{dx}{\sqrt{x^2+a^2}} = \log|\sqrt{x^2+a^2}+x|.$$

$\displaystyle\int \frac{dx}{\sqrt{x^2-a^2}}$ については $x=a\sec t$ とおくと

$$= \int \frac{a\sec t\tan t}{\sqrt{a^2\sec^2 t-a^2}}dt$$

$$= \int \frac{a\sec t\tan t}{a\tan t}dt = \int \sec t\,dt$$

$$= \log|\sec t+\tan t| = \log\left|\frac{\sqrt{x^2-a^2}}{a}+\frac{x}{a}\right|$$

$$= \log|\sqrt{x^2-a^2}+x| - \log a.$$

$\log a$ は定数だから不定積分から除いてもよい.

$$\int \frac{dx}{\sqrt{x^2-a^2}} = \log|\sqrt{x^2-a^2}+x|.$$

以上の2つは，次のように1つの公式にまとめることができる．

$$\int \frac{dx}{\sqrt{x^2 \pm a^2}} = \log|\sqrt{x^2 \pm a^2}+x|.$$

例 **14**. $\displaystyle\int \frac{dx}{(x^2+a^2)^n}$ （$n$ は整数）を求めよ．

解 $\displaystyle I_n = \int \frac{dx}{(x^2+a^2)^n}$ とおく．

$$\begin{aligned}
I_n &= \int \frac{dx}{(x^2+a^2)^n} = \frac{1}{a^2}\int \frac{(x^2+a^2)-x^2}{(x^2+a^2)^n}dx \\
&= \frac{1}{a^2}\int \frac{dx}{(x^2+a^2)^{n-1}} - \frac{1}{a^2}\int \frac{x^2}{(x^2+a^2)^n}dx \\
&= \frac{1}{a^2}I_{n-1} - \frac{1}{a^2}\int \frac{x}{2}\cdot\frac{2x\,dx}{(x^2+a^2)^n}.
\end{aligned}$$

部分積分の公式によって

$$\begin{aligned}
&= \frac{1}{a^2}I_{n-1} - \frac{1}{a^2}\left\{\frac{x}{2}\cdot\frac{1}{1-n}\cdot\frac{1}{(x^2+a^2)^{n-1}}\right. \\
&\qquad\qquad \left. + \frac{1}{2(n-1)}\int \frac{dx}{(x^2+a^2)^{n-1}}\right\} \\
&= \frac{1}{a^2}\left\{\left(1-\frac{1}{2(n-1)}\right)I_{n-1} + \frac{1}{2(n-1)}\cdot\frac{x}{(x^2+a^2)^{n-1}}\right\} \\
&= \frac{1}{a^2}\left\{\frac{1}{2(n-1)}\cdot\frac{x}{(x^2+a^2)^{n-1}} + \frac{2n-3}{2n-2}I_{n-1}\right\}.
\end{aligned}$$

つまり $I_n$ が $I_{n-1}$ で表わされる．同じく $I_{n-1}$ が $I_{n-2}$ で表わされる．つぎつぎに適用していくと，$n=1$ のばあいになる．

$$\int \frac{dx}{x^2+a^2} = \frac{1}{a}\tan^{-1}\frac{x}{a}.$$

，つまり $\displaystyle\int \frac{dx}{(x^2+a^2)^n}$ が得られる．

**練習問題**

次の不定積分を求めよ．

(1) $\displaystyle\int x^2 e^{ax}\,dx.$　　(2) $\displaystyle\int x^2\cos x\,dx.$

(3) $\displaystyle\int x\log x\,dx.$　　(4) $\displaystyle\int \frac{2x+3}{(x-1)^2}\,dx.$

(5) $\displaystyle\int \frac{dx}{x\log x}.$　　(6) $\displaystyle\int x^3\sin 2x\,dx.$

(7) $\displaystyle\int \cos x\sin x\,dx.$　　(8) $\displaystyle\int x\tan^{-1}x\,dx.$

(9) $\displaystyle\int x^n e^x\,dx.$　（$n$ は正の整数とする．）

(10) $\displaystyle\int \frac{dx}{x\log x\cdot\log\log x}.$　　(11) $\displaystyle\int \frac{dx}{(x^2+a^2)^3}.$

## 5. 有理関数の不定積分

変数 $x$ から $+, -, \times, \div$ だけでつくり出された関数 $R(x)$ は，一般に $\dfrac{\text{多項式}}{\text{多項式}}$ という形をもっている．

$$R(x) = \frac{b_0x^m+b_1x^{m-1}+\cdots+b_m}{a_0x^n+a_1x^{n-1}+\cdots+a_n} \qquad (a_0\neq 0).$$

このような関数を有理関数という.

このような有理関数の不定積分を求めてみよう. その準備として, あらかじめ二, 三の定理を証明しておく.

**定理 1**. $f(x), g(x)$ は共通の根を有しない, 多項式であるとする. このとき,

$$f(x)u(x)+g(x)v(x)=1$$

を満足する多項式 $u(x), v(x)$ が存在する.

**証明** 以下, 多項式 $f(x)$ の次数を $\deg f(x)$*で表わすことにする.

$\deg f(x) \geqq \deg g(x)$ のとき, 組立除法で $f(x)$ を $g(x)$ で割ってみる.

$$f(x)=q_0(x)g(x)+r_1(x),$$
$$\deg r_1(x)<\deg g(x).$$

次に $g(x)$ を $r_1(x)$ で割ってみる.

$$g(x)=q_1(x)r_1(x)+r_2(x),$$
$$\deg r_2(x)<\deg r_1(x).$$

$r_1(x), r_2(x), \cdots$ の次数はしだいに減少していくから, ついには0となるだろう. つまり互除法を行なう.

$$r_{n-2}(x)=q_{n-1}(x)r_{n-1}(x)+r_n(x),$$
$$r_{n-1}(x)=q_n(x)r_n(x)+r_{n+1}(x),$$
$$\deg r_n(x)>0, \quad \deg r_{n+1}(x) \leqq 0.$$

---

* deg は次数 (degree) の略字である.

つまり $r_{n+1}(x) =$ 定数.

$r_{n+1}(x) = 0$ ならば，$f(x), g(x)$ が $r_n(x)$ で割り切れることになり，$r_n(x)$ の根は $f(x), g(x)$ の根となり，$f(x), g(x)$ は共通根がないという仮定に反する．だから $r_{n+1}(x) =$ 定数 $= k \neq 0$ となる．$k$ はつぎのようになる．

$$k = r_{n-1}(x) - q_n(x) r_n(x).$$

この式に $r_n(x) = r_{n-2}(x) - q_{n-1}(x) r_{n-1}(x)$ を代入し，つぎつぎに代入していくと，結局

$$k = f(x)(\text{多項式}) + g(x)(\text{多項式})$$

という形になる．両辺を $k$（$\neq 0$）で割ると，

$$1 = f(x)(\text{多項式}) + g(x)(\text{多項式})$$

となる．各々の多項式を $u(x), v(x)$ とおくと，

$$1 = f(x)u(x) + g(x)v(x)$$

となる．

**定理 2**. $f(x), g(x)$ が共通根を有しないとき，有理関数 $\dfrac{h(x)}{f(x)g(x)}$ はつぎの形に表わされる．

$$\frac{h(x)}{f(x)g(x)} = \frac{\alpha(x)}{f(x)} + \frac{\beta(x)}{g(x)}.$$

$\alpha(x), \beta(x)$ は適当な多項式である．

**証明**　定理 1 によって，

$$1 = f(x)u(x) + g(x)v(x)$$

となる多項式 $u(x), v(x)$ がえらべる．両辺を $f(x)g(x)$ で割ると，

$$\frac{1}{f(x)g(x)} = \frac{v(x)}{f(x)} + \frac{u(x)}{g(x)}.$$

両辺に $h(x)$ をかけると

$$\frac{h(x)}{f(x)g(x)} = \frac{h(x)v(x)}{f(x)} + \frac{h(x)u(x)}{g(x)}.$$

ここで $\alpha(x)=h(x)v(x)$, $\beta(x)=h(x)u(x)$ とおくと,

$$\frac{h(x)}{f(x)g(x)} = \frac{\alpha(x)}{f(x)} + \frac{\beta(x)}{g(x)}.$$

**定理 3.** （ガウス）　$n$ 次の多項式

$$a_0x^n + a_1x^{n-1} + \cdots + a_{n-1}x + a_n \qquad (a_0 \neq 0)$$

は必ず複素数の根をもつ.

**証明**　この定理はガウスによってはじめて証明されたものであるが, 本書では証明を省略する.

**定理 4.** $n$ 次の多項式

$$a_0x^n + a_1x^{n-1} + \cdots + a_{n-1}x + a_n$$

は次のような 1 次式の積に分解される.

$$a_0(x-\alpha_1)(x-\alpha_2)\cdots(x-\alpha_n).$$

$\alpha_1, \alpha_2, \cdots, \alpha_n$ は複素数である.

**証明**　$f(x)=a_0x^n + a_1x^{n-1} + \cdots + a_{n-1}x + a_n$

とおくと, 上の定理で $f(\alpha_1)=0$ となる複素数 $\alpha_1$ が存在する. だから

$$f(x) = f(x) - f(\alpha_1) = (x-\alpha_1)\varphi_{n-1}(x).$$

$\varphi_{n-1}(x)$ は $n-1$ 次の多項式である. $\varphi_{n-1}(x)$ に上の定理をあてはめると, $\varphi_{n-1}(\alpha_2)=0$ となる複素数が存在する. 全く同様に

$$\varphi_{n-1}(x) = (x-\alpha_2)\varphi_{n-2}(x).$$

つぎつぎにこの論法をくりかえすと,

$$f(x) = a_0(x-\alpha_1)(x-\alpha_2)\cdots(x-\alpha_n)$$

が得られる.

**定理 5**. $a_0, a_1, a_2, \cdots, a_n$ が実数であるとき, $f(\alpha)=0$ ならば $f(\overline{\alpha})=0$ となる. $\overline{\alpha}$ は $\alpha$ の共役複素数である. つまり $\alpha$ が $f(x)=0$ の根ならば, $\overline{\alpha}$ もまた根である.

**証明** $0=f(\alpha)=a_0\alpha^n+a_1\alpha^{n-1}+\cdots+a_{n-1}\alpha+a_n$

両辺の共役複素数をとると

$$\overline{0} = \overline{a_0\alpha^n+a_1\alpha^{n-1}+\cdots+a_{n-1}\alpha+a_n}$$

$$0 = \overline{a_0\alpha^n}+\overline{a_1\alpha^{n-1}}+\cdots+\overline{a_{n-1}\alpha}+\overline{a_n}$$

$$0 = \overline{a}_0(\overline{\alpha})^n+\overline{a}_1(\overline{\alpha})^{n-1}+\cdots+\overline{a}_{n-1}(\overline{\alpha})+\overline{a}_n$$

$a_0, a_1, a_2, \cdots, a_{n-1}, a_n$ は実数だから $\overline{a}_0 = a_0, \overline{a}_1 = a_1, \cdots, \overline{a}_{n-1} = a_{n-1}, \overline{a}_n = a_n$ となるから

$$0 = a_0(\overline{\alpha})^n+a_1(\overline{\alpha})^{n+1}+\cdots+a_{n-1}(\overline{\alpha})+a_n = f(\overline{\alpha}).$$

だから, $\alpha$ が $f(x)=0$ の根なら, $\overline{\alpha}$ もまた根である.

**定理 6**. $a_0, a_1, a_2, \cdots, a_{n-1}, a_n$ が実数ならば,

$$f(x) = a_0x^n+a_1x^{n-1}+\cdots+a_{n-1}x+a_n$$

は

$$a_0(x-\alpha_1)(x-\alpha_2)\cdots(x-\alpha_k)(x^2+\beta_1x+\beta_1{}')$$
$$\times(x^2+\beta_2x+\beta_2{}')\cdots(x^2+\beta_lx+\beta_l{}')$$
$$(n=k+2l)$$

という形に分解される. ただし, $\alpha_1, \alpha_2, \cdots, \alpha_k, \beta_1, \beta_1',$

$\beta_2, \beta_2', \cdots, \beta_l, \beta_l'$ は実数であり，

$$\beta_1^2-4\beta_1'<0,\ \beta_2^2-4\beta_2'<0,\ \cdots,\ \beta_l^2-4\beta_l'<0$$

となる．

**証明**　$f(x)=0$ の $n$ 個のうち，実数を $\alpha_1, \alpha_2, \cdots, \alpha_k$ とし，虚数は共役のものが対で入っているので，

$$\begin{aligned}(x-\alpha_{k+m})&(x-\overline{\alpha}_{k+m})\\&=x^2-(\alpha_{k+m}+\overline{\alpha}_{k+m})x+\alpha_{k+m}\overline{\alpha}_{k+m}\\&=x^2+\beta_k x+\beta_k{}'\end{aligned}$$

とおく．$x^2+\beta_k x+\beta_k{}'=0$ の根は虚根だから判別式 $\beta_k^2-4\beta_k'<0$ である．

**定理 7**．有理関数

$$R(x)=\frac{b_0x^m+b_1x^{m-1}+\cdots+b_{m-1}x+b_m}{a_0x^n+a_1x^{n-1}+\cdots+a_{n-1}x+a_n}$$

は $\dfrac{c}{(x-\alpha)^k},\ \dfrac{c'}{(x^2+\beta x+\beta')^{k'}},\ \dfrac{c''(2x+\beta)}{(x^2+\beta x+\beta')^{k''}}$ という形の分数関数の和で表わされる．

**証明**　分母を上の定理で因子に分解して，等根を1つにまとめると，次の形になる．

$$\begin{aligned}&a_0x^n+a_1x^{n-1}+\cdots+a_{n-1}x+a_n\\&\quad=a_0(x-\alpha_1)^{k_1}(x-\alpha_2)^{k_2}\cdots(x^2+\beta_1x+\beta_1')^{k_1{}'}\cdots.\end{aligned}$$

各因子 $(x-\alpha_1)^{k_1}, \cdots, (x^2+\beta_1x+\beta_1')^{k_1'}, \cdots$ は共通根を有しないから，定理2によって，

$$R(x)=\frac{\rho_1(x)}{(x-\alpha_1)^{k_1}}+\frac{\rho_2(x)}{(x-\alpha_2)^{k_2}}+\cdots$$
$$+\frac{\sigma_1(x)}{(x^2+\beta_1x+\beta_1')^{k_1'}}+\cdots$$

となる.

$$\rho_1(x)=c_0+c_1(x-\alpha_1)+c_2(x-\alpha_1)^2+\cdots+c_s(x-\alpha_1)^s,$$
$$\sigma_1(x)=(c_0+c_0'x)+(c_1+c_1'x)(x^2+\beta_1x+\beta_1')+\cdots$$

となるから

$$\begin{aligned}\frac{\rho_1(x)}{(x-\alpha_1)^{k_1}}&=\frac{c_0+c_1(x-\alpha_1)+\cdots+c_s(x-\alpha_1)^s}{(x-\alpha_1)^{k_1}}\\&=\frac{c_0}{(x-\alpha_1)^{k_1}}+\frac{c_1}{(x-\alpha_1)^{k_1-1}}+\cdots.\end{aligned}$$

$$\begin{aligned}&\frac{\sigma_1(x)}{(x^2+\beta_1x+\beta_1')^{k_1'}}\\&=\frac{(c_0+c_0'x)+(c_1+c_1'x)(x^2+\beta_1x+\beta_1')+\cdots}{(x^2+\beta_1x+\beta_1')^{k_1'}}\\&=\frac{c_0+c_0'x}{(x^2+\beta_1x+\beta_1')^{k_1'}}+\frac{c_1+c_1'x}{(x^2+\beta_1x+\beta_1')^{k_1'-1}}+\cdots\\&=\frac{\dfrac{c_0'}{2}(2x+\beta_1)+\left(c_0-\dfrac{c_0'\beta_1}{2}\right)}{(x^2+\beta_1x+\beta_1')^{k_1'}}+\cdots.\end{aligned}$$

したがってどの項も, $\dfrac{c}{(x-\alpha)^k}$, $\dfrac{c'}{(x^2+\beta x+\beta')^{k'}}$, $\dfrac{c''(2x+\beta)}{(x^2+\beta x+\beta')^{k''}}$ という形になっている(証明終). 各々の分数式を部分分数といい, 部分分数の和に分けることを**部分分数展開**という.

**定理 8.** 任意の有理関数 $R(x)$ の不定積分は有理関数と

$\log(\quad), \tan^{-1}(\quad)$ で表わされる.

**証明** $R(x)$ を部分分数に展開して，その各々を積分してみよう.

$$\int \frac{1}{(x-\alpha)^k}\,dx = \frac{(x-\alpha)^{1-k}}{1-k} \qquad (k>1).$$

$k=1$ のときは

$$\int \frac{dx}{x-\alpha} = \log|x-\alpha|.$$

$$\int \frac{dx}{(x^2+\beta x+\beta')^k} = \int \frac{dx}{\left\{\left(x+\dfrac{\beta}{2}\right)^2+\left(\dfrac{4\beta'-\beta^2}{4}\right)\right\}^k}.$$

ここで $x+\dfrac{\beta}{2}=t,\ \dfrac{4\beta'-\beta^2}{4}=a^2$ とおくと

$$= \int \frac{dt}{(t^2+a^2)^k}.$$

これは例 14 によって，$k$ をしだいに小さくしていって，$k=1$ に帰着する.

$$\int \frac{dt}{t^2+a^2} = \frac{1}{a}\tan^{-1}\frac{t}{a}.$$

$$\int \frac{2x+\beta}{(x^2+\beta x+\beta')^k}\,dx.$$

ここで $x^2+\beta x+\beta'=t$ とおくと，

$$= \int \frac{dt}{t^k}.$$

$k=1$ なら

$$= \log|t| = \log|x^2+\beta x+\beta'|$$

$k>1$ なら

$$=\frac{t^{1-k}}{1-k}=\frac{1}{1-k}\cdot\frac{1}{(x^2+\beta x+\beta')^{k-1}}.$$

**例 15.** $\displaystyle\int\frac{x^4-2x^2+5x+7}{x^5-2x^4+2x^3-4x^2+x-2}dx$ を求めよ.

解　$x^5-2x^4+2x^3-4x^2+x-2$ を分解すると

$$=x(x^4+2x^2+1)-2(x^4+2x^2+1)$$
$$=(x-2)(x^4+2x^2+1)=(x-2)(x^2+1)^2.$$

$$R(x)=\frac{x^4-2x^2+5x+7}{(x-2)(x^2+1)^2}=\frac{1}{x-2}-\frac{4x+3}{(x^2+1)^2}.$$

$$\int\frac{x^4-2x^2+5x+7}{(x-2)(x^2+1)^2}dx=\int\frac{dx}{x-2}-\int\frac{4x+3}{(x^2+1)^2}dx.$$

$$\int\frac{dx}{x-2}=\log|x-2|.$$

$$\int\frac{4x+3}{(x^2+1)^2}dx=\int\frac{2\cdot 2x\,dx}{(x^2+1)^2}+3\int\frac{dx}{(x^2+1)^2}$$
$$=\frac{-2}{x^2+1}+3\int\frac{x^2+1-x^2}{(x^2+1)^2}dx$$
$$=-\frac{2}{x^2+1}+3\int\frac{dx}{x^2+1}-3\int\frac{x^2dx}{(x^2+1)^2}$$
$$=-\frac{2}{x^2+1}+3\tan^{-1}x-3\left(\frac{x}{2}\cdot\frac{-1}{x^2+1}+\int\frac{dx}{2(x^2+1)}\right)$$
$$=-\frac{2}{x^2+1}+\frac{3}{2}\cdot\frac{x}{x^2+1}+\frac{3}{2}\tan^{-1}x.$$

だから

$$\int R(x)dx = \log|x-2| + \frac{2}{x^2+1} - \frac{3}{2}\cdot\frac{x}{x^2+1} - \frac{3}{2}\tan^{-1}x.$$

**練習問題**

つぎの不定積分を求めよ.

(1) $\displaystyle\int \frac{3x^3+2x^2+7x-1}{x^4-2x^3+2x^2-2x+1}dx.$

(2) $\displaystyle\int \frac{2x-3}{x^3+x}dx.$

## 6. 三角関数の不定積分

$\sin x, \cos x$ の有理関数 $R(\sin x, \cos x)$ の積分を考えてみよう.

**定理 9**. $\sin x, \cos x$ の有理関数 $R(\sin x, \cos x)$ の積分は有理関数と $\tan(\quad)$, $\log(\quad)$, $\tan^{-1}(\quad)$ によって表わされる.

**証明** $\tan\dfrac{x}{2} = t$ とおく.

$$\sin x = 2\sin\frac{x}{2}\cos\frac{x}{2} = 2\tan\frac{x}{2}\cos^2\frac{x}{2}$$

$$= \frac{2\tan\dfrac{x}{2}}{\sec^2\dfrac{x}{2}} = \frac{2\tan\dfrac{x}{2}}{1+\tan^2\dfrac{x}{2}} = \frac{2t}{1+t^2}.$$

$$\cos x = \cos^2\frac{x}{2} - \sin^2\frac{x}{2} = \cos^2\frac{x}{2}\left(1-\tan^2\frac{x}{2}\right)$$

$$= \frac{1-\tan^2\dfrac{x}{2}}{\sec^2\dfrac{x}{2}} = \frac{1-\tan^2\dfrac{x}{2}}{1+\tan^2\dfrac{x}{2}} = \frac{1-t^2}{1+t^2}.$$

$$\frac{dt}{dx} = \frac{1}{2}\sec^2\frac{x}{2} = \frac{1}{2}\left(1+\tan^2\frac{x}{2}\right) = \frac{1}{2}(1+t^2).$$

$dx = \dfrac{2dt}{1+t^2}$ を代入すると，

$$\int R(\sin x, \cos x)dx = \int R\left(\frac{2t}{1+t^2}, \frac{1-t^2}{1+t^2}\right)\frac{2}{1+t^2}dt.$$

ここで $R\left(\dfrac{2t}{1+t^2}, \dfrac{1-t^2}{1+t^2}\right)\dfrac{2}{1+t^2}$ は $t$ の有理関数であるから，定理8によって，$t$ の有理関数と $\log(\quad)$，$\tan^{-1}(\quad)$ で表わされる．したがって，$\displaystyle\int R(\sin x, \cos x)dx$ は $\tan\dfrac{x}{2}$ の有理関数，$\log(\quad)$, $\tan^{-1}(\quad)$ によって表わされる．

**例 16**. $\displaystyle\int \frac{dx}{2+\cos x}$ を求めよ．

解
$$\begin{aligned}
\int \frac{dx}{2+\cos x} &= \int \frac{1}{2+\dfrac{1-t^2}{1+t^2}} \cdot \frac{2dt}{1+t^2} \\
&= \int \frac{1+t^2}{t^2+3} \cdot \frac{2}{1+t^2}dt \\
&= \int \frac{2}{t^2+3}dt = 2\int \frac{dt}{t^2+(\sqrt{3})^2} \\
&= \frac{2}{\sqrt{3}}\tan^{-1}\frac{t}{\sqrt{3}} \\
&= \frac{2}{\sqrt{3}}\tan^{-1}\left(\frac{1}{\sqrt{3}}\tan\frac{x}{2}\right).
\end{aligned}$$

**練習問題**

つぎの不定積分を求めよ．

(1) $\displaystyle\int \frac{\cos^2 x}{2-\sin x}dx.$ (2) $\displaystyle\int \frac{dx}{2\cos x - 3\sin x}.$

(3) $\displaystyle\int \frac{\sin x}{3+\cos x+\sin x}dx.$

### 7. $\boldsymbol{R(x, \sqrt{ax^2+bx+c})}$ の積分

$\sqrt{ax^2+bx+c}=y$ とおくと,

$$ax^2+bx+c=y^2.$$

この式を満足する $x, y$ の対を $(x_0, y_0)$ としよう.

$${ax_0}^2+bx_0+c={y_0}^2.$$

辺々引くと

$$a(x^2-{x_0}^2)+b(x-x_0)=y^2-{y_0}^2.$$

$$(x-x_0)(ax+ax_0+b)=(y-y_0)(y+y_0).$$

ここで $t=\dfrac{y-y_0}{x-x_0}$ とおく.

$$\begin{cases} ax+ax_0+b=t(y+y_0) & (1) \\ t(x-x_0)=y-y_0 & (2) \end{cases}$$

から $y$ を消去するために $(1)-(2)\times t$ をつくると

$$(a-t^2)x+ax_0+b+t^2x_0=2ty_0,$$

$$x=\frac{x_0t^2-2ty_0+ax_0+b}{t^2-a}=\varphi(t).$$

$x$ を消去するために, $(1)\times t-(2)\times a$ をつくると

$$bt+2ax_0t=(t^2-a)y+y_0t^2+ay_0.$$

$y$ について解くと

$$y=\frac{-y_0t^2+(2ax_0+b)t-ay_0}{t^2-a}=\phi(t).$$

つまり

$$\begin{cases} x=\varphi(t) \\ y=\phi(t) \end{cases}$$

となるが, $\varphi(t), \phi(t)$ は $t$ の有理関数である. これを積分に代入して置換すれば,

$$\int R(x, \sqrt{ax^2+bx+c})dx = \int R(x, y)dx$$
$$= \int R(\varphi(t), \phi(t))\varphi'(t)dt.$$

$R(\varphi(t), \phi(t))$ は $t$ の有理関数，また $\varphi'(t)$ も有理関数である．したがって $R(\varphi(t), \phi(t))\varphi'(t)$ は $t$ の有理関数である．

だから定理8によって，$t$ の有理関数，$\log(\quad)$，$\tan^{-1}(\quad)$ で表わされる．

そこで $t=\dfrac{y-y_0}{x-x_0}$ を代入してもとにもどせば，最終的に $x, y$ の有理関数，$\log(\quad)$, $\tan^{-1}(\quad)$ で表わされることがわかる．

$\int R(x, \sqrt{x^2+ax+b})$ は $\sqrt{x^2+ax+b}=y$ とおくと $x^2+ax+b-y^2=0$ という関係で結びつけられている $x, y$ の有理関数 $R(x, y)$ の積分となっている．

ここで $x, y$ の関係を一般化して，$x, y$ の多項式 $P(x, y)$ を $0$ とおいた

$$P(x, y)=0$$

によって，結びつけられているとき，

$$\int R(x, y)dx$$

を**アーベル積分**という．

アーベル積分はこの本の程度を越えているので詳しくはのべないが，19世紀の数学におけるもっとも重要な理論

の1つであった.

## 8. 定積分

例 **17**. $\displaystyle\int_0^{2\pi} x^2 \sin x\,dx$ を求めよ.

解 $$\int x^2 \sin x\,dx = x^2(-\cos x) + \int 2x\cos x\,dx$$
$$= -x^2\cos x + 2x\sin x - 2\int \sin x\,dx$$
$$= -x^2\cos x + 2x\sin x + 2\cos x,$$
$$\int_0^{2\pi} x^2 \sin x\,dx = \Big[-x^2\cos x + 2x\sin x + 2\cos x\Big]_0^{2\pi}$$
$$= (-4\pi^2 + 2) - 2 = -4\pi^2.$$

**練習問題**

次の定積分を求めよ.

(1) $\displaystyle\int_1^2 \log x\,dx.$ (2) $\displaystyle\int_0^{\frac{\pi}{2}} x\sin 2x\,dx.$

(3) $\displaystyle\int_0^1 \frac{dx}{e^x+1}.$

## 9. 置換積分

$$\int_a^b f(x)dx = F(b) - F(a)$$

が定積分の基礎であるが, $x=\varphi(t)$ とおいて置換積分を行なったとき, $\varphi(t_1)=a$, $\varphi(t_2)=b$ で, $\varphi(x)$ は区間 $[t_1, t_2]$ で単調に増加, または単調に減少し, かつ微分可能でしかも $\varphi'(t)$ は連続であるものとする.

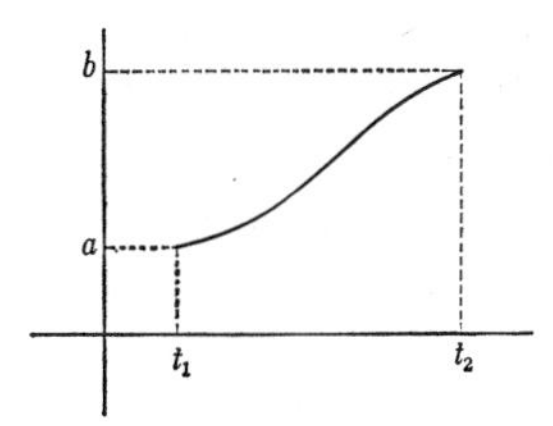

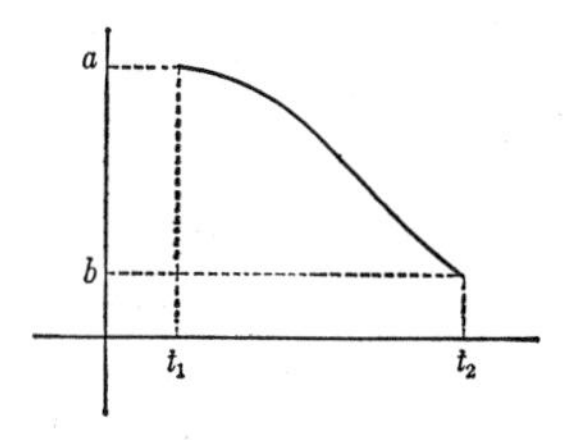


図 10-2

つまりグラフにかくと，図 10-2 のようになっているものとする．

このとき，つぎのことが成立つ．

**定理 10.** $\displaystyle\int_a^b f(x)dx = \int_{t_1}^{t_2} f(\varphi(t))\varphi'(t)dt.$

証明　このとき，

$$\int f(x)dx = F(x)$$

とする．ここで $\dfrac{d}{dt}F(\varphi(t)) = \dfrac{dx}{dt}\cdot\dfrac{dF(x)}{dx} = f(x)\varphi'(t)$ $= f(\varphi(t))\varphi'(t)$，$\varphi(t)$ が $t$ について連続．$f(x)$ が $x$ について連続だから，第 4 章定理 3 によって，$f(\varphi(t))$ は $t$ に対して連続である．また，仮定によって，$\varphi'(t)$ が連続だから，$f(\varphi(t))\varphi'(t)$ は $t$ の連続関数である．

したがって，積分の存在定理（第 9 章定理 3）によって

$$\int_{t_1}^{t_2} f(\varphi(t))\varphi'(t)dt$$

は存在する．しかもこれは $\dfrac{d}{dt}F(\varphi(t)) = f(\varphi(t))\varphi'(t)$．だから，

$$= F(\varphi(t_2)) - F(\varphi(t_1)) = F(b) - F(a) = \int_a^b f(x)dx.$$

したがって

$$\int_a^b f(x)dx = \int_{t_1}^{t_2} f(\varphi(t))\varphi'(t)dt.$$

**例 18.** $\displaystyle\int_0^1 \frac{dx}{1+x^2}$ を求めよ.

解　$x = \tan\theta$ とおく.

$x$ が 0 から 1 まで変化するにつれて $\theta$ は 0 から $\dfrac{\pi}{4}$ まで単調に変化する.

$$0 = \tan 0, \quad 1 = \tan\frac{\pi}{4}.$$

だから

$$\int_0^1 \frac{dx}{1+x^2} = \int_0^{\frac{\pi}{4}} \frac{\sec^2\theta}{1+\tan^2\theta}d\theta$$
$$= \int_0^{\frac{\pi}{4}} d\theta = \Big[\theta\Big]_0^{\frac{\pi}{4}} = \frac{\pi}{4} - 0 = \frac{\pi}{4}.$$

**練習問題**

つぎの定積分を求めよ.

(1)　$\displaystyle\int_0^a \sqrt{a^2-x^2}dx.$　　(2)　$\displaystyle\int_0^1 x\sqrt{1-x}dx.$

(3)　$\displaystyle\int_0^{\frac{\pi}{2}} \sqrt{\tan x}dx.$　　(4)　$\displaystyle\int_0^1 \sqrt{\frac{x}{1-x}}dx.$

(5)　$\displaystyle\int_0^{\frac{\pi}{2}} \frac{d\theta}{2+\cos\theta}.$

# 第 IV 部　微分方程式

# 第11章　微分方程式

## 1. 微分方程式の意味

これまで微分積分というと，微分方程式まではふくまれていなかった．しかし，ここではこれまでの常識を破って，微分方程式のことをあつかうことにする．その理由をのべよう．

微分と積分はどちらかというと，主としてすでにきまっている曲線と接線を求めたり，面積や長さを求めたりすることを学ぶことになっている．それはCalculusつまり1つの計算術と考えられている．しかし微分方程式となると，視点が大きく変わってくる．そこにはもはや単なる計算術ではなくなり，未知の法則の発見という広大な世界が開けてくる．

そういう意味で，微分方程式はニュートン以来，物理学，力学，天文学をはじめとして，自然科学における強力な武器となった．

かりに微分方程式というものがなかったら今日の自然科学ははるかに低い段階に止まっていただろう．

## 2. 流れと方向の場

微分方程式はどのようなことを表わしているだろうか．まずはじめに次のような実例からはじめよう．

毎日の気象通報では「那覇では南西の風，5メートルでくもり，…」というように日本附近の各地における風向と風速が放送される．このときの風向きを日本地図の上にマークしてみよう．

図11-1から，その日の風の流れの大まかの傾向がわかる．誰でも風が南西から北東の方向に流れていることが判断できるだろう．

図11-1

このように日本の各地点において，風の方向が与えられているとき，それは1つの**方向の場**が与えられているという．気象通報では日本のあらゆる地点における風向きが与えられているわけではなく，ある間隔をへだてて設けられている各測候所における風の方向が与えられるだけである．そのために風の流れは大まかにしか推測できない．

つぎに北太平洋の海流の流れをしらべてみよう．

海流の流れの線をしらべるには，何か浮流物を流してそれを追跡してみるとわかるだろうが，しかしそれにはたいへんな労力がいる．その代わりに北太平洋の各地点における海流の方向をしらべて，それから推定することもできる．

図 11-2 は北太平洋における海流の方向を表わす方向の場である（2 月）．それをみると，海流のだいたいの傾向を推定することができる．

このばあいにも，海流を測定する地点を多くして，密にしていくにつれて，推定はそれだけ正確になっていく．

一般的に方向の場が与えられているとき，そこから流れの曲線を求めるには，各点での接線が，方向の場によって

図 11-2

与えられている方向と同じ方向をもつような曲線をみつければよいのである.

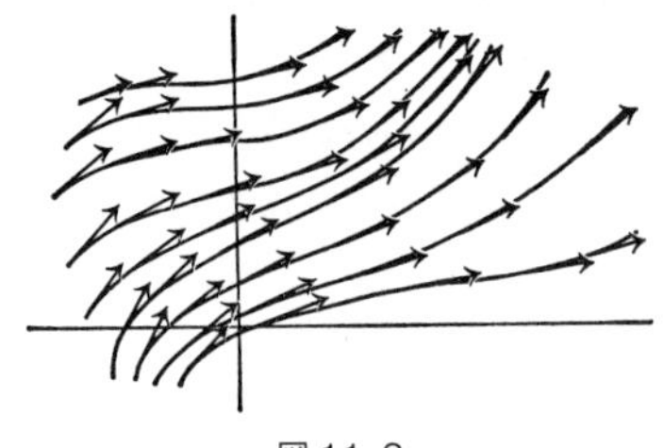

図 11-3

方向の与えられた点がまばらであったら大まかな流れの線しか得られないが, 密になるにつれて推定は正確になっていく. しだいに密にとっていって, 最後にあらゆる点における方向が与えられていたら, 流れの線は厳密に定まるはずである.

たとえば次のような方向の場が与えられたばあいを考えてみよう.

すなわち各点における方向は一定点 $O$ と結ぶ線と常に垂直になっているばあいである (図 11-4). このような方向の場からは流れの線としては, $O$ を中心とする同心円が得られることはたやすくわかる (図 11-5).

このような方向の場を式で表わしたらどうなるだろうか.

まず, 平面に直角座標 $(x, y)$ を定めておく. 点 $(x, y)$ において与えられた方向の勾配を $f(x, y)$ で表わすと, こ

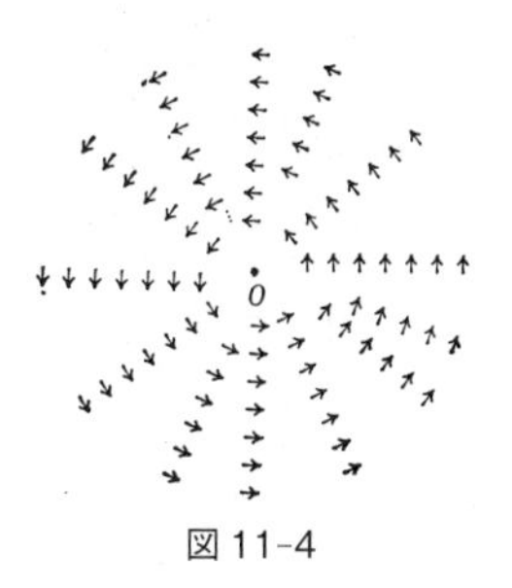


図 11-4

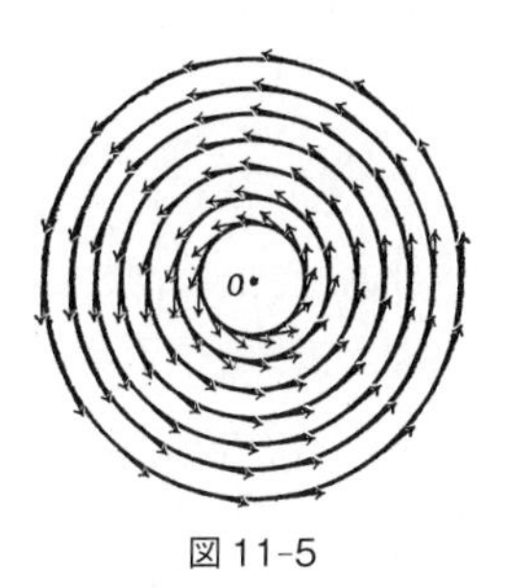


図 11-5

れが，その点を通る流れの曲線 $y=\varphi(x)$ の接線の勾配 $\dfrac{dy}{dx}$ と一致するから $\dfrac{dy}{dx}=f(x,y)$ という方程式を満足するはずである．だから，方向の場は

$$\frac{dy}{dx}=f(x,y)$$

によって与えられるものとみてよい．

上の例では，点 $(x, y)$ における方向は，点 $O$ つまり $(0, 0)$ と結ぶ直線の勾配 $\frac{y}{x}$ と垂直であるから $f(x, y) = -\frac{x}{y}$ となるはずである．つまり方向の場は

$$\frac{dy}{dx} = -\frac{x}{y}$$

という方程式によって与えられているわけである．そのときの流れの曲線は $(0, 0)$ を中心とする同心円であるから

$$x^2 + y^2 = r^2$$

という形にかける．$r$ をいろいろにかえると大小さまざまな同心円が得られるわけである．この同心円は

$$\frac{dy}{dx} = -\frac{x}{y}$$

という方程式を満足することは，計算によってたしかめることができる．両辺を $x$ で微分すると，

$$2x + 2y\frac{dy}{dx} = 0.$$

したがって

$$\frac{dy}{dx} = -\frac{x}{y}.$$

一般的に

$$\frac{dy}{dx} = f(x, y)$$

という形の方程式を1階の常微分方程式という．それは1階の微分係数と $x, y$ をふくんだ等式である．そして微分方程式では求められているものは $y = \varphi(x)$ という関数で

ある．

同じ方程式であっても代数方程式では求められているものは数であるが，微分方程式では求められているのは数ではなく，未知の関数である．

このように未知の関数をふくみ，その未知の関数を探し出すことを問いかけている方程式を一般に**関数方程式**という．

たとえばすべての実数の $x, y$ に対して，

$$f(x+y) = f(x)+f(y)$$

となるような関数 $f(x)$ を求めよと問いかけているとき，それは関数方程式である．

$$f(x) = ax$$

はそのような関数方程式の解の 1 つである．

微分方程式はもちろん関数方程式の一種である．

## 3. 微分法則と積分法則

もういちど方向の場にもどろう．

気象通報で報道される風向きは各地における風の方向だけであって，その風がどのように流れて，そこまでやってきたか，とか，あるいはこれからどういう線をえがいて流れていくであろうか，という点については何もいっていない．ただある瞬間において，ある地点を吹き過ぎる風についていっているだけである．だからそのデータはもちろん遠望のきかない夜でも得ることができる．

つまり，そのデータはある瞬間におけるある地点での状

態について物語っているものにすぎない．

それはまったく局部的な知識にすぎないのである．

気象通報はそのような局部的な知識を各地点ごとに集めて，それを並列的に放送しているのである．だから，そのままでは全体的な見通しをもった知識とはなっていないのである．

また，さきにのべた

$$\frac{dy}{dx} = -\frac{x}{y}$$

という微分方程式によって平面上の各点における流れの方向が与えられるが，それはあくまで点 $(x, y)$ の近くの状態を物語っているものにすぎない．

この微分方程式を満足する同心円を求めてはじめて流れの全体の様子がわかるのである．つまり

$$\frac{dy}{dx} = -\frac{x}{y}$$

は平面の各点における流れの状態をバラバラに与えているだけである．流れ方の法則の各点ごとの現われ方を与えているという意味から，それを微分法則と名づける．これに対して

$$x^2 + y^2 = r^2$$

は流れの法則の全体的な見通しを与えているから，それを積分法則と名づける．

つまりある現象を観察して微分方程式を立てることは，微分法則を見出したことになるし，その微分方程式を解い

て $x^2+y^2=r^2$ という解を得ると，それは積分法則を発見したことになる．つまり

$$\frac{dy}{dx}=-\frac{x}{y}\longrightarrow x^2+y^2=r^2.$$

$$\text{（微分法則）}\xrightarrow{\text{（解く）}}\text{（積分法則）}$$

「微分方程式を解く」ということは微分法則から積分法則を引き出すことに他ならない．

微分法則，積分法則ということばをはじめて使ったのはアインシュタインである．

たとえば地上の落体の法則は，「落体の加速度は $g$ である」という文章で言い表わされるが，それを式でかくと次のようになる．

$t$ を時間，$x$ を落下距離とすると，加速度は $\dfrac{d^2x}{dt^2}=g$. ここで $g=980\ \mathrm{cm/sec^2}$ とする．

これは微分方程式で，アインシュタインのいう微分法則である．ところが，両辺を $t$ で積分すると

$$\frac{dx}{dt}=gt+v_0.$$

$v_0$ は $t=0$ のときの速度である．さらに積分すると，

$$x=\frac{1}{2}gt^2+v_0t+c_0.$$

$c_0$ は $t=0$ のときの落下距離である．

この式は上の微分方程式の解であって，積分法則を言い表わしている．

## 4. いろいろの微分方程式

$\dfrac{dy}{dx}=f(x,y)$ という微分方程式において右辺の $f(x,y)$ がとくに $y$ をふくんでいないばあい，つまり $\dfrac{dy}{dx}=f(x)$ となるばあいを考えてみよう．

この式の方向の場は，$x=\text{const.}$ の直線上ではすべて同じ方向である．図示すると，図 11-6 のようになっている．

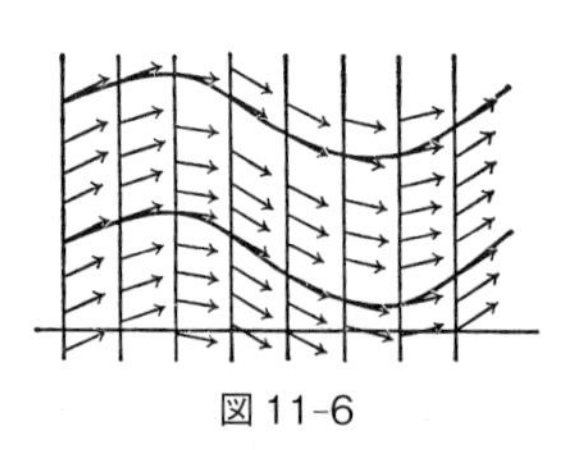

図 11-6

だから流れの線は1つの曲線を上下に平行移動し得るものである．つまり1つの解が

$$y=\varphi(x)$$

ならば他の解は $c$ だけ平行移動した

$$y=\varphi(x)+c$$

となるわけである．

$\dfrac{dy}{dx}=f(x)$ はこれまでの考えでいくと，両辺を $x$ で積分して $y=\displaystyle\int f(x)dx+c$ となる．

このように不定積分 $\displaystyle\int f(x)dx$ を求めることは

$$\frac{dy}{dx}=f(x)$$

という特別な形の微分方程式を解くことに他ならない．そして不定積分にでてくる積分定数は，解を上下に移動してもよいということを表わしている．とくに

$$\frac{dy}{dx} = a \qquad (a \text{ は定数})$$

のときは方向の場はすべての点で同じ方向 $a$ が与えられているのだから，図 11-7 のようになっていて，流れの線はいうまでもなく

$$y = ax + b \qquad (b \text{ は任意の定数})$$

という形になる．

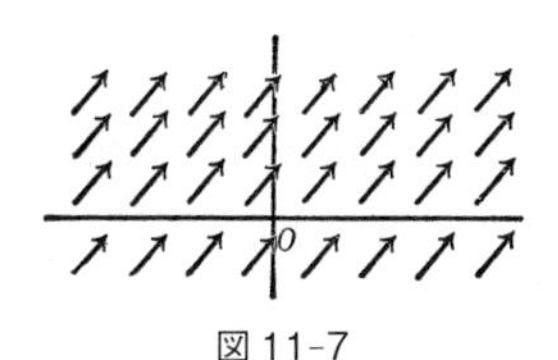


図 11-7

ここで $a=1$ なら方程式が

$$\frac{dy}{dx} = 1$$

となり，その解は

$$y = x + b$$

である．これは微分方程式というのもおこがましいようなかんたんな微分方程式である．

最初の形はこれほどかんたんではないが，変数 $x, y$ を別の変数に変えると，

$$\frac{dy}{dx} = 1$$

という形になってしまうような一群の方程式がある.

$$\frac{h(y)dy}{g(x)dx} = 1$$

という形の微分方程式がそれである.

$$X = \int g(x)dx \quad とおくと \quad \frac{dX}{dx} = g(x)$$

$$Y = \int h(y)dy \quad とおくと \quad \frac{dY}{dy} = h(y)$$

となる.

$$1 = \frac{h(y)}{g(x)} \cdot \frac{dy}{dx} = \frac{dY}{dX}$$

となり, 結局, 微分方程式の形は $\dfrac{dY}{dX} = 1$ となり, その解は以上のように

$$Y = X + b$$

となる.

$x, y$ についての式にすると,

$$\int h(y)dy = \int g(x)dx + b$$

となる. この式を直接求めるには $\dfrac{h(y)}{g(x)} \dfrac{dy}{dx} = 1$ から $h(y)\dfrac{dy}{dx} = g(x)$ を出し, そこで両辺を $dx$ で積分すると

$$\int h(y)\frac{dy}{dx}dx = \int g(x)dx + b$$

となる．左辺は

$$\int h(y)dy$$

となる．したがって

$$\int h(y)dy = \int g(x)dx + b$$

が得られる．もちろん

$$\frac{dy}{dx} = g(x) \cdot h(y)$$

という形のものも全く同じにすればよい．これも

$$\frac{\frac{1}{g(x)}}{h(y)} \cdot \frac{dy}{dx} = 1$$

であるから

$$\frac{1}{h(y)} \cdot \frac{dy}{dx} = g(x)$$

となり，両辺を $dx$ で積分すると

$$\int \frac{1}{h(y)} \cdot \frac{dy}{dx} dx = \int g(x)dx + b.$$

すなわち

$$\int \frac{1}{h(y)} dy = \int g(x)dx + b$$

となる．結局これは

$$\frac{dy}{h(y)} = g(x)dx$$

として両辺を $dy, dx$ で積分すると

$$\int \frac{dy}{h(y)} = \int g(x)dx + b$$

となるわけである．

この例からもわかるように $f(x, y)$ がとくに $x$ だけの関数 $g(x)$ と $y$ だけの関数 $h(y)$ の積にわかれるばあい，つまり

$$\frac{dy}{dx} = g(x) \cdot h(y)$$

という形の微分方程式は両辺をそれぞれ $x, y$ だけの式に直して積分すれば解けるのである．このような形の微分方程式を変数分離型であるという．

これまでに何回か論じた

$$\frac{dy}{dx} = -\frac{x}{y}$$

もやはり変数分離型であるから，上のような方法で解けるはずである．両辺に分離すると

$$ydy = -xdx$$

となるから，両辺を積分すると

$$\int ydy = -\int xdx + b.$$

$$\frac{y^2}{2} = -\frac{x^2}{2} + b.$$

したがって $x^2 + y^2 = 2b$ となる．$2b$ の代わりに $r^2$ とおくと，同心円がその解になることはより明らかになる．

$$x^2 + y^2 = r^2.$$

このように変数分離型であったら，不定積分を2回行なうことによって解けるのである．

そのような特殊な方程式のうちでよくでてくるものを二，三解いてみよう．

**例 1**．$\dfrac{dy}{dx}=y$ を解け．

**解**　この方程式の解としては $y=ce^x$ があることははじめからわかっているだろうが，これを変数分離型の一種として解いてみよう．

$$\frac{dy}{y}=dx.$$

$$\int\frac{dy}{y}=\int dx+b.$$

$$\log|y|=x+b.$$

$$|y|=e^{x+b}=e^b\cdot e^x.$$

$$y=\pm e^b\cdot e^x.$$

$\pm e^b=c$ とおくと

$$y=c\cdot e^x.$$

**例 2**．$\dfrac{dy}{dx}=\dfrac{y}{x}$ を解け．

**解**　この方程式の与える方向の場は，原点を中心とする放射線状になっている（図 11-8）．

だから流れの線は $y=cx$ となるであろうことははじめから推定できる．しかし計算によって解くと，次のようになる．

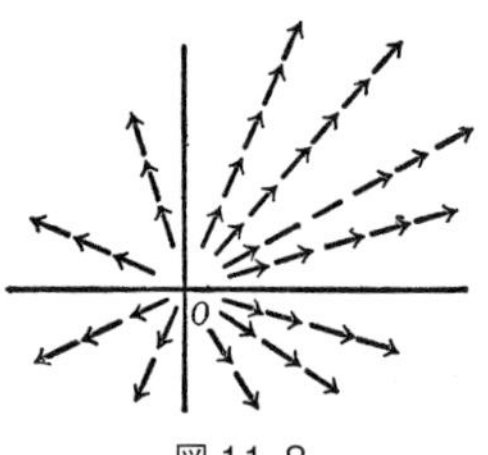


図 11-8

$$\frac{dy}{y} = \frac{dx}{x}$$

として，両辺を積分すると

$$\int \frac{dy}{y} = \int \frac{dx}{x} + b.$$

$$\log|y| = \log|x| + b.$$

$$|y| = e^{\log|x|+b} = e^b|x|.$$

ここで $y = \pm e^b x$．$\pm e^b$ を $c$ とおくと

$$y = cx$$

となる．

**例 3**．ある限られた容器のなかで繁殖するバクテリアの繁殖の速度は，そのバクテリアの量と，バクテリアの利用していない空間の大きさに比例するという．そのような繁殖の法則を微分方程式で表わし，それを解け．

**解**　$t$ を時間とし，$x$ をバクテリアの現在量とする．容器を完全にみたしたときのバクテリアの量を $a$ とすると，$a-x$ は残りの空間である．

したがってその法則は次のようにかける．

$$\frac{dx}{dt} = kx(a-x).$$

これは明らかに変数分離型である.

$$\frac{dx}{x(a-x)} = kdt.$$

両辺を積分すると

$$\int \frac{dx}{x(a-x)} = k\int dt.$$

$$\int \frac{1}{a}\left(\frac{1}{a-x}+\frac{1}{x}\right)dx = kt+b.$$

$$\frac{1}{a}(\log|x|-\log|a-x|) = kt+b.$$

$$\frac{1}{a}\log\frac{|x|}{|a-x|} = kt+b.$$

$$\left|\frac{x}{a-x}\right| = e^{akt+ab}.$$

$$\frac{x}{a-x} = \pm e^{ab}e^{akt}.$$

$\pm e^{ab}=c$ とおけば $\dfrac{x}{a-x}=ce^{akt}$. これから

$$x = \frac{ace^{akt}}{ce^{akt}+1} = \frac{ac}{c+e^{-akt}}.$$

以上は変数分離型の例ばかりであったが，いつでもそうなるとは限らない．一般の形の微分方程式

$$\frac{dy}{dx} = f(x, y)$$

は不定積分によって解けるとは限らないのである.

教科書の練習問題でははじめには不定積分で解けるよ

うな微分方程式ばかりあげてあるので，微分方程式はすべて不定積分で解けるものと錯覚しがちであるが，それは誤解である．一般の微分方程式は不定積分では解けないものであって，ごく特殊なものだけが不定積分で解けるのである．そこで不定積分以外で解く方法がいろいろ研究されているのである．

## 5. 等傾曲線

平面上に分布した方向の場から流れの曲線群を求めることが微分方程式を解くことであった．そのことをもっと具体的にするために，まず次のような微分方程式を考えてみよう．

$\dfrac{dy}{dx}=x+y$，これは一般的な微分方程式 $\dfrac{dy}{dx}=f(x,y)$ において，とくに $f(x,y)$ を $x+y$ とおいたばあいに相当する．

$$\frac{dy}{dx}=f(x,y)=x+y$$

この方程式によって与えられる方向の場はおよそ次のようなものである．

点 $(x,y)$ において与えられた方向は $x+y$ であるから，

$$x+y=\mathrm{const.}$$

という点，つまり1つの直線上では同じ方向が与えられていることになる（図 11-9）．

$x+y=\mathrm{const.}$ という式で与えられる曲線を等傾曲線（isocline）とよぶ．その曲線の上では方向が等しいから

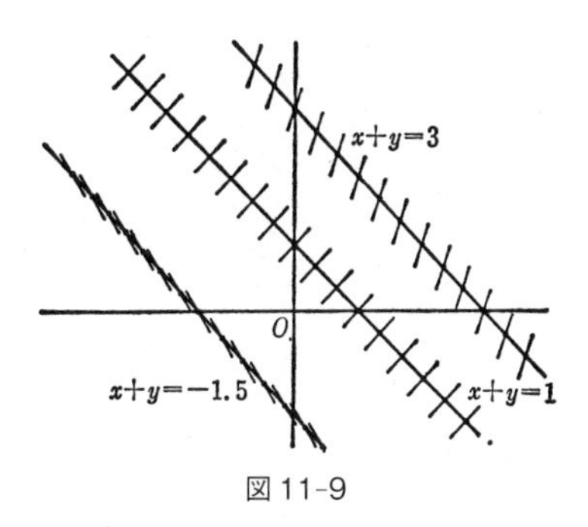


図 11-9

である．そのような等傾曲線を利用して微分方程式を解く方法を考えてみよう．

たとえば (0, 0) という点を通る解を求めることにしよう．もちろんはじめから正確な解を求めることはできないから，はじめはできるだけ近い解を求めることにしよう．

(0, 0) で与えられた方向は $x+y=0+0=0$ であるから，(0, 0) における解の曲線は 0 という勾配をもっている．したがって図 11-10 における $OA_1$ が求める曲線の接線である．接線は求める曲線にきわめて近いから，この $OA_1$ で代用することにする．この $OA_1$ が $x+y=1$ という等傾曲線と交わる点を $A_1$ とする．次にこの $A_1$ において与えられている勾配は $0+1=1$ であるから，その方向に $A_1A_2$ という直線をつくる．この $A_1A_2$ が次の等傾曲線 $x+y=2$ と交わる点を $A_2$ とする．この点における勾配は 2 であるから，その方向に直線 $A_2A_3$ をつくって，

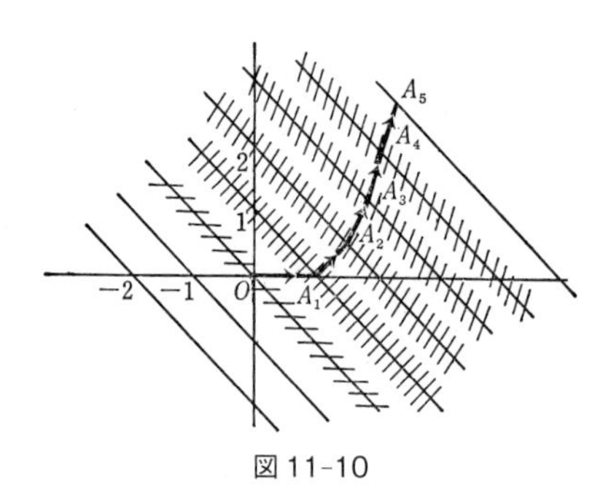


図 11-10

その直線が等傾曲線 $x+y=3$ と交わる点を $A_3$ とする．

以下同様に $A_4, A_5, \cdots$ を求めていくと，折れ線 $OA_1A_2\cdots A_n\cdots$ が得られる．この折れ線は求める曲線そのものではないが，それに近いものであることが予想されるだろう．

以上では等傾曲線を

$$x+y=0,$$

$$x+y=1,$$

$$x+y=2,$$

$$\cdots\cdots$$

というように1の間隔をおいてえがいたが，さらにその間隔を $0.1, 0.01, \cdots$ と縮めていくと，しだいに屈折の細かい折れ線がつくられ，滑らかな曲線に近づく．その曲線が求める微分方程式の解となるだろう（図 11-11）．

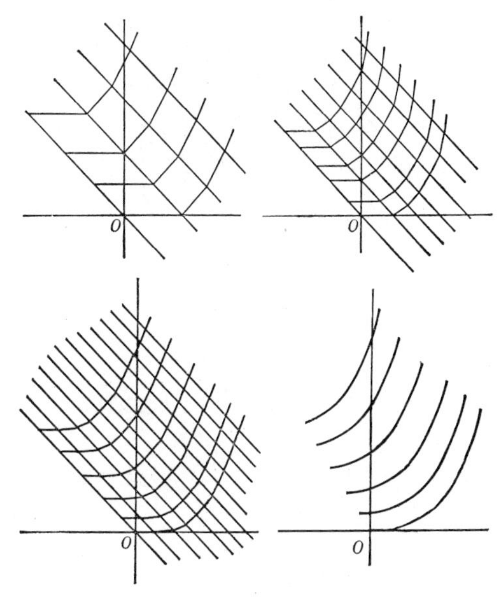


図 11-11

これを一般化して $\dfrac{dy}{dx}=f(x,y)$ という微分方程式を考えたとき $f(x,y)=$ 定数という曲線上では方向はみな等しいから，その曲線が等傾曲線となる.

たとえば

$$\frac{dy}{dx}=f(x,y)=\sqrt{x^2+y^2}$$

という微分方程式の等傾曲線は $f(x,y)=\sqrt{x^2+y^2}=c=$

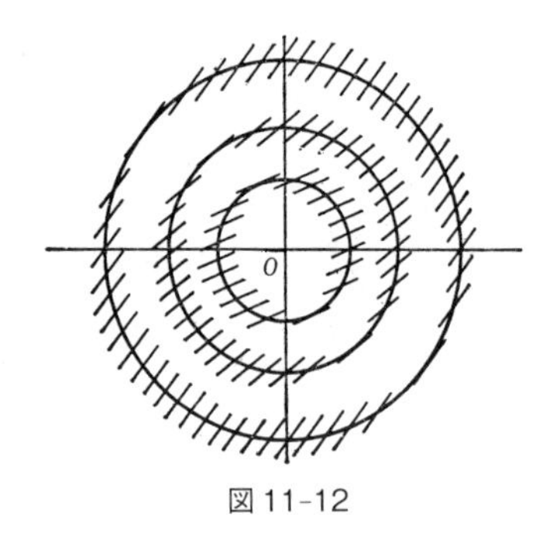


図 11-12

定数であり，したがって原点を中心とする同心円である(図 11-12).

**問** つぎの微分方程式によって与えられる等傾曲線をえがけ.

(1) $\dfrac{dy}{dx} = xy.$ (2) $\dfrac{dy}{dx} = y - x^2.$ (3) $\dfrac{dy}{dx} = x^2 - y^2.$

## 6. 折れ線による方法

微分方程式を解くには等傾曲線の方法のように折れ線によって近似していく方法がある．等傾曲線の方法とは少しちがうが，コーシーの折れ線法といわれるのもそのような近似的解法である．

$$\frac{dy}{dx} = f(x, y)$$

の点 $(x_0, y_0)$ を通る解を求めるのに，まずその点を通って解の曲線に近い折れ線をつくってみよう．

点 $(x_0, y_0)$ における流れの方向は微分方程式によって与えられるから

$$\frac{dy}{dx} = f(x_0, y_0)$$

である．そこで $(x_0, y_0)$ を通って勾配が $f(x_0, y_0)$ となる直線

$$y = y_0 + f(x_0, y_0)(x - x_0)$$

をつくる．求める解の曲線はまだわからないが，この直線は点 $(x_0, y_0)$ においてその曲線に接していることだけはわかっている．だから，点 $P_0(x_0, y_0)$ の近くではその直線は求める曲線に極めて近いことがわかる．

点 $P$ がその直線上を $P_0$ から少し動いて $P_1$ にうつったら，座標は

$$x_0 \to x_0 + \Delta x$$
$$y_0 \to y_0 + f(x_0, y_0)\Delta x$$

となる．$P_1$ の座標を $(x_1, y_1)$ とすると

$$x_1 = x_0 + \Delta x$$
$$y_1 = y_0 + f(x_0, y_0)\Delta x$$

が得られる．この $P_1 = (x_1, y_1)$ において与えられた方向は，いうまでもなく，$f(x_1, y_1)$ であるから，$(x_1, y_1)$ を通って $f(x_1, y_1)$ という方向をもつ直線は

$$y = y_1 + f(x_1, y_1)\Delta x$$

であるから，$x_1$ が $x_1 + \Delta x = x_2$ にうつると，$y$ は $y_1$ か

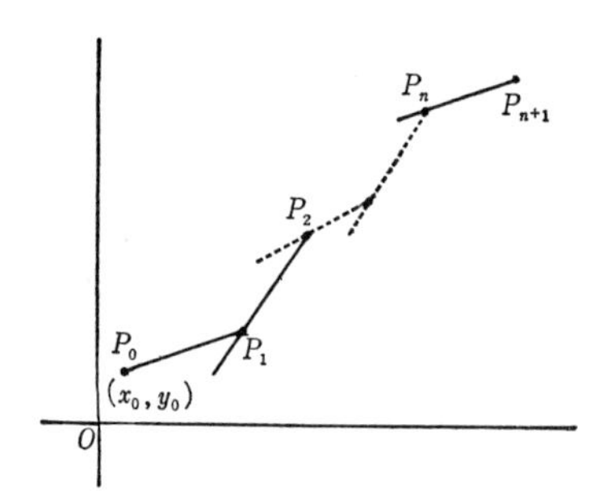


図 11-13

ら $y_1 + f(x_1, y_1)\Delta x = y_2$ にうつる．このようにして，順々に $P_0, P_1, P_2, \cdots, P_n, P_{n+1}, \cdots$ をつくっていく．

$P_n$ の座標から $P_{n+1}$ の座標を求めるには次の式によって計算すればよい．

$$\begin{cases} x_{n+1} = x_n + \Delta x, \\ y_{n+1} = y_n + f(x_n, y_n)\Delta x. \end{cases}$$

このようにして得られた $P_0P_1P_2\cdots P_nP_{n+1}\cdots$ という折れ線はそのまま求める解の曲線ではないが，少なくとも $P_0, P_1, P_2, \cdots, P_n, P_{n+1}, \cdots$ という頂点では $f(x, y)$ によって与えられる方向と同じ方向をもっていることは明らかである．

だからこの折れ線をつくっていくときの間隔 $\Delta x$ をしだいに小さくしていくと，折れ線はしだいに細かい屈曲をもつようになり，$\Delta x \to 0$ となると，ついに滑らかな曲線に近づく．この滑らかな曲線が求める曲線であると期待できる.

**例 4.** 微分方程式 $\dfrac{dy}{dx}=y$ を折れ線法によって解け.

**解** $(x_0, y_0)$ を通る解を求めよう.

$$\frac{dy}{dx}=f(x,y)=y$$

として $(x_0, y_0)$ における方向を求めると

$$f(x_0, y_0)=y_0.$$

折れ線の頂点は $P_0, P_1, \cdots, P_{n-1}, P_n$ で, $P_n$ の横座標が $x$ になるように $\Delta x$ をえらぶことにすると

$$n\Delta x=x-x_0$$

となる. したがって

$$\Delta x=\frac{x-x_0}{n}$$

とならねばならぬ.

$$\begin{cases} x_1=x_0+\Delta x, \\ y_1=y_0+y_0\Delta x=y_0(1+\Delta x). \end{cases}$$

$$\begin{cases} x_2=x_1+\Delta x, \\ y_2=y_1+y_1\Delta x=y_1(1+\Delta x). \end{cases}$$

$$\cdots$$

$$\cdots$$

したがって

$$y_n=y_{n-1}(1+\Delta x)=y_{n-2}(1+\Delta x)(1+\Delta x)$$
$$\cdots=y_0(1+\Delta x)^n.$$

だから, $y_n$ は

$$y_n = y_0(1+\Delta x)^n = y_0\left(1+\frac{x-x_0}{n}\right)^n.$$

ここで $\Delta x$ を $0$ に近づけるには分割の数 $n$ を限りなく大きくすればよい．したがって

$$\lim_{n\to+\infty} y_n = \lim_{n\to+\infty} y_0\left(1+\frac{x-x_0}{n}\right)^n$$

を求めるとよい．

$\displaystyle\lim_{n\to+\infty}\left(1+\frac{x-x_0}{n}\right)^n$ は指数関数の定義によって $e^{x-x_0}$ になる．したがって

$$\lim_{n\to+\infty} y_n = y_0 e^{x-x_0}.$$

だから，$(x_0, y_0)$ を通る解は

$$y = \varphi(x) = y_0 e^{x-x_0}$$

である．検算してみよう．

$$\varphi(x_0) = y_0 e^{x_0-x_0} = y_0 e^0 = y_0 \cdot 1 = y_0.$$

だから，$y=\varphi(x)$ は点 $(x_0, y_0)$ を通る．

$$\frac{dy}{dx} = \frac{d\varphi(x)}{dx} = y_0 e^{x-x_0} = \varphi(x) = y.$$

つまり，$y=\varphi(x)$ は微分方程式

$$\frac{dy}{dx} = y$$

を満足する．

## 7. 特殊解と一般解

これまで説明してきたように微分方程式

$$\frac{dy}{dx} = f(x, y)$$

は平面上の方向の場を与え，それを解くと平面上の流れの全体が見通せることになる．

このとき図11-14の右図は全体の流れである．そのとき1つ1つの流れは1本の曲線であるが，そのような曲線が無数に集まって平面の一部をおおっていることになって，それが全体の流れになっている．その1つ1つの曲線が微分方程式 $\frac{dy}{dx} = f(x, y)$ の解になっているわけである．だから，この微分方程式の解は無数にある．そのような無数にある解のなかでの1つの解を**特殊解**という．

このように無数にある解の曲線のなかから1つの特殊解をえらび出すには，どこかに垂線を立てて，その垂線のどこを通るかをみればよい．

この垂線上の高さ $c$ の点を通る解を $y=\varphi(x, c)$ とすれば，無数の解のなかから1つえらび出すことができる．

つまり $y=\varphi(x, c)$ という関数は1つの任意定数 $c$ をふくむが，この $c$ にある特別な解を代入すると，1つの特殊解が得られる．このような関数 $y=\varphi(x, c)$ を微分方程式 $\frac{dy}{dx} = f(x, y)$ の**一般解**という．$\frac{dy}{dx} = f(x, y)$ の一般解は1つの任意定数をふくむことがわかる．

たとえば $f(x, y) = -\frac{x}{y}$ のときは

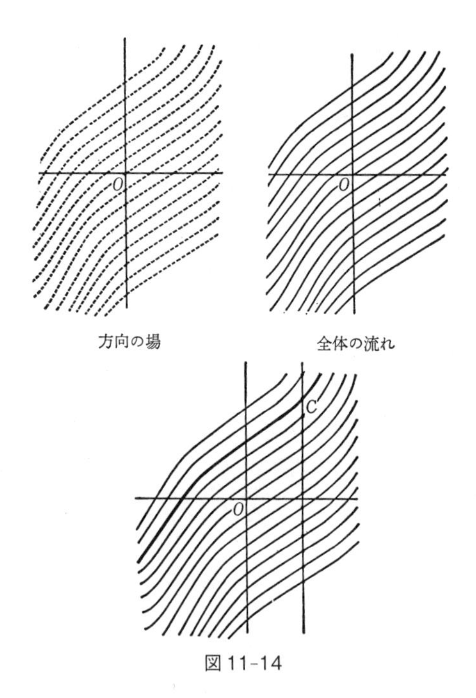


方向の場　　全体の流れ

図 11-14

$$\frac{dy}{dx} = -\frac{x}{y}$$

という微分方程式になるが，その解は原点を中心とする同心円になることはすでに知っている．したがって，その方程式は $x^2+y^2=c^2$ あるいは $y=\pm\sqrt{c^2-x^2}$ となる．

**例 5.** $\dfrac{dy}{dx} = y$ の一般解を求めよ.

**解** 前の例で解いたように, $(x_0, y_0)$ を通る解は

$$y = y_0 e^{x - x_0}$$

である. ここで $x_0 = 0$ という垂線上の $y_0 = c$ という点を通る解は

$$y = y_0 e^{x - x_0} = ce^{x-0} = ce^x$$

となる. したがって

$$y = ce^x$$

が一般解である. この解は任意定数 $c$ をふくみ, $\varphi(x, c)$ という形をもっている.

# 第12章 微分方程式の解法

## 1. 変数分離型

$f(x, y)$ がいたるところで $a$ という定数になるばあいには，微分方程式は

$$\frac{dy}{dx} = a$$

という型になる．このばあいの方向の場は，どの点でも一定の方向になっている．

だからそのときの流れは図 12-1 のようになっている．

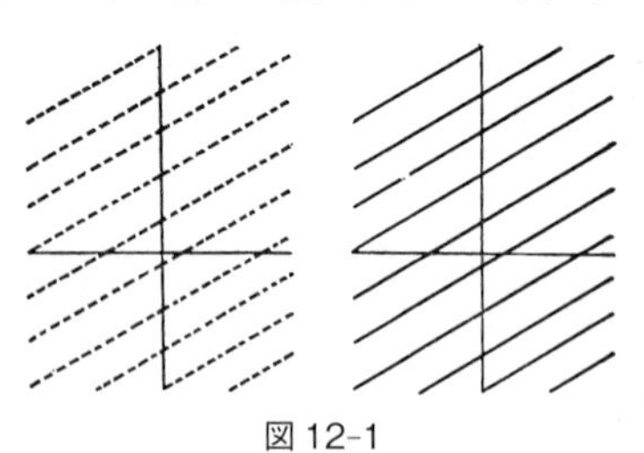

図 12-1

式でかくと $y=ax+c$ である．この解を求めるには次のように計算によって求めることもできる．

$y=\varphi(x)$ を解とすると

$$\frac{d\varphi(x)}{dx} = a$$

であるから，両辺を積分すると

$$\int \frac{d\varphi(x)}{dx}dx = \int adx,$$

$$\varphi(x) = ax + c.$$

ここで $c$ は積分定数である．つまり一般解は

$$y = ax + c$$

である．ここで積分したときの積分定数 $c$ が一般解のなかに入っている任意定数となっているのである．

この例と同じように，不定積分という計算手段によって一般解を求めることのできる特別な形の微分方程式がある．

それは $f(x, y)$ が $x$ だけの関数 $g(x)$ と $y$ だけの関数 $h(y)$ の積で表わされているばあいである．

$$f(x, y) = g(x)h(y).$$

微分方程式にすると

$$\frac{dy}{dx} = g(x)h(y)$$

という形をもつばあいである．この形をもつ微分方程式を**変数分離型**という．$f(x, y)$ が，$x$ だけの関数と $y$ だけの関数に分かれるからである．解を $y = \varphi(x)$ とおいてみよう．

$$\frac{d\varphi(x)}{dx} = g(x)h(y).$$

両辺を $h(y)$ で割ると

$$\frac{1}{h(y)}\frac{d\varphi(x)}{dx} = g(x).$$

両辺を $dx$ で積分すると

$$\int \frac{1}{h(y)}\frac{dy}{dx}dx = \int g(x)dx,$$

$$\int \frac{dy}{h(y)} = \int g(x)dx.$$

左辺は $y$ だけの関数，右辺は $x$ だけの関数である．

**注意** これを解くには $\dfrac{dy}{dx} = g(x)h(y)$ から形式的に両辺に $dx$ をかけ $h(y)$ で割って

$$\frac{dy}{h(y)} = g(x)dx$$

の形にして積分すれば

$$\int \frac{dy}{h(y)} = \int g(x)dx$$

となるから結果は同じになる．だから普通はこのように形式的に変形することが多い．

**例 1**. $\dfrac{dy}{dx} = -\dfrac{x}{y}$ を解け．

**解** $-\dfrac{x}{y} = (-x)\times\dfrac{1}{y}$

となるから変数分離型である．だから $ydy = -xdx$ として積分すると

$$\int ydy = -\int xdx,$$

$$\frac{y^2}{2} = -\frac{x^2}{2} + c.$$

整理すると

$$x^2+y^2=2c.$$

$2c$ の代わりに新しく，$c^2$ とおきかえると $x^2+y^2=c^2$ が得られる．この計算で左辺も右辺も不定積分であるから，双方から $c, c'$ という積分定数が1つずつ出て

$$\int \frac{dy}{h(y)}+c=\int g(x)dx+c'.$$

合計2つの任意定数が現われて，結局一般解に2つの任意定数がでてきそうに思われる．しかし，上の式で $c'$ を移項すると $c-c'$ となり，この $c-c'$ を新しい任意定数 $c''$ にとれば，2つの $c, c'$ は $c''$ に吸収されて，結果的に任意定数は1つになって，2つ出てくる心配はなくなる．

例 **2**．微分方程式 $\dfrac{dy}{dx}=xy$ を解け．

解　$\dfrac{dy}{y}=xdx$ となるから

$$\int \frac{dy}{y}=\int xdx,$$

$$\log|y|=\frac{x^2}{2}+c,$$

$$|y|=e^{\frac{x^2}{2}+c}=e^c e^{\frac{x^2}{2}},$$

$$y=\pm e^c e^{\frac{x^2}{2}}.$$

ここで $\pm e^c$ を新しく $c$ とおきかえると

$$y=ce^{\frac{x^2}{2}}.$$

検算してみると

$$\frac{dy}{dx} = cx \cdot e^{\frac{x^2}{2}} = x \times ce^{\frac{x^2}{2}} = xy.$$

例 **3**.　$\dfrac{dy}{dx} = \dfrac{ky}{x}$ を解け.

解　$\dfrac{dy}{y} = \dfrac{kdx}{x}$ として両辺を積分すると

$$\int \frac{dy}{y} = \int \frac{kdx}{x},$$

$$\log|y| = k\log|x| + c,$$

$$|y| = e^{k\log|x|+c} = e^c e^{\log|x|^k} = e^c|x|^k,$$

$$y = \pm e^c|x|^k$$

となる. $\pm e^c$ を新しく $c$ とおくと $y = c|x|^k$ となる.

## 2. 1次関数, 対数関数, 指数関数, 累乗関数

$x$ が微小な $\Delta x$ だけ変化したとき, $\Delta x$ は別に $x$ の大きさには無関係であると考える. しかし $\dfrac{\Delta x}{x}$ を考えると, それは $x$ の大きさに関係する.

$\Delta x$ は同じで $x$ が小さいときは $\dfrac{\Delta x}{x}$ は大きくなり, 逆に $x$ が大きくなれば $\dfrac{\Delta x}{x}$ は小さくなる. もし $\Delta x$ を絶対変化量と名づけ, $\dfrac{\Delta x}{x}$ を相対変化量と名づけるとき, 2つの変数 $x, y$ の変化量が比例するばあいには次の4つの場合がある.

(1)　$y$ の絶対変化量 $\Delta y$ と $x$ の絶対変化量 $\Delta x$ が比例するとき.

$$\Delta y \propto \Delta x, \qquad \Delta y = k\Delta x.$$

極限では

$$\frac{dy}{dx} = k.$$

解は

$$y = kx + c.$$

つまり 1 次関数である．

(2)　$y$ の絶対変化量 $\Delta y$ と $x$ の相対変化量 $\dfrac{\Delta x}{x}$ が比例するとき．

$$\Delta y \propto \frac{\Delta x}{x}, \quad \frac{dy}{dx} = \frac{k}{x}.$$

解は

$$y = k \log |x| + c.$$

つまり対数関数である．

(3)　$y$ の相対変化量 $\dfrac{\Delta y}{y}$ と $x$ の絶対変化量 $\Delta x$ が比例するとき．

$$\frac{\Delta y}{y} \propto \Delta x, \quad \frac{dy}{dx} = ky.$$

解は

$$y = ce^{kx}.$$

すなわち指数関数である．

(4)　$y$ の相対変化量 $\dfrac{\Delta y}{y}$ と $x$ の相対変化量 $\dfrac{\Delta x}{x}$ が比例するとき．

$$\frac{\Delta y}{y} \propto \frac{\Delta x}{x}, \qquad \frac{\Delta y}{y} = \frac{k\Delta x}{x}, \qquad \frac{dy}{dx} = \frac{ky}{x}.$$

解は

$$y = c|x|^k$$

である．つまり累乗関数である．

このように1次関数，対数関数，指数関数，累乗関数を微分方程式によって特徴づけることができる．

## 3. 高階の微分方程式

$$\frac{dy}{dx} = f(x, y)$$

という形の微分方程式は，$y$の第1次の導関数だけをふくんでいる．このような微分方程式を1階の微分方程式という．しかし微分方程式にはより高次の導関数 $\frac{d^2y}{dx^2}$, $\frac{d^3y}{dx^3}$, … をふくんでいるものがある．

一般に最高$k$次までの導関数をふくんでいる微分方程式を$k$階の微分方程式という．たとえば

$$\frac{d^2y}{dx^2} = x\frac{dy}{dx} + y$$

は2階の微分方程式である．

もちろん階数が高くなればなるほど微分方程式を解くことはそれだけむずかしくなる傾向がある．

高階の微分方程式を方向の場という観点からみるとどうなるだろうか．それについて考えてみよう．

まずはじめに3次元の空間における方向の場を考えてみることにする．

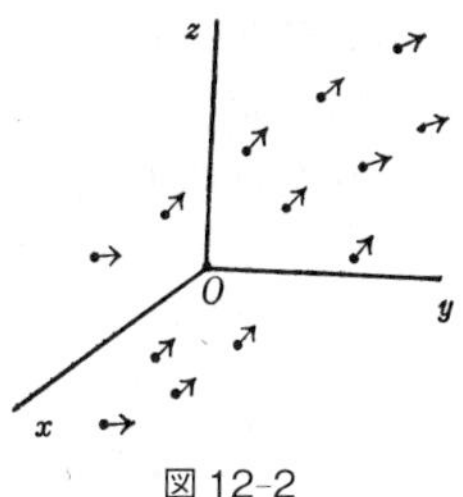


図 12-2

3 次元空間のなかの 1 点 $P(x, y, z)$ において与えられた方向を $V$ として，それが

$$f : g : h$$

という連比で与えられているものとする．この成分 $f, g, h$ は点 $P$ の関数であるから，結局 $x, y, z$ の関数である．したがって，方向の場は

$$f(x, y, z) : g(x, y, z) : h(x, y, z)$$

という 3 つの関数の連比で与えられることになる．

点 $P$ における解の曲線の方向があらかじめ与えられた方向の場と一致する，ということを式にかくと

$$\frac{dx}{f(x, y, z)} = \frac{dy}{g(x, y, z)} = \frac{dz}{h(x, y, z)}.$$

ここで $dx : dy : dz$ は曲線の接線の方向を表わす．

ここで

$$\begin{cases} \dfrac{dy}{dx} = \dfrac{g(x, y, z)}{f(x, y, z)} \\ \dfrac{dz}{dx} = \dfrac{h(x, y, z)}{f(x, y, z)} \end{cases}$$

という連立の微分方程式になる．

これが3次元空間における方向の場を与えていて，その解は，各点における接線の方向がこの式であらかじめ与えられた方向と一致するような流れを発見すればよいわけである．

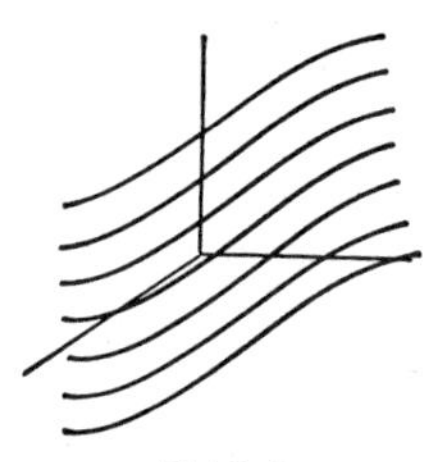

図 12-3

$y, z$ 平面上の点 $(0, c_1, c_2)$ を通る流れの曲線は

$$\begin{cases} y = \varphi_1(x, c_1, c_2) \\ z = \varphi_2(x, c_1, c_2) \end{cases}$$

で与えられる．$x=0$ のときは，$y=c_1, z=c_2$ となるから

$$\begin{cases} c_1 = \varphi_1(0, c_1, c_2) \\ c_2 = \varphi_2(0, c_1, c_2) \end{cases}$$

という条件を満足する．

つまり上の微分方程式は2つの任意定数をふくむことがわかる．ところで，$y$ に関する2階の微分方程式は

$$\frac{d^2y}{dx^2} = f\left(x, y, \frac{dy}{dx}\right)$$

とかけるから

$$\frac{dy}{dx}=z$$

とおくと

$$\frac{dz}{dx}=\frac{d^2y}{dx^2}=f(x, y, z)$$

となるから，次のような連立微分方程式となる．

$$\begin{cases} \dfrac{dy}{dx}=z \\ \dfrac{dz}{dx}=f(x, y, z). \end{cases}$$

これは前の連立微分方程式の特別なばあいである．

だから，$x=0$ における $y$ と $z$，すなわち，$\dfrac{dy}{dx}$ の値を与えると，解が定まる．つまり2階の微分方程式の解は2つの任意定数がふくまれる．

$$y=\varphi(x, c_1, c_2).$$

全く同じように $n$ 階の微分方程式の解は $n$ 個の任意定数をふくんでいることが推測できよう．

このように $n$ 個の任意定数をふくむ $n$ 階の微分方程式の解を一般解という．

この任意定数に特別な値を代入して得られる解を特殊解という．

## 4. 線型微分方程式

一般的にいって，$n$ 階の微分方程式は

$$F(x, y, y', \cdots, y^{(n)})=0$$

という形をしているが，とくに $F$ が $y, y', \cdots, y^{(n)}$ につい

て1次であるようなばあいを線型（linear）であるという．その形を式にかくと，次のようになる．

$$a_0(x)y^{(n)}+a_1(x)y^{(n-1)} \\ +\cdots+a_{n-1}(x)y'+a_n(x)y+a_{n+1}(x)=0$$

ここで係数の $a_0(x), a_1(x), \cdots, a_n(x)$ がすべて $x$ の変化に対して変化しない定数であるばあいに，定係数の線型微分方程式であるという．ただし $a_{n+1}(x)$ は定数でなくてもよい．

それを $-\varphi(x)$ とおいて整理すると，次のような形になる．

$$a_0\frac{d^ny}{dx^n}+a_1\frac{d^{n-1}y}{dx^{n-1}}+\cdots+a_{n-1}\frac{dy}{dx}+a_ny=\varphi(x)$$

ここで $\varphi(x)=0$ のとき，同次であるといい，$\varphi(x)$ が0でないとき非同次であるという．

このような形の微分方程式は現実にしばしば現われてくる．たとえば次のようなばあいを考えてみよう．

上式の $x$ を時間であるとして $t$ で表わす．

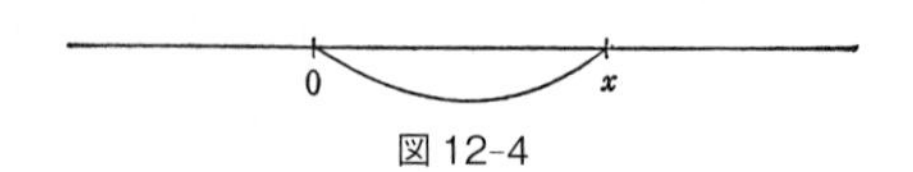


図 12-4

原点0からの距離を $y$ とする．この $y$ を $x$ で表わすことにしよう．この $x$ という位置において $m$ という質量をもった物体があるものとする．そして $x$ に比例する力で引きもどされるものとする．

このとき，力は $m\dfrac{d^2x}{dt^2}$ であり，引きもどす力は $-kx$ となるから，次の式が立つ．

$$m\frac{d^2x}{dt^2}=-kx. \qquad (k\text{ は比例定数})$$

さらに速度に比例するまさつ力 $-l\dfrac{dx}{dt}$ が働くものとすれば

$$m\frac{d^2x}{dt^2}=-kx-l\frac{dx}{dt}$$

という式が成り立つ．整理すると，次のようになる．

$$m\frac{d^2x}{dt^2}+l\frac{dx}{dt}+kx=0.$$

これは同次の定係数微分方程式である．ところが，この物体に時刻 $t$ には $\varphi(t)$ という力が常に働くものとする．

$$m\frac{d^2x}{dt^2}+l\frac{dx}{dt}+kx=\varphi(t)$$

という非同次の定係数線型微分方程式が得られるのである．

次章でこのような微分方程式の一般論をのべる．

# 第13章　演算子

## 1. 演算子

ここでは関数を一定の方式で，ある関数に変えるはたらき（機能）をもったものを**演算子**とよぶことにする．暗箱の図式を利用すると，図 13-1 のようになる．

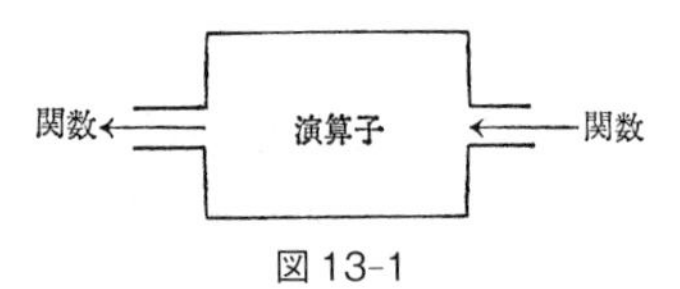


図 13-1

数を数に変えるのが関数であったが，その関数をまた関数に変えるのであるから，関数よりはより複雑な概念である．

たとえば任意の関数 $f(x)$ に $x$ という変数をかけて $x\cdot f(x)$ に変えるはたらきをする演算子もある．これは

$$x\times(\quad)$$

とかくことができよう．

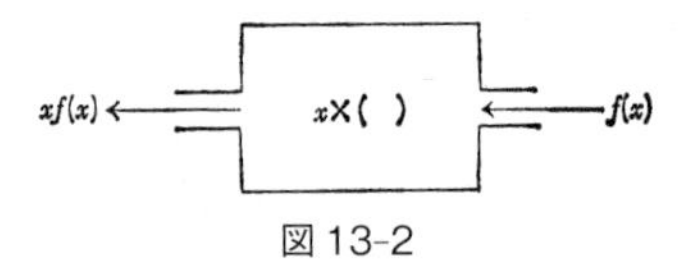


図 13-2

また関数を微分するはたらきもやはり演算子である．これは

$$\frac{d}{dx}(\quad)$$

とかくことができよう．

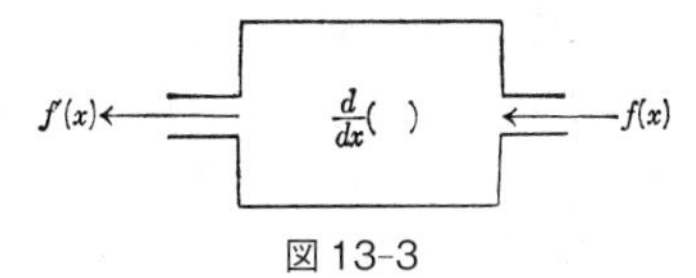

図 13-3

この暗箱（図 13-3）に $x^3$ が入ってくると，$3x^2$ になって出ていくし，

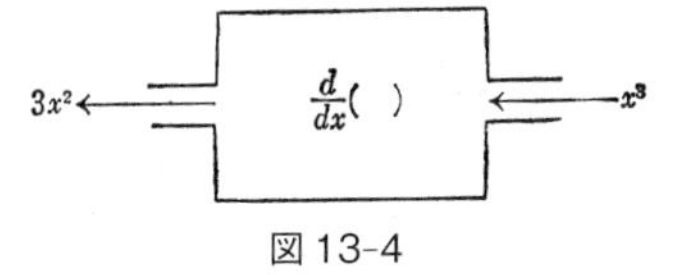

図 13-4

$\sin x$ が入ってくれば $\cos x$ となって出ていく．

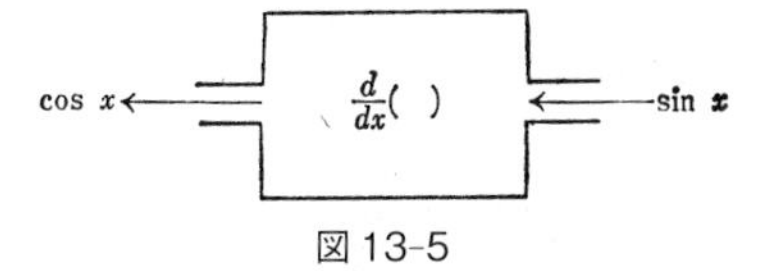

図 13-5

また定数をかけるはたらきも演算子である．

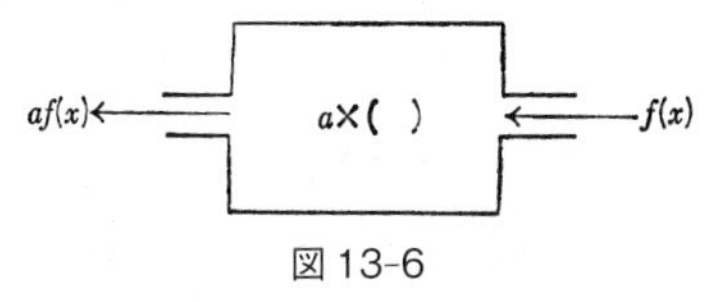

図 13-6

これから主として $\dfrac{d}{dx}(\quad)$ と $a\times(\quad)$ という2つの演算子をとりあつかうことにする.

## 2. 線型演算子

演算子のなかではとくに「線型」とよばれるものが重要であって, しかも取扱いが比較的に容易である.

2つの関数 $f(x)$, $g(x)$ の1次結合 $af(x)+bg(x)$ にある演算子 $L$ をほどこしたとき, それがやはり1次結合となって出てくるとき, $L$ を線型であるという.

$$L(af(x)+bg(x)) = aL(f(x))+bL(g(x))$$

暗箱で表わすと図 13-7, 図 13-8, 図 13-9 のようになっている.

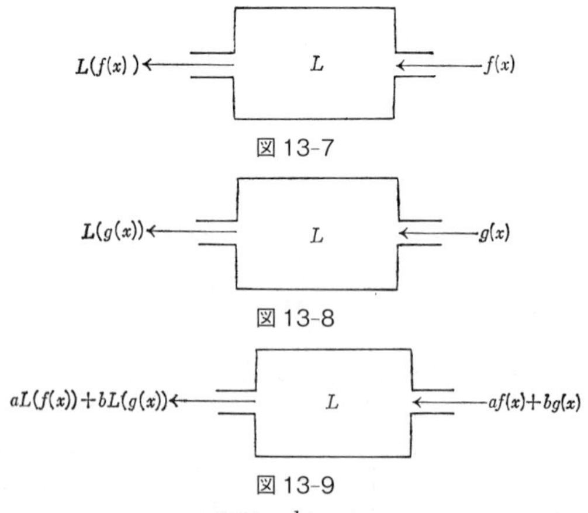


図 13-7

図 13-8

図 13-9

たとえば微分の演算子 $\dfrac{d}{dx}(\quad)$ もやはり線型である.

なぜなら，微分の公式によって

$$\frac{d}{dx}(af(x)+bg(x)) = a\frac{d}{dx}f(x)+b\frac{d}{dx}g(x)$$

となるからである．

もちろん，定数をかける演算子 $a\times(\quad)$ も $x$ をかける演算子 $x\times(\quad)$ もやはり線型である．しかし，関数を2乗する演算子 $(\quad)^2$ は線型ではない．なぜなら

$$(af(x)+bg(x))^2 = a^2f(x)^2+2abf(x)g(x)+b^2g(x)^2$$

となり，$af(x)^2+bg(x)^2$ とはならないからである．

ここで取扱うのはもっぱら線型の演算子である．

## 3. 線型演算子の加法と減法

線型演算子にはもちろん無数の種類がある．それらの演算子を結合して新しい演算子をつくることを考えよう．

$L$ と $M$ はともに線型演算子であるとする．このとき，1つの関数 $f(x)$ に $L$ と $M$ をほどこしたものを加えてみよう．

$$L(f(x))+M(f(x))$$

これはまたある1つの関数である．

このとき，$f(x)$ から $L(f(x))+M(f(x))$ をつくり出す演算子を $L$ と $M$ の和とよび，$L+M$ で表わすことにする（図 13-12）．

式にかくと

$$L(f(x))+M(f(x)) = (L+M)(f(x))$$

とかける．つまり，左辺の右側にある $f(x)$ をくくった形

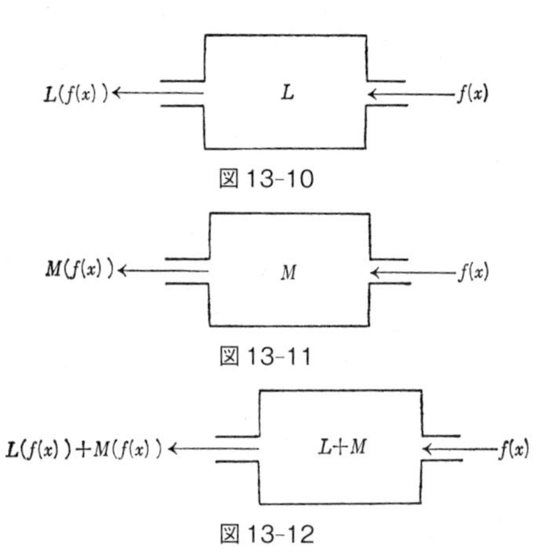

図 13-10
図 13-11
図 13-12

が右辺になっている．

差は同様に

$$L(f(x))-M(f(x)) = (L-M)(f(x))$$

である．このようにして，2つの演算子の和と差が定義された．

$L, M$ が共に線型なら，$L+M$ も $L-M$ もやはり線型である．なぜなら

$$\begin{aligned}&(L+M)(af(x)+bg(x))\\&\quad = L(af(x)+bg(x))+M(af(x)+bg(x))\end{aligned}$$

ここで，$L, M$ は線型だから

$$= aL(f(x)) + bL(g(x)) + aM(f(x)) + bM(g(x))$$
$$= a(L(f(x)) + M(f(x))) + b(L(g(x)) + M(g(x)))$$
$$= a(L+M)(f(x)) + b(L+M)(g(x)).$$

最初と最後の項をくらべると，明らかに線型であることがわかる．

$L-M$ に対してもまったく同様に証明できる．

## 4. 演算子の乗法

次に $L$ と $M$ の積を考えてみよう．

$f(x)$ に $L$ をほどこし，その結果，$L(f(x))$ に $M$ をほどこすと $M(L(f(x)))$ が得られるが，ここで $f(x)$ を $M(L(f(x)))$ に変える演算子を $ML$ で表わすことにする．図で表わすと，図 13-13 のようになる．

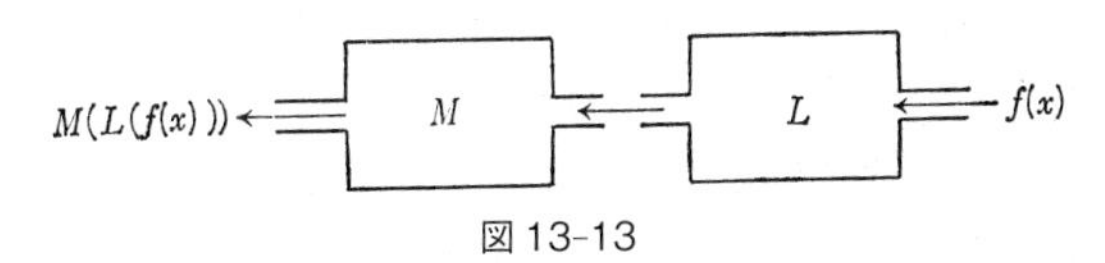


図 13-13

これは $L, M$ という 2 つの暗箱を連結したものを 1 つの暗箱とみたものである（図 13-14）．

このような 2 つの機械を連結するのは流れ作業のなかにはいくらでもみることができる．

ここでも $L, M$ が線型ならば $ML$ もやはり線型になる．なぜなら

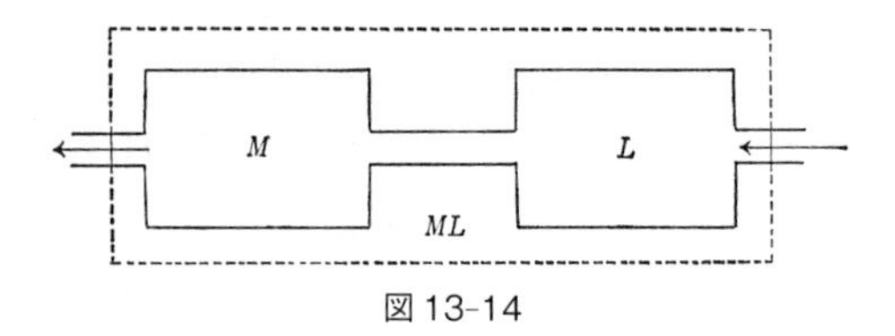


図 13-14

$$\begin{aligned} &ML(af(x)+bg(x)) \\ &\quad = M(L(af(x)+bg(x))) \\ &\quad = M(aL(f(x))+bL(g(x))) \\ &\quad = aM(Lf(x))+bM(L(g(x))) \\ &\quad = aML(f(x))+bML(g(x)). \end{aligned}$$

最初の項と最後の項を比較すると，$ML$ が線型であることが証明されたことになる．

$L$ と $M$ とから $ML$ をつくり出すのは数の乗法とよく似ているが，大いに異なる点もある．

それは $L$ と $M$ とをほどこす順序をかえると一般には結果がちがってくる，ということである．

$$L = \frac{d}{dx}(\quad), \qquad M = x\times(\quad)$$

とする．

$$\begin{aligned} LM(f(x)) &= \frac{d}{dx}(x\times f(x)) = \frac{d}{dx}(xf(x)) \\ &= x\cdot\frac{df(x)}{dx}+f(x) = ML(f(x))+f(x). \end{aligned}$$

この式からも，$LM$ と $ML$ とはちがうことがわかるだろう．つまり $L$ と $M$ は順序を交換すると結果がちがってくるのである．

このように演算子の加法，減法，乗法を考えることができたが，それらの結合には次のような法則が成り立つ．

(1) $L+M=M+L$.

(2) $(L+M)+N=L+(M+N)$, $(LM)N=L(MN)$.

(3) $L(M+N)=LM+LN$.

(4) $(L+M)N=LN+MN$.

これらの証明は読者にまかせよう．

乗法の交換法則を除いて，数と同じ法則が成り立つことがわかるだろう．

**例 1**. $\dfrac{d^n}{dx^n}(\quad)$ はどのような演算子か．

解

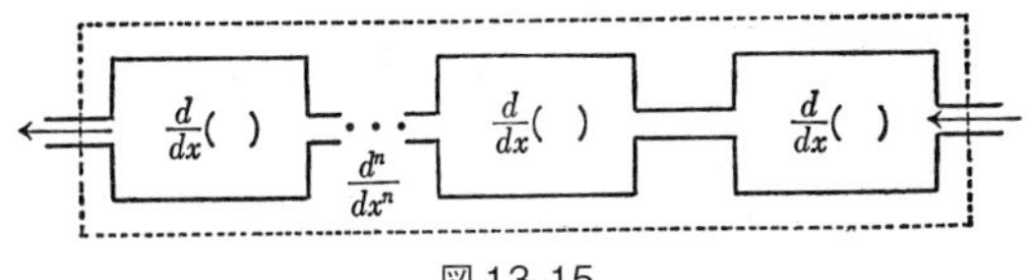


図 13-15

つまり数のばあいと同じく，同じ演算子 $L$ を $n$ 回連続にほどこしたものを $L^n$ で表わすことにすると

$$L^n = \overbrace{LL\cdots L}^{n}.$$

$\dfrac{d^n}{dx^n}(\quad)$ は $\dfrac{d}{dx}$ の $n$ 乗と考えてよいことになる（図 13-15）．そうすると $\left(\dfrac{d}{dx}\right)^n$ とかいてもよいはずである．

これを形式的に変形すると

$$\left(\frac{d}{dx}\right)^n = \frac{d^n}{dx^n}$$

となる．

このことを考えると $\dfrac{d^n}{dx^n}$ という記号そのものが，そういうことを見越してつくられたのかも知れない．

## 5. $\dfrac{d}{dx}$ の多項式

演算子の加，減，乗を定義したので

$$a_0 \frac{d^n y}{dx^n} + a_1 \frac{d^{n-1} y}{dx^{n-1}} + \cdots + a_n y = \varphi(x)$$

は次のようにかける．

$$\left(a_0 \frac{d^n}{dx^n} + a_1 \frac{d^{n-1}}{dx^{n-1}} + \cdots + a_n\right) y = \varphi(x).$$

ここで

$$L = a_0 \frac{d^n}{dx^n} + a_1 \frac{d^{n-1}}{dx^{n-1}} + \cdots + a_n$$

とおくと，上の微分方程式はかんたんに $L(y) = \varphi(x)$ とかける．前にあげた例では

$$L = m \frac{d^2}{dx^2} + l \frac{d}{dx} + k$$

とおくと

$$L(y) = \varphi(x)$$

となる．

## 6. $L(y)=\varphi(x)$ の意味

上の例では $y$ は運動の各瞬間における0からの変位であって，外力 $\varphi(x)$ によって引き起こされた結果に当たる．$\varphi(x)$ は運動を起こす原因になっている．

ところが方程式は

$$L(y)=\varphi(x)$$

であるから，結果の $y$ に $L$ をほどこして，原因の $\varphi(x)$ が得られるという形になっている．

結果 ⟶ 原因

ところが，これは逆で，原因の $\varphi(x)$ に $L$ の逆に当る演算をほどこして，$y$ が得られるという形に直すほうが望ましい．数学的には図13-16のような形になっているから，これを逆にして図13-17の形にすることが望ましい．ただしここで $L^{-1}$ は $L$ の逆の演算子である（図13-18）．

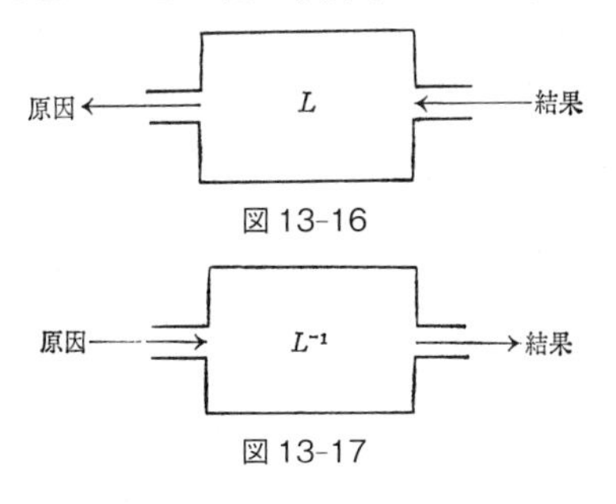


図13-16

図13-17

もし

$$L=m\frac{d^2}{dx^2}+l\frac{d}{dx}+k$$

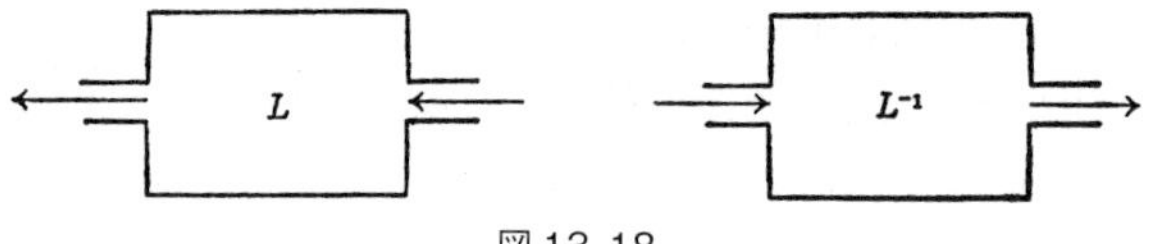


図 13-18

という演算子を次のように2つの演算子の積に分解したら，大へん都合がよいだろう．

$$L = m\left(\frac{d}{dx} - \alpha\right)\left(\frac{d}{dx} - \beta\right).$$

ところが，これは微分 $\frac{d}{dx}(\quad)$ と定数をかける演算子 $c\times(\quad)$ だけから成り立っていることがわかる．

ところが，この2つの演算子はほどこす順序をかえても差支えない．

$$\frac{d}{dx}(cf(x)) = c\frac{d}{dx}(f(x))$$

が常に成り立つからである．したがってこの式は $\frac{d}{dx}(\quad)$ と $c\times(\quad)$ とが「あたかもふつうの数であるかのように」計算してもよいことになる．

$$\left(\frac{d}{dx} - \alpha\right)\left(\frac{d}{dx} - \beta\right) = \frac{d^2}{dx^2} - (\alpha+\beta)\frac{d}{dx} + \alpha\beta.$$

ここではじめの式と係数を比較してみると

$$\begin{cases} \alpha+\beta = -\dfrac{l}{m}, \\ \alpha\beta = \dfrac{k}{m} \end{cases}$$

が得られる．このような $\alpha, \beta$ は

$$m(\quad)^2 + l(\quad) + k = 0$$

という2次方程式の2根に他ならない．その $\alpha, \beta$ を使うと

$$m\frac{d^2}{dx^2}+l\frac{d}{dx}+k=m\left(\frac{d}{dx}-\alpha\right)\left(\frac{d}{dx}-\beta\right)$$

という形に分解できるのである．そこで

$$L(y)=\varphi(x)$$

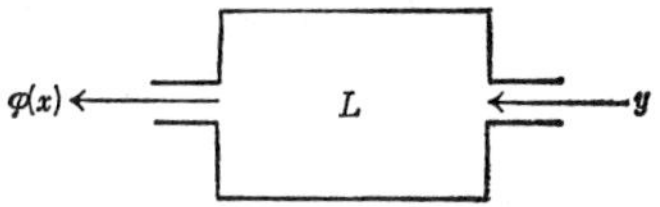

図 13-19

を解くには両辺を $m$ で割り

$$\left(\frac{d^2}{dx^2}+\frac{l}{m}\frac{d}{dx}+\frac{k}{m}\right)y=\frac{\varphi(x)}{m}$$

として，演算子を2つに分解し

$$\left(\frac{d}{dx}-\alpha\right)\left(\frac{d}{dx}-\beta\right)y=\frac{\varphi(x)}{m}.$$

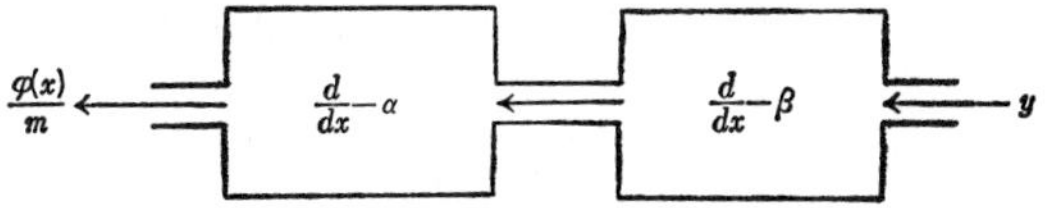

図 13-20

そして $\dfrac{\varphi(x)}{m}$ から $y$ をつくり出す逆の道を行く．

ところで $\left(\dfrac{d}{dx}-\alpha\right)$ の逆を求めるには $\left(\dfrac{d}{dx}-\alpha\right)y=f(x)$ から $y$ を求めればよい．

$$\frac{dy}{dx} - \alpha y = f(x)$$

という微分方程式を解くには，両辺に $e^{-\alpha x}$ をかけてみる．

$$e^{-\alpha x}\frac{dy}{dx} - \alpha e^{-\alpha x} y = e^{-\alpha x} f(x),$$

$$\frac{d}{dx}(e^{-\alpha x} y) = e^{-\alpha x} f(x).$$

両辺を積分すると

$$e^{-\alpha x} y = \int e^{-\alpha x} f(x) dx,$$

$$y = e^{\alpha x} \int e^{-\alpha x} f(x) dx.$$

つまり

（1） $f(x)$ に $e^{-\alpha x}$ をかける，

（2） $dx$ で不定積分する，

（3） $e^{\alpha x}$ をかける，

という3つの演算子をほどこすと，$f(x)$ から $y$ が得られる．

つまり図 13-21 の逆は図 13-22 の形の演算子になる．

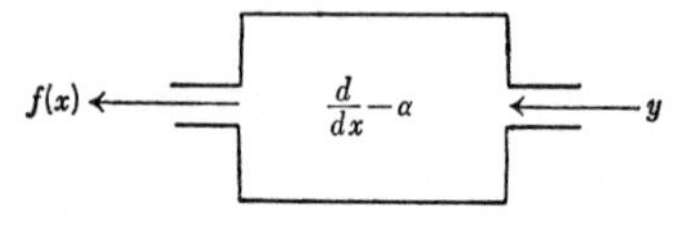


図 13-21

これを $\left(\frac{d}{dx} - \alpha\right)^{-1}$ で表わすことにしよう．そうすると

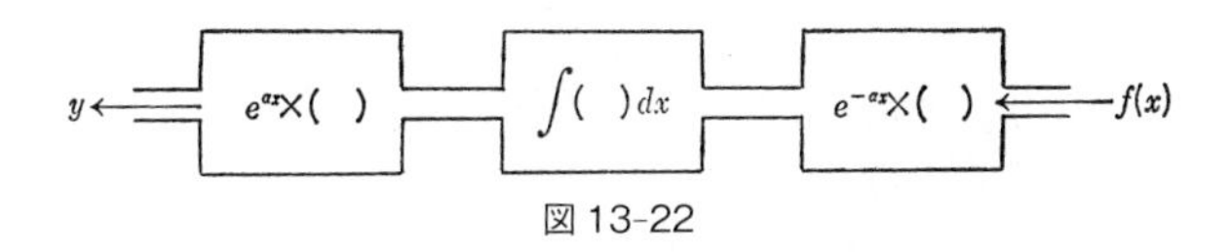


図 13-22

$$\left(\frac{d}{dx}-\alpha\right)\left(\frac{d}{dx}-\beta\right)$$

の逆は

$$\left(\frac{d}{dx}-\beta\right)^{-1}\left(\frac{d}{dx}-\alpha\right)^{-1}$$

になるから，1つ1つを順々に行なっていけばよいことになる．

## 7. $\boldsymbol{\varphi(x)=0}$ のばあい

演算子を因数に分解したとき

$$\left(\frac{d}{dx}-\alpha_1\right)\left(\frac{d}{dx}-\alpha_2\right)\cdots\left(\frac{d}{dx}-\alpha_n\right)y=\varphi(x)$$

で，右辺の $\varphi(x)$ が0のばあいを考えてみよう．ただし重根をもたない．これは，振動の問題では外力が0のばあいに当たる．これを同次の定係数線型微分方程式という．

これはその運動する体系に最初の衝撃を与えてから，その後は手を引いて，動くにまかせたばあいに当たる．

$$\left(\frac{d}{dx}-\alpha_1\right)\left(\frac{d}{dx}-\alpha_2\right)\cdots\left(\frac{d}{dx}-\alpha_n\right)y=0$$

で両辺に $\left(\dfrac{d}{dx}-\alpha_1\right)^{-1}$ をほどこすと，それは前節でのべたように

(1) 右辺に $e^{-\alpha_1 x}$ をかける,

(2) $dx$ で積分する,

(3) $e^{\alpha_1 x}$ をかける,

ことと同じになるから

$$e^{\alpha_1 x}\int e^{-\alpha_1 x}0dx = e^{\alpha_1 x}\int 0dx = c_1 e^{\alpha_1 x}$$

となる. ここで

$$\left(\frac{d}{dx}-\alpha_2\right)\left(\frac{d}{dx}-\alpha_3\right)\cdots\left(\frac{d}{dx}-\alpha_n\right)y = c_1 e^{\alpha_1 x}$$

を得る.

つぎに $\left(\dfrac{d}{dx}-\alpha_2\right)^{-1}$ をほどこすと, これは同じく

(1) 右辺に $e^{-\alpha_2 x}$ をかける,

(2) $dx$ で積分する,

(3) $e^{\alpha_2 x}$ をかける,

となるから

$$e^{\alpha_2 x}\int e^{-\alpha_2 x}c_1 e^{\alpha_1 x}dx = e^{\alpha_2 x}\int c_1 e^{(\alpha_1-\alpha_2)x}dx.$$

仮定によって重根がないから $\alpha_1 \neq \alpha_2$. したがって $\alpha_1-\alpha_2 \neq 0$ である.

$$\int c_1 e^{(\alpha_1-\alpha_2)x}dx = \frac{c_1}{\alpha_1-\alpha_2}e^{(\alpha_1-\alpha_2)x}+c_2.$$

したがって

$$e^{\alpha_2 x}\int e^{-\alpha_2 x}c_1 e^{\alpha_1 x}dx = e^{\alpha_2 x}\left(\frac{c_1}{\alpha_1-\alpha_2}e^{(\alpha_1-\alpha_2)x}+c_2\right)$$
$$= \frac{c_1}{\alpha_1-\alpha_2}e^{\alpha_1 x}+c_2 e^{\alpha_2 x}.$$

ここで $\dfrac{c_1}{\alpha_1-\alpha_2}$ を新しく $c_1$ とおきかえると

$$= c_1 e^{\alpha_1 x}+c_2 e^{\alpha_2 x}.$$

同様の計算をくりかえしていくと，最終的に

$$y = c_1 e^{\alpha_1 x}+c_2 e^{\alpha_2 x}+\cdots+c_n e^{\alpha_n x}$$

が得られる．これをまとめると，次のようになる．

**定理 1.** $L\left(\dfrac{d}{dx}\right)$ が $\dfrac{d}{dx}$ の多項式でその根が $\alpha_1, \alpha_2, \cdots, \alpha_n$ で重根を有しないときは

$$L\left(\frac{d}{dx}\right)y = 0$$

の一般解は

$$y = c_1 e^{\alpha_1 x}+c_2 e^{\alpha_2 x}+\cdots+c_n e^{\alpha_n x}$$

である．ただし $c_1, c_2, \cdots, c_n$ は任意の定数である．

## 8. 重根と虚根

つぎに $\alpha_1=\alpha_2=\cdots=\alpha_n=\alpha$ のばあいを考えてみよう．このときは

$$L\left(\frac{d}{dx}\right) = \left(\frac{d}{dx}-\alpha\right)^n$$

となるから，その逆は $e^{\alpha x}\displaystyle\int e^{-\alpha x}(\quad)dx$ を $n$ 回くりかえすことになる．

不定積分の演算子を $\left(\dfrac{d}{dx}\right)^{-1}$ で表わすと

$$\left(\frac{d}{dx}-\alpha\right)^{-n}=e^{\alpha x}\left(\frac{d}{dx}\right)^{-1}e^{-\alpha x}\cdot e^{\alpha x}\left(\frac{d}{dx}\right)^{-1}e^{-\alpha x}$$
$$\times\cdots\times e^{\alpha x}\left(\frac{d}{dx}\right)^{-1}e^{-\alpha x}$$
$$=e^{\alpha x}\left(\frac{d}{dx}\right)^{-1}\left(\frac{d}{dx}\right)^{-1}\cdots\left(\frac{d}{dx}\right)^{-1}e^{-\alpha x}.$$

ここで右辺が0であるときは

$$y=e^{\alpha x}\left(\frac{d}{dx}\right)^{-1}\times\cdots\times\left(\frac{d}{dx}\right)^{-1}e^{-\alpha x}\cdot 0.$$

つまり0を$n$回不定積分することになる．それは

$$\int 0dx=c_1,$$
$$\int c_1dx=c_1x+c_2,$$
$$\cdots.$$

結局それは$n-1$次の多項式である．それを$p_{n-1}(x)$で表わすと

$$y=e^{\alpha x}p_{n-1}(x),$$
$$p_{n-1}(x)=c_0x^{n-1}+c_1x^{n-2}+\cdots+c_{n-1}$$

であるから$n$個の任意定数をふくむ．

さらに一般に$L\left(\frac{d}{dx}\right)$が次のような形に分解されるものとする．

$$L\left(\frac{d}{dx}\right)=\left(\frac{d}{dx}-\alpha_1\right)^{n_1}\left(\frac{d}{dx}-\alpha_2\right)^{n_2}\cdots\left(\frac{d}{dx}-\alpha_k\right)^{n_k}.$$
$$(n_1+n_2+\cdots+n_k=n)$$

このときは

$$y = e^{\alpha_1 x} p_{n_1-1}(x) + e^{\alpha_2 x} p_{n_2-1}(x) + \cdots + e^{\alpha_k x} p_{n_k-1}(x)$$

となる．ここで $p_{n_1-1}(x), p_{n_2-1}(x), \cdots, p_{n_k-1}(x)$ はそれぞれ $n_1-1, n_2-1, \cdots, n_k-1$ を次数とする任意の多項式である．したがってそれぞれ $n_1, n_2, \cdots, n_k$ 個の任意定数をふくむ．だから，任意定数の総数は

$$n_1 + n_2 + \cdots + n_k = n$$

となり，微分方程式の階数と一致し，うまく勘定が合う．

$L\left(\dfrac{d}{dx}\right)$ の係数は実数であっても，その根は虚根となることがある．その虚根を $\alpha = a + bi$ としよう．

$$L\left(\frac{d}{dx}\right) e^{\alpha x} = 0,$$

$$L\left(\frac{d}{dx}\right) e^{(a+bi)x} = 0,$$

$$L\left(\frac{d}{dx}\right) \{e^{ax}\cos bx + ie^{ax}\sin bx\} = 0.$$

$$L\left(\frac{d}{dx}\right) e^{ax}\cos bx + iL\left(\frac{d}{dx}\right) e^{ax}\sin bx = 0.$$

実数と虚部が別々に 0 となるべきであるから

$$L\left(\frac{d}{dx}\right) e^{ax}\cos bx = 0, \qquad L\left(\frac{d}{dx}\right) e^{ax}\sin bx = 0.$$

つまり $e^{ax}\cos bx$ と $e^{ax}\sin bx$ はともに解である．

例 **2**．$\dfrac{d^2y}{dx^2} - 3\dfrac{dy}{dx} + 2y = 0$ を解け．

解　$\dfrac{d^2}{dx^2} - 3\dfrac{d}{dx} + 2 = \left(\dfrac{d}{dx} - 1\right)\left(\dfrac{d}{dx} - 2\right)$ だから

$$y = c_1 e^{1x} + c_2 e^{2x} = c_1 e^{x} + c_2 e^{2x}.$$

例 **3**. $\dfrac{d^2 y}{dx^2} + \dfrac{dy}{dx} + y = 0$ を解け.

解 $\dfrac{d^2}{dx^2} + \dfrac{d}{dx} + 1$

$$= \left(\frac{d}{dx} - \frac{-1+\sqrt{3}i}{2}\right)\left(\frac{d}{dx} - \frac{-1-\sqrt{3}i}{2}\right).$$

したがって，解は

$$y = c_1 e^{-\frac{1}{2}x} \cos \frac{\sqrt{3}}{2} x + c_2 e^{-\frac{1}{2}x} \sin \frac{\sqrt{3}}{2} x.$$

例 **4**. $\dfrac{d^3 y}{dx^3} - 3\dfrac{d^2 y}{dx^2} + 4y = 0$ を解け.

解 $\dfrac{d^3}{dx^3} - 3\dfrac{d^2}{dx^2} + 4 = \left(\dfrac{d}{dx} + 1\right)\left(\dfrac{d}{dx} - 2\right)^2.$

したがって，2 は重根であるから

$$y = e^{-x}, \qquad y = e^{2x} p_1(x)$$

が解となる．$p_1(x) = c_2 x + c_3$ だから

$$\begin{aligned} y &= c_1 e^{-x} + e^{2x}(c_2 x + c_3) \\ &= c_1 e^{-x} + c_2 e^{2x} x + c_3 e^{2x}. \end{aligned}$$

例 **5**. $\dfrac{d^4 y}{dx^4} + 2\dfrac{d^2 y}{dx^2} + y = 0$ を解け.

解 
$$\begin{aligned} \frac{d^4}{dx^4} + 2\frac{d^2}{dx^2} + 1 &= \left(\frac{d^2}{dx^2} + 1\right)^2 \\ &= \left(\frac{d}{dx} - i\right)^2 \left(\frac{d}{dx} - (-i)\right)^2. \end{aligned}$$

だから，$i$ と $-i$ が 2 重になっている．したがって

$$\cos x p_1(x), \qquad \sin x p_1{}'(x)$$

が解となる．ここで $p_1(x)$ と $p_1{}'(x)$ は1次の多項式である．したがって一般解は

$$y=\cos x(c_1x+c_2)+\sin x(c_3x+c_4).$$

**練習問題**

つぎの微分方程式を解け．

(1) $3\dfrac{d^2y}{dx^2}-4\dfrac{dy}{dx}+2y=0.$ (2) $\dfrac{d^5y}{dx^5}-y=0.$

(3) $\dfrac{d^4y}{dx^4}+2\dfrac{d^3y}{dx^3}+3\dfrac{d^2y}{dx^2}+2\dfrac{dy}{dx}+y=0.$

**例 6**．第6節で扱った方程式を解いてみよう．

$$m\frac{d^2x}{dt^2}+l\frac{dx}{dt}+kx=0$$

これは質量 $m$ の質点が原点から $x$ の距離のところにあるとき，$x$ に比例する力 $kx$ で引きもどされ，速度 $\dfrac{dx}{dt}$ に比例する摩擦力で減速されるときの運動方程式である．

$$L\left(\frac{d}{dt}\right)=m\frac{d^2}{dt^2}+l\frac{d}{dt}+k$$

とおいて根を求めると，2次方程式だから

$$\alpha=\frac{-l+\sqrt{l^2-4mk}}{2m},\qquad \beta=\frac{-l-\sqrt{l^2-4mk}}{2m}$$

が得られる．したがって解は

$$e^{\alpha t}=e^{\frac{-l+\sqrt{l^2-4mk}}{2m}t},\qquad e^{\beta t}=e^{\frac{-l-\sqrt{l^2-4mk}}{2m}t}$$

となる．ここでは実根であるか虚根であるかが，解の性格に大きな影響をもつ．根号の中が正であるなら，つまり

$$l^2-4mk>0$$

なら $\alpha<0, \beta<0$ であるから $e^{\alpha t}, e^{\beta t}$ は $t$ に対して単調に減少する関数になる．ところが

$$l^2-4mk<0$$

ならば $\alpha, \beta$ は虚根になり，解は

$$e^{-\frac{l}{2m}t}\cos\frac{\sqrt{4mk-l^2}}{2m}t,\quad e^{-\frac{l}{2m}t}\sin\frac{\sqrt{4mk-l^2}}{2m}t$$

となり，図 13-23 のように減衰しつつ振動する関数となる．

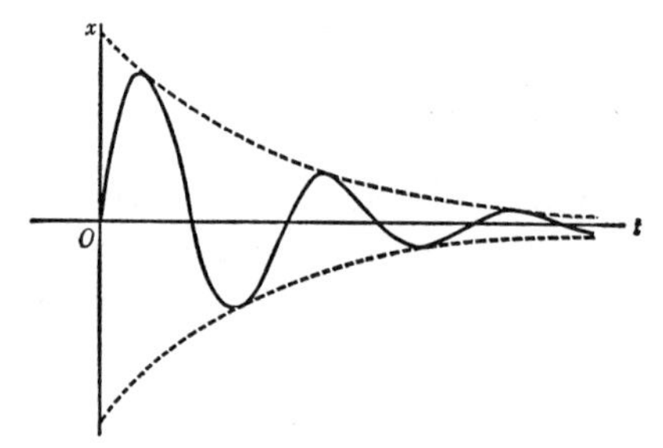


図 13-23

極端なばあいとして $l=0$ ならば，解は

$$\cos\frac{\sqrt{4mk}}{2m}t=\cos\sqrt{\frac{k}{m}}t,$$

$$\sin\frac{\sqrt{4mk}}{2m}t=\sin\sqrt{\frac{k}{m}}t$$

となり，全然減衰しないで振動する関数となる．$k, m$ を動かさないで $l$ を $0$ からしだいに増加させていくと，振動する関数からはじまって，減衰振動を経て，振動しない関

数にうつる.

$l=0$ のときは振動.

$l^2-4mk<0$ つまり $0<l<2\sqrt{mk}$ のときは, 減衰振動.

$l=2\sqrt{mk}$ のときは, $e^{-\sqrt{\frac{k}{m}}t}$ と $e^{-\sqrt{\frac{k}{m}}t}t$ とが解.

$l>2\sqrt{mk}$ のときは, 減衰するが振動しない. このばあいは $kx$ の力で引きもどされるが摩擦力 $l\dfrac{dx}{dt}$ が強いので $x=0$ の点まで到達できず, したがって行きすぎることがないので, 振動は起こらないのである.

## 9. 非同次の方程式

以上では同次のばあいをあつかったので, 次には非同次のばあいを論じよう.

$$L\left(\frac{d}{dx}\right)y=\varphi(x).$$

この方程式の一般解を $y_1$, 1つの特殊解を $y_2$ としよう.

$$L\left(\frac{d}{dx}\right)y_1=\varphi(x), \qquad L\left(\frac{d}{dx}\right)y_2=\varphi(x).$$

辺々減ずると

$$L\left(\frac{d}{dx}\right)y_1-L\left(\frac{d}{dx}\right)y_2=0.$$

$L$ は線型だから

$$L\left(\frac{d}{dx}\right)(y_1-y_2)=0.$$

つまり $y_1-y_2$ は同次の方程式の解になる．$y_2$ を1つの特殊解とすると，$y_1-y_2$ は同次の方程式の解となり，$n$ 個の任意定数をふくむ．

$$y_1=y_2+(y_1-y_2).$$

つまり，

非同次方程式の一般解 ＝ 非同次方程式の特殊解
　　　　　　　　　　　＋同次方程式の一般解

という関係が成り立つので，非同次方程式の1つの特殊解を求めれば目的を達することになる．

まず $\varphi(x)$ が何か特別な関数であるばあいを考えてみよう．

$$\varphi(x)=e^{cx}.$$

このとき，$L\left(\dfrac{d}{dx}\right)$ をほどこしてみると

$$L\left(\frac{d}{dx}\right)e^{cx}=L(c)\cdot e^{cx}$$

という恒等式が成り立つ．したがって，$L(c)\neq 0$ ならば $L\left(\dfrac{d}{dx}\right)\cdot\dfrac{e^{cx}}{L(c)}=e^{cx}$ となるから，1つの特殊解は

$$y=\frac{e^{cx}}{L(c)}$$

である．

**例 7.** $\dfrac{d^2y}{dx^2}+\dfrac{dy}{dx}+y=e^{2x}$ を解け．

**解** まず1つの特殊解を求める．

$$L\left(\frac{d}{dx}\right)=\left(\frac{d}{dx}\right)^2+\frac{d}{dx}+1$$

であるから $L(2)=2^2+2+1=7$.

だから，1つの特殊解は

$$\frac{e^{2x}}{L(2)}=\frac{e^{2x}}{7}.$$

同次方程式 $\left(\dfrac{d^2}{dx^2}+\dfrac{d}{dx}+1\right)y=0$ の一般解は，根を求めると

$$\frac{-1+\sqrt{3}i}{2},\quad \frac{-1-\sqrt{3}i}{2}$$

であるから

$$c_1e^{-\frac{x}{2}}\cos\frac{\sqrt{3}}{2}x+c_2e^{-\frac{x}{2}}\sin\frac{\sqrt{3}}{2}x$$

となる．だから非同次方程式の一般解は

$$y=\frac{e^{2x}}{7}+c_1e^{-\frac{x}{2}}\cos\frac{\sqrt{3}}{2}x+c_2e^{-\frac{x}{2}}\sin\frac{\sqrt{3}}{2}x.$$

つぎに $\varphi(x)=e^{ax}\cos bx$ もしくは $\varphi(x)=e^{ax}\sin bx$ のばあいを考えてみよう．このときは，まず

$$c=a+bi$$

とおいて，$\varphi(x)=e^{cx}$ のばあいを考える．

$$L\left(\frac{d}{dx}\right)y=e^{cx}.$$

これは前と同じく

$$L\left(\frac{d}{dx}\right)e^{cx}=L(c)\cdot e^{cx}$$

であるから

$$L\left(\frac{d}{dx}\right)\cdot\frac{e^{cx}}{L(c)}=e^{cx}$$

となり $\dfrac{e^{cx}}{L(c)}$ が1つの特殊解である．オイラーの公式によって

$$\begin{aligned}e^{ax}\cos bx &= e^{ax}\cdot\left(\frac{e^{ibx}+e^{-ibx}}{2}\right)\\ &= \frac{e^{(a+bi)x}+e^{(a-bi)x}}{2}=\frac{e^{cx}+e^{\overline{c}x}}{2}.\end{aligned}$$

同様に

$$e^{ax}\sin bx=\frac{e^{cx}-e^{\overline{c}x}}{2i}$$

となる．そこで

$$L\left(\frac{d}{dx}\right)\cdot\frac{e^{cx}}{L(c)}=e^{cx},\qquad L\left(\frac{d}{dx}\right)\cdot\frac{e^{\overline{c}x}}{L(\overline{c})}=e^{\overline{c}x}$$

という2つの等式から，$L\left(\dfrac{d}{dx}\right)$ の線型性を利用して

$$L\left(\frac{d}{dx}\right)\left(\frac{\dfrac{e^{cx}}{L(c)}+\dfrac{e^{\overline{c}x}}{L(\overline{c})}}{2}\right)=\frac{e^{cx}+e^{\overline{c}x}}{2}=e^{ax}\cos bx.$$

$$L\left(\frac{d}{dx}\right)\left(\frac{\dfrac{e^{cx}}{L(c)}-\dfrac{e^{\overline{c}x}}{L(\overline{c})}}{2i}\right)=\frac{e^{cx}-e^{\overline{c}x}}{2i}=e^{ax}\sin bx$$

が得られる．すなわち

$$L\left(\frac{d}{dx}\right)y=e^{ax}\cos bx,\qquad L\left(\frac{d}{dx}\right)y=e^{ax}\sin bx$$

の特殊解は $L(a+bi)\neq 0$ のときは

$$\frac{\dfrac{e^{cx}}{L(c)}+\dfrac{e^{\overline{c}x}}{L(\overline{c})}}{2}, \qquad \frac{\dfrac{e^{cx}}{L(c)}-\dfrac{e^{\overline{c}x}}{L(\overline{c})}}{2i} \qquad (c=a+bi).$$

あるいは次のようにのべてもよい.

$\dfrac{e^{cx}}{L(c)}$ の実部が $L\left(\dfrac{d}{dx}\right)y=e^{ax}\cos bx$ の解であり，その虚部が $L\left(\dfrac{d}{dx}\right)y=e^{ax}\sin bx$ の解である.

例 8. $$\frac{d^2y}{dx^2}-3\frac{dy}{dx}+2y=e^{-2x}\cos 3x,$$

$$\frac{d^2y}{dx^2}-3\frac{dy}{dx}+2y=e^{-2x}\sin 3x$$

を解け.

解　まず特殊解を求めよう.

$$L\left(\frac{d}{dx}\right)=\left(\frac{d}{dx}\right)^2-3\left(\frac{d}{dx}\right)+2,$$

$$c=-2+3i$$

であるから

$$L(c)=(-2+3i)^2-3(-2+3i)+2=3-21i,$$

$$L(\overline{c})=3+21i.$$

$$\begin{aligned}&\frac{\dfrac{e^{cx}}{L(c)}+\dfrac{e^{\overline{c}x}}{L(\overline{c})}}{2}\\ &=\frac{1}{2}\left(\frac{e^{-2x}e^{3ix}}{3-21i}+\frac{e^{-2x}e^{-3i}}{3+21i}\right)\\ &=\frac{e^{-2x}}{900}\{(3+21i)e^{3ix}+(3-21i)e^{-3ix}\}\end{aligned}$$

$$= \frac{e^{-2x}}{900}\{(3+21i)(\cos 3x + i\sin 3x) + (3-21i)(\cos 3x - i\sin 3x)\}$$
$$= \frac{e^{-2x}}{900}(6\cos 3x - 42\sin 3x)$$
$$= \frac{e^{-2x}}{150}(\cos 3x - 7\sin 3x).$$

同様に

$$\frac{\dfrac{e^{cx}}{L(c)} - \dfrac{e^{\overline{c}x}}{L(\overline{c})}}{2i} = \frac{e^{-2x}}{900}(42\cos 3x + 6\sin 3x)$$
$$= \frac{e^{-2x}}{150}(7\cos 3x + \sin 3x).$$

次に同次方程式の一般解を求めると

$$L\left(\frac{d}{dx}\right) = \left(\frac{d}{dx}\right)^2 - 3\left(\frac{d}{dx}\right) + 2$$

であるから，根は 1, 2 である．

したがって一般解は，$c_1e^x + c_2e^{2x}$ である．したがって非同次方程式の一般解は，それぞれ

$$y = \frac{e^{-2x}}{150}(\cos 3x - 7\sin 3x) + c_1e^x + c_2e^{2x},$$
$$y = \frac{e^{-2x}}{150}(7\cos 3x + \sin 3x) + c_1e^x + c_2e^{2x}$$

となる．

$L(c) = 0$ のばあいには，やや複雑になる．

**例 9**．$\dfrac{d^2y}{dx^2} - 3\dfrac{dy}{dx} + 2y = e^{2x}$ を解け．

解 $\dfrac{d^2}{dx^2}-3\dfrac{d}{dx}+2=\left(\dfrac{d}{dx}-1\right)\left(\dfrac{d}{dx}-2\right)$

であるから，$L(2)=0$ となる．

$\left(\dfrac{d}{dx}-1\right)^{-1}$ と $\left(\dfrac{d}{dx}-2\right)^{-1}$ を引きつづいて行なうと

$$e^x\int e^{-x}e^{2x}dx = e^x(e^x+c_1).$$

1つの解でよいから $c_1=0$ とすると

$$=e^{2x}.$$

$\left(\dfrac{d}{dx}-2\right)^{-1}$ をほどこすと

$$e^{2x}\int e^{-2x}e^{2x}dx = e^{2x}x.$$

これが1つの特殊解である．同次式の一般解は

$$c_1e^x+c_2e^{2x}$$

であるから，非同次式の一般解は

$$y=e^{2x}x+c_1e^x+c_2e^{2x}$$

である．

**練習問題**

次の方程式を解け．

(1) $\dfrac{d^2y}{dx^2}+y=e^x.$

(2) $\dfrac{d^2y}{dx^2}-4\dfrac{dy}{dx}+y=e^x\cos x.$

(3) $3\dfrac{d^4y}{dx^4}-y=e^{2x}.$

(4) $\dfrac{d^4y}{dx^4}-y=\sin x.$

(5) $\dfrac{d^4y}{dx^4}+y=e^{2x}\sin 3x.$

# 解説　『微分と積分』の魅力

新井仁之

遠山啓著『微分と積分——その思想と方法』は私にとって特別な本である．それはこの本が私の最初に読んだ数学書であり，解析学を専攻する一つのきっかけを与えてくれたものだからである．

この本との出会いはだいぶ昔のことになる．確か中学3年生の冬の頃であったと思う．数学の先生が放課後に有志の生徒を集めて微分積分の講義をされた．私もそれに出席したのだが，そのときのテキストがこの『微分と積分』であった．残念ながら講義そのものは本の前半を読んだところで立ち消えになってしまった．しかし私自身はすっかり微分積分の魅力に取りつかれ，一人で残りをこつこつと読み続けた．言うまでもないことだが，このときにはまさか自分が将来『微分と積分』の解説を依頼され書くことになろうとは夢にも思っていなかった．

さて，個人的な思い出話はほどほどにして，まずは本書の特徴を紹介していくことにしよう．

本書の大きな特徴の一つは数学的な厳密性を損なわず，しかもわかりやすく書かれていることである．内容的には副題が示すように微分積分の思想と方法が述べられているのだが，しかし決して堅苦しいということはなく，また難解でもない．むしろかんで含めるような語り口で優しく丁寧に解説されている．私自身は著者にお会いしたことはないが，本書からは何か著者の温かみのようなものを感じ取ることができる．たとえていえば，『微分と積分』は大教室でマイクを通して聴く先生の講義ではなく，自分の横でいっしょに勉強してくれる個人教師による親切な説明といえるだろう．

本書が初めて出版されたのは 1970 年 2 月である．この年，遠山啓は東京工業大学を定年退官している．おそらく本書は遠山啓の東京工業大学在職中の長年の数学教育活動，特にその中でも微分積分の教育に関する思索と実践の集大成であったにちがいない．実際，語り口といい内容の構成といい，まるで熟達した名人の芸を見るかのようである．

本書のもう一つの特徴は，微分積分を単なる計算術として教えるのではなく，微分積分の考え方そのものを伝えていることである．著者は「はしがき」で次のように述べている．「たしかに微分積分は一面において計算術であることはたしかである．微分や積分のめんどうな計算を誤りなくやってのけるだけの腕力が必要なことはいうまでもない．しかしそれがすべてであろうか．私はそうは思わない．計算術という言葉では包みきれないような大切なものが微分積分のなかにはあると思う．」

昨今，微分積分の教育では実用的な理由などから計算技術を重視することが多くなった．それはそれで悪くないのだが，しかしやはり計算術だけでなく，微分積分の根底にある基本的な考え方も知っておいた方がよいのではないだろうか．おそらく，計算技術を学んだことのある読者も，本書によって公式の背後にある微分積分の考え方を探ってみると「なるほどそういう仕組みだったのか」と，より微分積分の本質が見えてくるに違いない．また文系専攻の大学生あるいは社会人の方にとっても，微分積分とはどのようなものかを知ろうとするとき，本書は最適のテキストになるであろう．

次に『微分と積分』の中で，私が感心した説明の妙技のいくつかを項目別に紹介していきたい．

### 1．関数とは何か

この本ではまずはじめに「関数とは何か」ということが，箱と矢印の描かれた図（図 1-2 から図 1-12）を交えて解説される．何かを箱の中に入れるとそれが加工されて別のものとして出てくる．これが関数に他ならないというわけである．

その図を今回久しぶりに眺めて気がついたのだが，今でも私にとって「関数」のイメージは箱である．数学史の流れからすれば，関数としては $y=x+1$ とか $y=x^2$ のグラフ，あるいはべき級数 $f(x)=\sum_{n=0}^{\infty} a_n x^n$ などを思い浮かべ

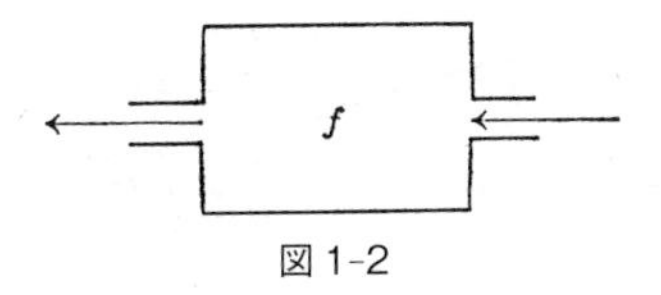


図 1-2

るべきかもしれない．しかしやはり「関数」というと箱の絵を想像してしまうのである．三つ子の魂百までも，といったところだろうか．

しかしこの箱のイメージが案外と役に立つ．たとえば線形代数で線形写像が出てきても，関数解析を学んでいて作用素や汎関数という言葉に出くわしても，全部箱をイメージして理解できるからである．実際，本書でも第 13 章では関数に対する箱のイメージを利用して，演算子を箱と矢印で解説している．このようなイメージは信号処理や画像処理，あるいはシステム理論を勉強するときにもたいへん役立つものである．

## 2. イメージで学ぶ $\varepsilon$-$\delta$ 論法

1. にあげた例でもわかるように，本書の魅力の一つは読者にイメージを持たせるよう書かれていることである．第 2 章，第 3 章では $\varepsilon$-$\delta$ 論法が述べられているが，これも徹底的に極限のイメージを身につけさせるよう工夫されている．たとえば関数 $a(t)$ が $t \to \infty$ としたとき $A$ に収束するという定義であるが，本書を学んで私が得たイメージはこうである．どんなに小さな正の数 $\varepsilon$ を選んできて，

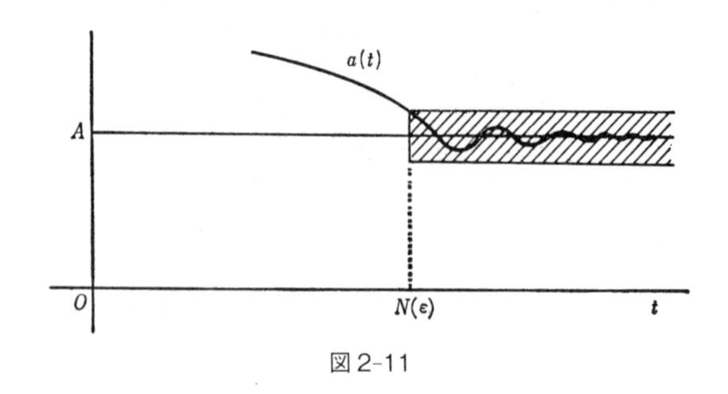


図 2-11

直線 $y=A$ を軸にした幅 $\varepsilon$ の帯を考えても，$t$ が大きくなるといつの間にか $a(t)$ はその帯の中だけをうごめくようになる．ちょうど図 2-11 から図 2-14 あたりが思い浮かぶ．私にとって，$\lim_{t\to\infty} a(t)=A$ は

$$\forall\varepsilon>0\ \exists M>0 : t>M \Longrightarrow |a(t)-A|<\varepsilon$$

で定義されるといわれてもじつはピンとこない．むしろ図 2-11 に描かれているような現象があって，それを記述したものが上の論理式になっているにすぎないのである．$\varepsilon$-$\delta$ 論法の教育方法についてはさまざまな議論がなされているが，私自身は少なくとも本書を学んだおかげで $\varepsilon$-$\delta$ 論法を複雑だとか難しいと感じたことはない．

## 3. 実数論と微分積分

一般に $\varepsilon$-$\delta$ 論法は大学理系新入生にとって最初の難関の一つとされている．しかし教育の経験上感ずることは，難しさの本質は $\varepsilon$-$\delta$ 論法だけにあるのではなく，微分積分が実数論から入ることにもあるのだと思う．実数とは何か，そしてどのように定義されるものか．確かに微分積分は実数の理論の上に構築されている．たとえばデーデキントの切断による実数論にしても，微分積分の厳密な講義をすることに動機があって考えられたものである．しかし微分積分の考え方を抵抗なく知るには，微分積分を実数論と切り離して学ぶことも効果的な方法の一つといえるだろう．

本書ではまさに $\varepsilon$-$\delta$ 論法を懇切丁寧に教えるが，実数論には立ち入らないという方針がとられている．実数論に深入りしてしまえば，微分積分の習得にはかなりの時間と忍耐を要する．一方，$\varepsilon$-$\delta$ 論法を省いてしまうと，微分積分の数学としての思想を深く知ることはできない．本書の立場は，微分積分を理解させるために可能な題材の取捨選択をぎりぎりのところで見切っているといえよう．

## 4. 補間法からテイラー展開へ

少し話が飛ぶが，ラグランジュの補間公式に話題を変えたい．これは第8章で解説されているもので，じつは本書を読んでいて最も感動した部分である．まず $n+1$ 個の実数を二組，たとえば $a_1, a_2, \cdots, a_{n+1}$ と $b_1, b_2, \cdots, b_{n+1}$ を勝手に選んでおく．このとき，ちょうど

$$f(a_1) = b_1, \quad f(a_2) = b_2, \quad \cdots, \quad f(a_{n+1}) = b_{n+1}$$

となる $n$ 次の多項式を作ってみせるというのがラグランジュの補間公式である（第8章，定理1参照）．定理の主

張がまるで手品のようで，これを読んだときにはとても面白いと思えた．どのような多項式か，まだ本文を読まれていない読者は少し思いを巡らせてみるとよいだろう．

さてこの公式は次のように読むこともできる．$n$ 次多項式 $f(x)$ は $n+1$ 個の点での値が決まれば $f(x)$ の形そのものが具体的に決まってしまう．すなわち $n+1$ 個の点での関数の情報から他の残りのすべての点での情報が自動的に補われてしまうのである．一般に関数のごく限られた情報からその関数の形を決定することは解析学の基本的な問題の一つで，現在でも補間理論，標本化理論として特にフーリエ変換やウェーブレットと呼ばれる数学的道具を用いて研究されている．

本書ではラグランジュの補間公式の証明が終わると，次に $a_1, a_2, \cdots, a_{n+1}$ が幅 $h$ で等間隔に並んでいる場合が扱われる．このとき成り立つのが次のニュートンの補間公式である：まず $a_{j+1}=a_1+jh$ $(j=0, \cdots, n)$ となっていることに注意してほしい．一般に $x+nh$ の形で表せる点は階差

$$\Delta f(x)=f(x+h)-f(x), \quad \Delta^n f(x)=\Delta(\Delta^{n-1}f(x))$$

を用いて，次のように書くことができる．

$$f(x+nh)=f(x)+\binom{n}{1}\Delta f(x)+\binom{n}{2}\Delta^2 f(x) + \cdots + \binom{n}{n}\Delta^n f(x) \qquad (1)$$

これがニュートンの補間公式である．さて，ここで $nh$ の

うち$n$を限りなく大きくし，それと同時に$nh$が一定の値$h'$に保たれるよう$h$を限りなく小さくする．すると，あまり厳密でない計算によって(1)から

$$f(x+h') = f(x)+h'f'(x)+\frac{h'^2}{2!}f''(x) + \cdots + \frac{h'^m}{m!}f^{(m)}(x)+\cdots \tag{2}$$

が導かれる．ここにテイラー展開の形が予見される．このように予見しておいて，次にそれを正当化すべく厳密な証明をつけるのである．

これは離散的な結果(1)を連続化して定理の形(2)を予測し，そして予測したものを証明するという方法である．微分積分の教科書すべてを見たわけではないが，このような流儀でテイラーの定理を説明している本はあまり見受けられない．この流れは一見回りくどいように思えるかもしれないが，「離散→連続」という方式は古典的であると同時に何とも現代的ではないだろうか．

## 5. 積分と微分方程式

テイラーの定理が終わると，積分の定義，連続関数の積分可能性，積分の計算と続く．積分のところではルベーグ積分のエッセンスにも触れられている．そして最後は微分方程式で締めくくられる．微分方程式は微分積分の真髄の一つなので，ぜひ読者はこの部分まで読み進んでほしい．

本書は今からおよそ30年前に書かれたものである．し

かし多くの古典的名著がそうであるように，少しも古く埃にまみれたようなところはない．むしろ，もしこの本が新刊として世に出れば，現代風の斬新な入門書として迎えられることであろう．今回この名著が新版として刊行された意義はきわめて大きいものである．

（あらい・ひとし／早稲田大学，2001 年刊行の新版より転載）

## エッセイ 西日のあたる階段教室——遠山啓さんの思い出

亀井哲治郎

1970年3月14日の午後，雑誌『数学セミナー』編集長の野田幸子さんや先輩編集者に誘われて，遠山啓さんの最終講義を聴きに行った．東京工業大学の木造（だったと思う）の階段教室に入り，わたしたちは最後部の席に坐った．初春の暖かい陽光が射しこんでいた．

黒板には「最終講義 数学の未来像 遠山啓教授」と3行に書かれている．わたしは「最終講義」なるものを聴講するのは初めてであり，5年間の学生時代に，書籍や雑誌記事を読んで尊敬していた遠山さんである．いったいどんな話をされるのか，期待とともに開講を待った．

「最終講義というのは生まれて初めてやるものですから……」

開口一番，教室中の笑いを誘う．やや低音（バリトン）の，ゆったりした口調である．

「私は，今まで講義は10分か15分は必ず遅れてきました．これは学生のためを思って（笑），休息の機会を与えるという意味もありましたが，きょうは最後ですので時間どおりにまいりました」（『数学セミナー』1970年8月号掲

載の「数学の未来像」より引用)

このような調子で,「数学と社会の関わり」「古代から現代への数学の歩みと各時代の特徴」「これからの数学」「専門の垣根を越えた交流のすすめ」「数学論の大切さ」「数学者は clever でなく wise であれ」といったことが語られた.

教室は聴講者で溢れていた. 東工大の学生や同僚の人たちのみならず, 大勢の知人や卒業生も聴きに来ていたのだろう. 遠山さんは講義後, 親しい人たちに挨拶をしながら階段を上ってきて, 野田さんや編集部員の姿を認めると,「よぉ!」と微笑み, 野田さんとひとことふたこと言葉を交わしたあと, 別の知人のほうへ向かわれた.

4月からはこの人たちの輪に加わって『数学セミナー』の仕事をするのだ. ――わたしにとっては, この最終講義で遠山さんの姿を見て声を聞いたのが, 学生から社会人への第一歩となった.

*

本書『微分と積分――その思想と方法』は思い出深い1冊である. 日本評論社に入社する前の1969年12月から, ほぼ毎日アルバイトに通った. そのとき校正作業の手ほどきを受けながら携わったのが, この『微分と積分』だったのである.

ていねいでわかりやすい解説を何度もじっくりと読みながら, 改めて微分積分を学びなおしたのだが, とくに大学1年生のしょっぱなにさんざん苦労させられた $\varepsilon$-$N$

論法，$\varepsilon$-$\delta$ 論法などの説明のわかりやすさには驚嘆した．そして，1年生のときにこの本に出会いたかったと，挫折した日々を思い起こしたのだった（もとは『数学セミナー』1965年6月号から25回にわたる連載だから，ちょうど大学1年に重なっている．残念なことに，当時はまだ雑誌を読む習慣をもっていなかった）．

後年，新井仁之さんから，中学生のときに本書『微分と積分』で勉強されたことをうかがった．そして，とても賞めておられたのを憶えていたので，2001年に日本評論社で新装版の企画が持ち上がったとき，新井さんに解説をお願いしてはどうかと担当編集者に推薦した．その解説が本文庫版にも収録されることとなり，とても喜んでいる．

＊

ご承知のように，遠山さんは数多くの啓蒙書・入門書を書いておられる．『無限と連続』（岩波新書）はその啓蒙書の第一作である．1952年に出て，70年以上経ったいまも版を重ねている．のちに書かれた『数学入門』（上下，岩波新書）とともに，初期の代表作といってよい．

現代数学の基本概念である「集合と無限」「群」「位相空間」「群と幾何学」などが興味深く解説されていて，当時としては極めて新鮮な内容だったのだろう，知的欲求に満ちあふれた読者から熱狂的に迎えられた．

気鋭の若手研究者グループ「新数学人集団（SSS）」からも高く評価され，遠山さんを合評会に招いたのが縁となってSSSの若者たちと遠山さんの交流が始まった．その若者たちの何人かが東工大の遠山研究室にたむろするようになり，「遠山梁山泊」と呼ばれることとなる．――この「遠山梁山泊」からはいくつもの伝説やエピソードが生まれるのだが，残念ながら割愛せざるを得ない．

『無限と連続』について，遠山さんは1970年に，あるエッセイでこんなことを書いている．

「たしか，1948年の暮れごろのことだったと記憶しているが，Nという出版社の人から，「数学概論」というようなものを書いてみないか，と話をもちかけられた．その話は当時の私には“渡りに船”のように作用した．終戦後，動員から帰った学生たちに，今日でいうと，自主講座のようなかたちで数学概論的な講義を1年以上もつづけていたので，忘れてしまわないうちに，それをいちおうまとめておきたいと考えていたところであった．

当時は身辺多忙で，なかなか暇がみつからず，一日に2枚，3枚と書きためていくほかにしかたがなかった．何しろ本というものを書いたことがなかったので，その2枚，3枚も苦吟の連続だった．そうやってかなりながい時間をかけて書き終わったら，こんどは，その出版社の経営が思わしくなくなり，本になるのはいつになるかわからぬという話になった．いささかがっかりしたが，友人の田中実君が岩波書店にわたりをつけてくれた」（「書きなおすべきか，なおさざるべきか」，『水源をめざして』（太郎次郎社エディタス）所収）

Nとは日本評論社のことである．企画を持ちかけたのが入社して間もなかった野田幸子さんだから，野田のイニシャルとも取れる．

野田さんはこの経験がよほど悔しかったらしい．「わたしが本にする予定だったのに」と，何度か聞かされた．

この遠山さんのエッセイで注目したいのは「動員から帰った学生たちに，自主講座のようなかたちで数学概論的な講義を1年以上もつづけていた」という部分である．遠山さんによる自主講座については，これを聴講した吉本隆明さん（電気化学科卒業）や奥野健男さん（化学工業科卒業）がエッセイで触れている．たとえば，

吉本隆明「遠山啓——西日のあたる教場の記憶」（『追悼私記』ちくま文庫）

奥野健男「遠山啓『古典との再会』解説」（太郎次郎社エディタス）

その自主講座は「量子論の数学的基礎」というタイトルだったという．魅力的なテーマだ．遠山さんはかつて，いったん入学した東京大学数学科を退学して数年間の浪人ののち，東北大学数学科に入り直している．その浪人中に読んで衝撃を受けた本がヘルマン・ワイル『群論と量子力学』だった．またフォン・ノイマン『量子力学の数学的基礎』をドイツ語の原書で読んでいた可能性もある．いったいどんな講義だったのだろう．詳細を知りたくなる．

幸いにも吉本さんのエッセイで，内容の一端を知ることができる．

「遠山さんは詰め襟の国民服を黒か紺に染めたような粗

末な服を着ていた．講義の内容は量子化された物質粒子の挙動を描写するために必要な数学的背景と概念をはっきり与えようとするものであった．わたしははじめて集合・群・環・体・イデヤアル・ヒルベルト空間・演算子などの概念に接して，びっくりしていた．そしてむさぶるように講義を聴きつづけた．敗戦にうちのめされた怠惰で虚無的な学生のわたしが，一度も欠かさずに最後まで聴講したたったひとつの講義であった」（前記「遠山啓」）

遠山さんの「卒業証書のない大学」というエッセイによれば，受講者数は200人に近く，「こちらもしぜんと熱がこもって，三時間か四時間ぐらいぶっつづけに講義した」という．

理工系の大学とはいえ，数学や物理が専攻でない学生も大勢いただろう．そのような学生たちにとっても，知的な刺激をたっぷりと味わわせる講義だったようだ．吉本さんは，遠山講義の魅力を次のように表現している．

「つぎつぎに繰りひろげられる抽象的な代数概念が，いままで思いこんでいた数学とまったく異なっていた驚異ももちろんあった．けれど，もっと大きいのは遠山さんの淡々とした口調の背後に感得されるひとつの〈精神の匂い〉のようなものの魅惑であった．（……）ああ，これが〈学問〉ということなのだな，とはじめて感じていた」（同前）

この自主講座の経験をもとに，N社から提案された「数学概論」にふさわしいテーマを選んでまとめたのが

『無限と連続』なのだろう．

*

遠山さんは，まめに日記をつけていたらしい．幸いなことに，1971 年 1 月から 1979 年 9 月まで，晩年の 9 年間の日記が『遠山啓著作集』別巻 1「日記抄＋総索引」として刊行されている（太郎次郎社エディタス）．この著作集の編集に携わった友人編集者の友兼清治さんによると，日記だから公にしにくいことも書かれており，活字にできたのは全体の 7 割ほどだという（以後，「遠山日記」と書く）．

日を追い月を追って日常生活の遠山さんの姿を辿っていると，かつての著者と編集者という関係を超えて，遠山さんがどんどん身近な親しい人として感じられてくるのである．ふしぎな感覚である．

日々の行動の記録が多いのはもちろんだが，しばしば丸善や三省堂，ナウカなどに立ち寄り，洋書・和書を問わずたくさんの本を購入して，その書名がちゃんと記録されている．また全国あちこちへの講演旅行が驚くほど多い．晩年の 9 年間は，雑誌『ひと』を根拠地として展開された「市民運動としての教育運動」のリーダー的存在だったから，講演の声が掛かるのも当然だったろうが，それにしても多い．また，微笑ましいのは，ときどきではあるが，プロ野球の結果が記されていること．巨人戦ばかりだから，どうやら遠山さんは巨人ファンだったらしい．

しかし，遠山日記のもう 1 つの面白さは，政治や教育，文学，数学などについて，メモ的に所感が書かれていることである．いくつか拾ってみよう．

「ナショナリズムには二つある．防禦的と攻撃的と．前者から後者への転換はしばしば起る．元寇から和寇や朝鮮征伐．明治維新以来の日本の歴史．フランス革命からナポレオン戦争」(1971年1月4日)

「教育の序列主義は宗教の一種，もしくは疑似宗教である．科学ではない．「成績や学歴は人間の等級を表わす」は証明も反証明もできない．物質的な根拠のみではない．そこに困難がある．宗教だから，信じないこともできる」(1974年7月19日)

「日本のインテリの論文は現実をみごとに裁断しているが，「では，どうしたらいいか」という問には答えない．理論がstaticであって，dynamicではないから」(1976年1月7日)

「日本人には目をつぶって断崖から飛びおりるような危険な衝動がある．これは危機がくると頭をもたげる．日本浪漫(ママ)派から三島につながる玉砕的衝動だ．これに対抗するために，科学的思考法が養われる必要がある．科学教育がこのような立場から論じられたことは今までにもなかったようだ」(1979年1月1日)

50年近く前に書かれたものだが，いま現在のこの国や世界の情況を考えるとき，私たちになにがしかのことを語りかけてくるように思う．

＊

遠山日記には，「1時半，百合子と散歩にでる」「百合子と花見に行く」といった記述があちこちに見える．遠山さんと夫人の百合子（ユリ子）さんお二人の散歩シーンを想像すると，ついこちらも温かい気持ちになる．

電話での遠山さんは，なぜかぶっきらぼうな応対をされる人だった．こちらは2つも3つも用件があって電話するのだが，1つめの用件が終わると，途端にガシャンと受話器を置かれてしまう．慌ててかけ直すことが何度か重なった．そこでわたしは一計を案じ，冒頭でまず「きょうは3つの用件で電話をさしあげました．まず1つめは……」と告げることにした．これは大成功だった．

遠山さん没後，ユリ子さんを訪ねる機会が何度かあり，いろいろと思い出話をうかがった．率直に，楽しそうに話をされるので，笑い声が絶えなかった．

たとえばこんな話がある．

遠山さんは東工大定年後，すなわち60代になってから，知人の勧めで車の免許を取りに教習所に通ったことがあった．教習所のなかの直線コースはそう長くはないが，それでも時速30 kmとか40 kmを出さなくてはならない．ある日，遠山さんはスピードを出しすぎて，道がカーブにさしかかるとき車がカーブを曲がりきれずに脱輪しそうになった．教官は急ブレーキを踏む．ガクンと止まったあとで，

「あのね，運動している物には遠心力というものが働いていて……」

若い教官は，噛んで含めるように説明したらしい．

帰宅した遠山さんたいへんな立腹ぶりで，その日かぎりで教習所を止めてしまったという．

ユリ子さんといえば，忘れられないエピソードがある．1979年9月11日の遠山さん逝去のあと，東工大の事務局から「ご希望でしたら叙勲の手続きをしますが，いかがですか」と問い合わせがあった．ユリ子さんは「故人の生き方に反しますから」と，丁重にかつ毅然と断られたという．わたしは13日に行われたご自宅での葬儀の手伝いに行って，知人からそのことを聞いた．

*

それから数年後，ユリ子さんに電話をする用事があり，あとの雑談のなかで，「安野光雅さんに，何か色紙を書いてもらえないだろうか」と，遠慮気味に所望された．

安野さんにとって遠山さんは最も尊敬する人であり，『数学入門』『無限と連続』などは愛読書だった．代表作の絵本シリーズ『はじめてであう すうがくの本』（福音館書店）も，遠山さんのお墨付きと応援があったからこそ，自信をもって描くことができたという．

当時，『数学セミナー』誌上では安野さんの長期連載「算私語録」が続いていたので，わたしは毎月一二度は安野さんと会っていた．ある日，色紙のことを話したら快諾を得て，数日後に「できたよ」と電話をもらった．

色紙には，唐の詩人賈島の漢詩「尋隠者不遇（隠者を尋ねて遇わず）」が書かれていた．

松下問童子　　松下　童子に問えば

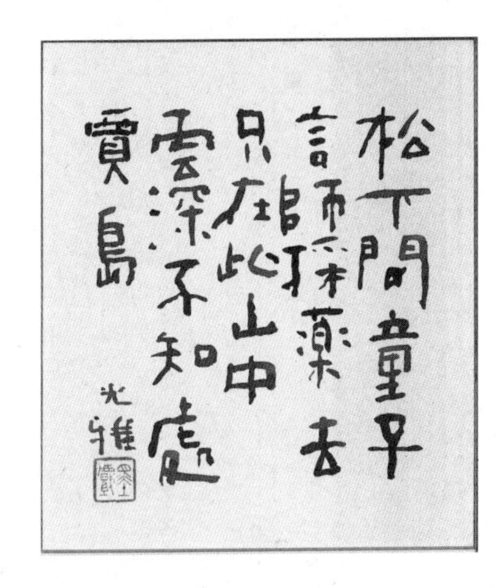


言師採薬去　　言う　師は薬を採らんとして去れり
只在此山中　　只だ此の山中に在らんも
雲深不知處　　雲深くして処を知らず

（読み下しは Wikipedia「Web 漢文大系」より）

ユリ子さんに喜んでいただいたことはいうまでもない．安野さんには確認しなかったが，「師」には遠山さんの姿が重ねられていたのかもしれない．（写真は，そのときに安野さんが書かれたもう 1 枚の色紙で，わたしが頂戴したものである）

2023 年 2 月 16 日

（かめい・てつじろう　数楽編集者）

# 索　引

## ア　行



## カ　行



## サ　行



## タ　行

ちくま学芸文庫

# 微分と積分 その思想と方法

二〇二三年四月十日 第一刷発行
二〇二四年四月十五日 第二刷発行

著者 遠山 啓(とおやま・ひらく)

発行者 喜入冬子
発行所 株式会社 筑摩書房
東京都台東区蔵前二―五―三 〒一一一―八七五五
電話番号 〇三―五六八七―二六〇一(代表)
装幀者 安野光雅
印刷所 大日本法令印刷株式会社
製本所 株式会社積信堂


ISBN978-4-480-51181-2 C0141